鄂尔多斯高原北部
生态水文演变与水功能区管理红线

王芳　王琳　著

中国水利水电出版社
www.waterpub.com.cn
·北京·

内 容 提 要

　　本书介绍了鄂尔多斯高原北部半干旱区植被生态水文演变及机理，以及河流-含水层-湖沼湿地水文循环特点及河流水沙、含水层与湿地生态演变过程，分析了目前区域内存在的主要水生态问题。在此基础上，运用分布式和集中式生态水文模型计算现状生态耗水，分析了地表、地下水环境质量，从植被建设标准、湖淖湿地保护、黄土区水土流失治理与河流生态维持等方面确定了生态与环境保护目标。以区域地表水地下水相结合进行地表-地下水环境水功能联合分区。以达到各生态系统生态保护目标为目的，结合地表地下水环境质量达标要求，进行分功能区水量水质联合管理与调控。

　　本书可作为水文水资源、生态水文、水环境保护、水资源管理、干旱半干旱区生态保护等相关专业的研究者和高校学生的参考书籍。

图书在版编目（ＣＩＰ）数据

　　鄂尔多斯高原北部生态水文演变与水功能区管理红线/
王芳，王琳著. -- 北京 ： 中国水利水电出版社，
2017.12
　　ISBN 978-7-5170-6093-2

　　Ⅰ．①鄂… Ⅱ．①王… ②王… Ⅲ．①鄂尔多斯高原
－水环境－生态环境－环境治理 Ⅳ．①X143

中国版本图书馆CIP数据核字(2017)第302386号

书　　名	**鄂尔多斯高原北部生态水文演变与水功能区管理红线** E'ERDUOSI GAOYUAN BEIBU SHEGNTAI SHUIWEN YANBIAN YU SHUIGONGNENGQU GUANLI HONGXIAN
作　　者	王芳　王琳　著
出版发行	中国水利水电出版社 （北京市海淀区玉渊潭南路 1 号 D 座　　100038） 网址：www. waterpub. com. cn E-mail：sales@waterpub. com. cn 电话：(010) 68367658（营销中心）
经　　售	北京科水图书销售中心（零售） 电话：(010) 88383994、63202643、68545874 全国各地新华书店和相关出版物销售网点
排　　版	中国水利水电出版社微机排版中心
印　　刷	北京博图彩色印刷有限公司
规　　格	184mm×260mm　16 开本　13.5 印张　320 千字
版　　次	2017 年 12 月第 1 版　2017 年 12 月第 1 次印刷
印　　数	0001—1000 册
定　　价	**88.00 元**

前　言

鄂尔多斯高原是新构造运动控制下周围山地隆起而中间盆地下沉接受沉积物堆积形成的浅碟形高原，也是我国第二大沉积盆地。隆起的山地使黄河呈"几"字湾环绕鄂尔多斯高原，沉积盆地形成巨厚的封闭含水层，称为黄河内流区。

鄂尔多斯地处黄土高原与蒙古高原过渡区，就此形成土壤、植被自然地理过渡带，生态系统敏感脆弱。历史战乱与现代的过度利用，使这里曾经一度为严重的土地沙化和水土流失区，我国八大沙漠之一的库布齐沙漠、四大沙地之一的毛乌素沙地以及盛产多沙粗沙危及黄河安全的砒砂岩区位于该区域。

该区域属于典型的半干旱区，复杂的地质地貌构成了复杂的产汇流条件与径流耗散条件，形成了复杂多样的生态系统类型，生物种类组成相对丰富，有人称其为半干旱地区的生物多样性中心。该区域拥有国际重要湿地遗鸥自然保护区，是世界上遗鸥最集中的分布区和最重要的繁殖栖息地。

鄂尔多斯同时也是自然资源富集的地区，80%的高原面积地下埋藏煤炭，储量达 1050 亿 t，有煤海之称。2000 年以来煤炭资源的大力开发和利用，使鄂尔多斯成为全国重要的能源化工基地，区域经济迅速发展。

多年来防沙、治沙和水土保持治理工程的实施，以及 21 世纪以来"围封转移，生态置换"项目的开展，使这里的坡面生态发生了根本性改观，尤其是北部鄂尔多斯市，植被覆盖率平均从 21 世纪初的 30% 发展到了 50%～70%。在全球气候变暖的大背景下，植被的改善显著减少径流形成，加上沟道内坝系建设有效拦沙的同时减少径流下泄，水资源总量在减少，湖淖湿地萎缩甚至干涸。经济的快速增长对水资源的需求又成倍增长，虽然黄河水从门前流过，但流域水资源统一管理，水资源的可利用量非常有限，水资源的供需矛盾突出。同时，鄂尔多斯作为黄河的支流区域，需要维护黄河流域整体生态安全，既要保障坡面植被的恢复和沟道内泥沙的拦截，又要下泄生态流量并维护重点湖淖湿地的生态稳定，即需要在一定程度上协调坡面生态建设与水域生态保护的用水矛盾。

针对北部区域矛盾突出的鄂尔多斯市，开展生态水文的机理研究，并基于水功能区，给出了功能区的可利用水量和纳污能力，可以作为水资源红线与生态红线管理的依据。本书着重分析解决的科学问题：一是半干旱区毛乌素沙地植被生态水文机理与植被生态建设的标准；二是半干旱区沙地特有的降水–含水层–河流的水文循环模式下，径流分解计算技术；三是典型遗鸥保护区湿地生态水文机理、模型构建与流域水文调控；四是地表–地下联合水功能区划的科学依据；五是基于功能区的可利用水资源量与纳污能力计算技术。同时，回答了鄂尔多斯市以下几方面问题：继全国水资源评价之后，鄂尔多斯近10年生态建设与气候变化减少的径流量；在黄河分水指标下，鄂尔多斯市从黄河干流取水量自产水资源取水量；鄂尔多斯干涸的遗鸥保护区湿地生态需水及其如何调控解决；鄂尔多斯各功能区有多少可利用的水资源量，以及多大纳污能力。

我国半干旱区面积占国土面积大约15%，其中内陆河流域面积约占总面积的80%。随着党的十八大生态文明实施，半干旱区生态建设将加强。通过本书出版的研究成果，以期对我国半干旱区生态保护与建设以及水资源科学利用提供新的思路。

本书基于近年来几个地方委托项目与一项水利部"948"项目，参加项目并撰写相应内容的人员有：梁犁丽完成泊江海子流域的水文模拟；郭忠小、李和平、徐晓明完成水资源开发利用评价与节水相关内容，马巍、黄伟完成地表水功能区纳污能力计算，孙赫英完成黄河鄂尔多斯段生态保护目标分析与制定，慕星完成了河流泥沙演变分析，同时，在研究过程中参考了许多学者的著作和论文，其中，有关水文地质内容大多数是引用西安地质调查中心侯光才和张茂省研究员所著的《鄂尔多斯盆地地下水勘察研究》（2008）；另外，在研究过程中，得到鄂尔多斯市环保局、水利局和林业局等单位的支持和帮助，在此一并表示感谢。

作者

2016 年 5 月

目　录

第1章　区域特点与资源环境

1.1　区域环境

鄂尔多斯高原是新构造运动控制下周围山地隆起而中间盆地下沉接受沉积物堆积形成的浅碟形高原，也是我国第二大沉积盆地。这样的地质构造使得黄河以"几"字湾环绕鄂尔多斯高原，并在盆地形成典型的黄河内流区。

鄂尔多斯地处自然地理的过渡区，即黄土高原与蒙古高原的过渡区，蒙古-西伯利亚反气旋高压中心向东南季风区的过渡区，栗钙土亚地带向棕钙土亚地带和黑垆土亚地带的过渡区，荒漠化草原和草原化荒漠的过渡带，也是风蚀和水蚀交错作用的地带，沙地向黄土区的过渡，同时也是我国北方多民族杂居的农牧交错地带，在全球范围是一个具有代表性的生态过渡区。[1,2]

本书的研究区是鄂尔多斯高原北部的鄂尔多斯市，主要是考虑鄂尔多斯市相对于附近其他地区，近10年的生态建设显著改变了自产水资源的形成与湖沼生态，同时社会经济用水紧张，在鄂尔多斯高原乃至整个半干旱区四大沙地都具有典型性。

鄂尔多斯市位于内蒙古自治区西南部，西、北、东三面为黄河"几"字湾环绕。地理坐标为北纬 $37°35'\sim40°51'$，东经 $106°42'\sim111°27'$，东西长约 400km，南北宽约 340km，面积 $86752km^2$，如图 1.1-1 所示。

1.1.1　气候

鄂尔多斯位于亚洲大陆内部，终年在大陆气团控制下，气候干燥。主要气候特征是干旱少雨、蒸发旺盛、光能资源丰富、大风日数和沙尘日数多，见表 1.1-1。

表 1.1-1　　　　　　　　　　　鄂尔多斯气象要素表

地区	年平均气温 /℃	大于等于 10 积温 /℃	年均降水量 /mm	日最大降水量 /mm	年蒸发量 /mm	大风日数 /d	沙暴日数 /d
准格尔旗	7.3	3119.8	401.5	90	1318	24.6	15.2
东胜	5.5	2515.7	400.3	147.9	1428	34.5	19.2
达拉特旗	6.1	2954.1	310.3	79.3	1368	25.2	19.7
伊金霍洛旗	6.2	2651.4	357.5	123.1	1318	26.7	27.2
杭锦旗	5.7	2698	284.3	72.1	1716	28	26.7
鄂托克旗	6.4	2799.9	271.5	175.1	1564	11.4	11.4
鄂托克前旗	7.2	3120.8	273.7		1560		
乌审旗	6.7	2821.3	360.4	192.2	1640	20.9	20.9

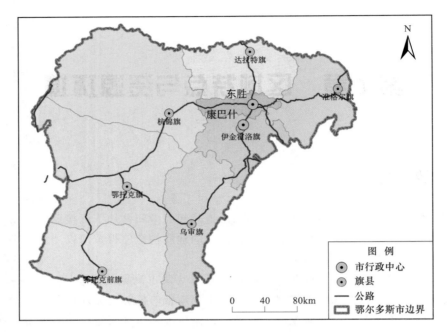

图 1.1-1 研究区鄂尔多斯市

（1）太阳辐射。鄂尔多斯太阳辐射资源极为丰富，太阳年辐射总量 6000～6500MJ/（m²·a），东南部低为 6000MJ/（m²·a），西北部高为 6500MJ/（m²·a），生长季节（4—9月）的总辐射量占全年总辐射的 65%，总辐射量的月变化呈单峰型，6月最高，12月最低。虽然光能资源丰富，但因降水和土壤肥力较低，光能资源利用率仅为 0.1%～0.3%。

日平均气温大于等于 10℃ 期间太阳辐射总量约占全年的 50%。生长季节有效光合辐射为 1700MJ/（m²·a）。全年日照时数 2900～3100h，日照百分率 65%～70%，一年中 5月日照时数最多，12月最少。生长季节日照时数占全年日照时数的 55% 左右。

（2）气温与积温。鄂尔多斯热量资源分布地域差异较大，海拔 1400～1500m 的高原中部年平均气温 5.5～5.7℃，为气温低值区；海拔 1100～1200m 的黄河谷地，西部的梁间洼地年平均气温 6.3～7.2℃，为热量高值区。

全市最冷月和最热月平均气温之差一般在 34～36℃，年温差的分布随纬度增大，随高度降低。日温差也较大，7月、8月的日温差 13～15℃。无霜期 140～160d。一年中 5—9月是日均气温大于等于 10℃ 最集中的时期，这一期间光照和降水集中，即所谓的"雨热同季"。

（3）降水条件。研究区内降水量的地理分布总趋势是东多西少，年降水量为 270～400mm，60% 在夏季 6—8月，7—8月是全市暴雨的频发时期。研究区内各地 4—9月降水量在 240～360mm 之间，占降水量的 88%。多年平均湿度 0.3～0.5，干燥系数1.0～1.8。

（4）蒸发条件。鄂尔多斯蒸发量自东向西随温度的增高、湿度的降低、云量减少、日照增多而加大。大部分地区年潜在蒸发量在 1300～1600mm 之间，东部少，西部大。

（5）风力特点。研究区处于中纬度西风带，冬季受蒙古冷高压控制，盛行偏西或偏北风。夏季为大陆低气压和副热带高压控制，以偏南和西南风为主。春、秋两季风向变化频繁。鄂尔多斯是全国多大风（指风速大于17.2m/s的8级大风）和多沙尘的地区之一。区内各地大风日数多在30d以上，最多年达77～85d。春季平均风速在5m/s以上，除夏季外，秋冬季风速大于4m/s的日数也较多。当起沙风作用于裸露的地表时即可启动沙粒，形成风沙流，从而造成风沙危害。

1.1.2 地质地貌

鄂尔多斯是内蒙古高原的主体部分之一，习惯上称鄂尔多斯高原，是一个近似方形台状的干燥剥蚀高原，其高原地形总趋势是由南、北向中间隆起（图1.1-2），中西部、西北部高，东南部即四周低，最高在西部桌子山，主峰海拔高2149m。最低处在东部准格尔旗马栅乡，海拔高850m，绝对高差1299m。脊线大致在北纬39°40′，即东胜区的潮脑梁、巴音蒙肯、罕台庙、泊江海子以及杭锦旗四十里梁，脊线海拔高程多在1400～1500m，形成天然的地表分水岭。

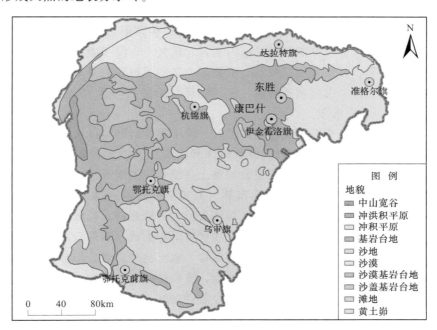

图1.1-2 鄂尔多斯市地貌图

鄂尔多斯出露的地层，有古生界的寒武系、奥陶系、石炭系和二叠系，中生界的三叠系、侏罗系和白垩系，新生界的第三系和第四系。[3]

古生界的寒武系-奥陶系出露于东部准格尔旗和西部鄂托克旗，为海相碳酸盐岩沉积地层；石炭系（C）出露于鄂尔多斯东部地区，为海陆交互相沉积，岩性主要为铁铝页岩、黏土页岩；二叠系（P）为以陆源冲积相为主的近海冲积环境沉积地层，岩性主要为砂质页岩、页岩等。

中生界的三叠系（T）为陆相碎屑岩沉积建造，岩性为中粒～细粒砂岩、砂质泥岩等；侏罗系（J）下统主要为砾状砂岩、砂岩、泥岩，夹薄煤层；中统为灰页岩、细砂岩夹煤层及油页岩；白垩系（K）区内只有白垩系下统保安群，包括洛河组、环河组和罗汉洞组，洛河组地表主要出露于伊金霍洛旗-红碱淖-靖边一线，近南北向带状展布，平行不整合于侏罗系之上，为河流相中粗砂岩、石英砂岩、泥质砂岩夹砂质泥岩；环河组地表出露于杭锦旗与乌审旗，岩性以中细砂岩为主；罗汉洞组呈"厂"字形分布于鄂尔多斯的北部和西部，岩性主要为中细砂岩，夹有泥岩、砂质泥岩层。

新生界的第三系（N）零星出露，岩性为黏土岩、砂质黏土岩，富含钙质结核，底部有砂砾岩；第四系（Q）主要为河湖-风成相沉积，主要分布在东南部和北部。河湖-风成相沉积包括萨拉乌苏组（Q_{3s}）及全新统（Q_4）河流冲洪积物，萨拉乌苏组主要分布于风沙草滩区，为砂质粉土及砂、砂砾石层；全新统河流冲洪积物分布于各河谷漫滩及一级阶地，岩性为砂质黏土、砂及砂砾石层。

鄂尔多斯在构造上属华北地台鄂尔多斯地块，东部为晋西挠褶带、伊陕斜坡，西部为天环向斜。晋西挠褶带位于鄂尔多斯的最东部，由寒武系和奥陶系构成，呈南北向长条状展布，东以离石大断裂与吕梁隆起相接，向西过渡为伊陕斜坡，区域构造东翘西伏，总体呈单斜形态，地层倾角 5°～10°，深层倾角大于浅层。伊陕斜坡由石炭系、二叠系、三叠系、侏罗系构成，位于鄂尔多斯东部，区内基岩起伏甚小，沉积盖层倾角平缓，仅有小型鼻状构造与小型断裂，石炭系、二叠系、三叠系、侏罗系地层均呈单斜状向西微倾。天环向斜位于鄂尔多斯西部，由白垩系构成。向斜轴部位于伊克乌素-布隆庙-鄂托克前旗-盐池-环县一线，呈南北向展布。

第四纪以来，鄂尔多斯高原主体整体抬升，除了在相对凹陷区有河源相堆积外，大多处于剥蚀或剥蚀-堆积阶段，形成剥蚀波状高原和大面积风沙堆积景观。中晚更新世，河流侵蚀作用加强，塬、梁、峁和沟壑组合的黄土高原地貌景观形成，可以分为北部黄河冲积平原区、中东部丘陵沟壑区、中部库布其、毛乌素沙区及西部波状高原区四大部分组成。北部黄河冲积平原区成因和地质构造与整个河套平原相同，同属沉降型的窄长地堑盆地。现代地貌主要是由洪积和黄河挟带的泥沙等物质沉积而成；东部丘陵沟壑区属鄂尔多斯沉降构造盆地的中部，地表侵蚀强烈，冲沟发育，水土流失严重，局部地区基岩裸露；中部库布其、毛乌素沙区大多为固定半固定沙丘，流动性的新月形沙丘。库布其多为细、中沙，而毛乌素则以中、粗沙为主，地下水赋存条件很好；西部波状高原区地势平坦，起伏不大，海拔高度 1300～1500m。

1.1.3　土壤

鄂尔多斯地带性土壤有栗钙土、棕钙土、灰钙土、灰漠土，隐域性土壤有草甸土、盐成土、风沙土。

栗钙土是发育在年降水量 300～400mm、针茅属草原植被、具有腐殖质层、钙积层、盐基饱和度大于等于 50%、半湿润土壤水分状况的土壤，一般适合旱生植物生长，还有少量中生植物。灰钙土是发育在年降水量 200～300mm、旱生丛生禾草小半灌木植被，具有干旱表层、钙积层、石膏现象、盐积层和干旱土壤水分状况的土壤，适合耐旱灌木林和耐旱牧草生长。棕钙土是发育在年降水量 180～255mm 的地区，发育有旱生小针茅，旱生和超旱生小半灌木植被，具有干旱表层、钙积层、盐积层和干旱土壤水分状况的土壤，适宜耐旱灌木生长。灰漠土是发育在年降水量小于 200mm 的地区，旱生超旱生小半灌木、灌木植被，具有砾质砂砾质干旱表层、石膏现象和盐积层。

草甸土和沼泽土是发育在地下水位 1.5～2.0m 或地表积水的低洼地区，地势比较平坦，土层深厚，有机质含量高，矿质营养丰富，潜在肥力高。盐成土是发育在地下水位高、地形低洼、地下水径流补给、地下水矿化度大于 0.5g/L、具有盐积层和碱积层的土壤。风沙土和黄绵土只有弱度发育或没有土层分化。

1.2 水资源量

1.2.1 水资源分区

根据《第二次全国水资源综合规划》（以下简称《综合规划》）成果，鄂尔多斯市有 5 个水资源四级区，分别是石嘴山至河口镇南岸、吴堡以上右岸、内流区、青铜峡至石嘴山和无定河流域。为了更准确、精细地计算水资源量，本次在水资源四级区的基础上进行进一步的划分。

本区域地表水不发育，广泛分布的白垩纪裂隙孔隙含水系统水循环深度较深，在相对较大区域的地下分水岭与地表分水岭一致，第四纪风积砂层是含水丰富且循环最快的区域，虽然小汇水单元由于深层地下水循环不完全闭合，但年内的水循环主要发生在小的汇水单元内。所以，本次水资源分区是根据地貌划分比较小的汇水单元，结合地表地下完整分水岭控制的较大汇水单元，进行水资源分区。

地形数据是采用全国统一发布的 1:25 万 DEM 数据。本次水资源评价共划分 28 个子流域（图 1.2-1 和表 1.2-1）。其中西北部沿黄区南岸区划分了 11 个子流域，吴堡以

图 1.2-1　鄂尔多斯市流域分区图

上右岸区划分了5个子流域，青铜峡至石嘴山区划分了2个子流域，无定河流域划分了2个子流域，内流区划分了8个子流域。

表 1.2-1 水资源评价子流域分区

序号	水资源四级区	子流域分区	面积/km²
1		西北部沿黄区	8744.83
2		毛不拉孔兑	1406.79
3		色太沟	1469.62
4		黑赖沟	1134.46
5		西柳沟	1946.03
6	石嘴山至河口镇南岸	罕台川	1222.53
7		哈什拉川	770.33
8		母哈尔河	1304.92
9		东柳沟	495.44
10		壕庆河	629.28
11		呼斯太河	916.41
12		塔哈拉川	1426.32
13		十里长沟	1889.73
14	吴堡以上右岸	纳林川	2638.14
15		悖牛川	1587.51
16		乌兰木伦河	3047.68
17	无定河流域	红柳河	3559.22
18		海流兔河	3350.09
19	青铜峡至石嘴山	都思兔河	9250.10
20		都思兔河（南区）	3971.15
21		摩林河	8680.35
22		盐海子	5577.79
23		泊江海子	670.23
24	内流区	木凯淖	1487.14
25		红碱淖	910.95
26		胡同查汗淖（苏贝淖）	7473.76
27		浩勒报吉淖	5408.63
28		北大池（五湖都格淖）	5910.59
合计		—	86880.02

1.2.2 流域四级区水资源量

地表水资源量是指河流、湖泊、冰川等地表水体中由当地降水形成的、可以逐年更新的动态淡水水量，用河川天然径流量表示。根据《综合规划》成果，流域四级区套旗县（区）

地表水资源量成果见表 1.2－2，鄂尔多斯市境内多年平均地表水资源量为 11.20 亿 m³。径流深总趋势是库布其沙漠和毛乌素沙漠的西北部黄河内流区，年径流深在 0～2mm 之间，向东南逐渐递增；全市的高值区在札萨克河地区，多年平均径流深为 87.5mm；毛不拉孔兑的图格日格站多年平均径流深为 11.9mm。全市径流系数在 0～0.20 之间。

表 1.2－2　　　　鄂尔多斯市四级区套旗县（区）地表水资源量计算成果　　　　单位：万 m³

行政区域	石嘴山至河口镇南岸	吴堡以上右岸	无定河流域	内流区	合计
东胜区	3176	3237		1202	7615
达拉特旗	16622				16622
准格尔旗	1643	30551			32194
鄂托克前旗				2422	2422
鄂托克旗	1232			37	1269
杭锦旗	4655			3347	8002
乌审旗			16534	3494	20028
伊金霍洛旗	55	15250	582	7987	23874
全市合计	27383	49038	17116	18489	112026

地下水资源量是指 1980—2000 年近期条件的多年平均浅层地下水，且矿化度小于等于 2g/L。流域总的地下水资源量等于山丘区地下水资源量加平原区地下水资源量减去山丘区与平原区重复计算量。根据《综合规划》成果，鄂尔多斯市多年平均浅层地下水资源量 18.43 亿 m³，各旗县山丘及平原区浅层地下水资源量见表 1.2－3。

表 1.2－3　　　　　　　鄂尔多斯市浅层地下水资源量汇总　　　　　　　单位：万 m³

行政区域	山丘区水资源量	平原区水资源量	重复计算量	地下水资源总量
东胜区	1518	3866	0	5384
乌审旗	0	58387	0	58387
伊金霍洛旗	3780	8766	14	12532
准格尔旗	5833	3516	636	8713
杭锦旗	2169	33244	903	34510
达拉特旗	8633	17732	2877	23489
鄂托克前旗	0	19893	0	19893
鄂托克旗	0	21394	0	21394
全市合计	21933	166798	4430	184302

1.2.3　分小区水资源量

根据四级区套旗县（区）地表水资源量计算成果，在同一旗县内部，气候条件、下垫面特征类似，其径流系数大致相同，个别流域根据水文站实测径流系数加以调整。以各子流域调整后的径流系数和面积，计算各子流域地表水资源量，见表 1.2－4。

本次研究为了将不同类型地下水资源量加以区分，以便分析其与水资源开发和生态系统相互作用的关系，重点关注不重复的地下水资源量。不重复地下水资源量是以不同区域

表 1.2－4 各子流域地表水资源量 单位：万 m³

序号	子流域名称	子流域水资源量	子流域分区套旗县水资源量							
			东胜区	乌审旗	伊金霍洛旗	准格尔旗	杭锦旗	达拉特旗	鄂托克前旗	鄂托克旗
1	西北部沿黄区	4974					3742			1232
2	毛不拉孔兑	910					768	142		
3	色太沟	2616	26				144	2445		
4	黑赖沟	2382	230					2153		
5	西柳沟	4341	1011					3330		
6	罕台川	2777	758					2019		
7	哈什拉川	1556						1556		
8	母哈尔河	3102	1146					1956		
9	东柳沟	1000						1000		
10	壕庆河	1271						1271		
11	呼斯太河	2290				1640		650		
12	塔哈拉川	6256				6256				
13	十里长沟	8289				8289				
14	纳林川	11484				11409		75		
15	悖牛川	7351	490		2310	4517		35		
16	乌兰木伦河	15822	2747		12995	80				
17	红柳河	8608		8608						
18	海流兔河	8508		7926	582					
19	都思兔河									
20	都思兔河（南区）									
21	摩林河	1793					1781			12
22	盐海子	1354					1354			
23	泊江海子	1534	1200		314		19			
24	木凯淖	6								6
25	红碱淖	2351			49	2302				
26	胡同查汗淖（苏贝淖）	8389			2814	5371		203		
27	浩勒报吉淖	1315		620					686	9
28	北大池（五湖都格淖）	1746							1746	
	合　　计	112026	7615	20028	23874	32194	8002	16622	2422	1269

的降水入渗系数计算总的产水量，扣除地表水资源量即为不重复地下水资源量。首先，根据等高线图计算各旗县山区及平原区的面积。然后，确定不同区域降水入渗系数：①准格尔岩溶地下水不重复资源量，《鄂尔多斯盆地地下水勘察研究》[3]中选用东川河封闭流域以及朱家川碳酸盐沟底出露的实测水文资料，计算碳酸盐裸露与覆盖区的降雨入渗系数为0.0834；②西部降水入渗系数计算，以千里沟泉子系统实际观测研究为基础，计算中奥陶统碳酸岩区降水入渗系数为0.13；③其他区域降水入渗系数以各旗县地下山丘区与平原

区降水量与地下水资源量反推计算。另外，无定河的地下水资源评价已经考虑了接受内流区地下径流的补给。各子流域套旗县浅层地下水资源量见表1.2-5。

表 1.2-5　　　　　　　　　各子流域地下水资源量　　　　　　　　　单位：万 m³

序号	子流域名称	山丘区	平原区	重复计算量	地下水资源总量	东胜区	乌审旗	伊金霍洛旗	准格尔旗	杭锦旗	达拉特旗	鄂托克前旗	鄂托克旗
1	西北部沿黄区		14272	304	13968					11619			2350
2	毛不拉孔兑	2171	1439	110	3500					3306	194		
3	色太沟	974	3375	435	3913					447	3466		
4	黑赖沟	1208	2284	373	3120	78					3042		
5	西柳沟	2628	4099	576	6152	1452					4700		
6	罕台川	1845	1605	349	3101	251					2849		
7	哈什拉川	491	1978	270	2200						2200		
8	母哈尔河	1408	2072	338	3141	380					2762		
9	东柳沟	395	1193	173	1414						1414		
10	壕庆河	401	1615	220	1796						1796		
11	呼斯太河		1565	149	1416				496		920		
12	塔哈拉川		1276	87	1189				1189				
13	十里长沟		1691	115	1576				1576				
14	纳林川	4179	119	297	4001				3895		106		
15	悖牛川	2348	55	119	2284	121		572	1542		49		
16	乌兰木伦河	3887	16	5	3899	679		3204	15				
17	红柳河		17775		17775		17728					47	
18	海流兔河		16613	0	16612		16324	288					
19	都思兔河		10017		10017							743	9274
20	都思兔河（南区）		6214		6214							5843	372
21	摩林河		13581	267	13314					10184			3131
22	盐海子	1	9230	202	9029					7705			1324
23	泊江海子		2862	3	2858	2414		333			111		
24	木凯淖		1569		1569								1569
25	红碱淖		2788	3	2785		345	2440					
26	胡同查汗淖（苏贝淖）		27490	36	27454		19601	5694		1139			1019
27	浩勒报吉淖		10418		10418		4318					3756	2345
28	北大池（五湖都格淖）		9585		9585		72					9503	11
	合　计	21934	166796	4430	184300	5384	58387	12532	8713	34510	23489	19891	21394

水资源总量由两部分组成，第一部分为河川径流量，即地表水资源量；第二部分为降雨入渗补给地下水而未通过河川基流排泄的水量，即地下水资源量中与地表水资源量计算之间的不重复量。水资源总量为地表水资源量与地下水资源量之和扣除重复量的剩余量。根据《全国水资源综合规划（2002）》成果，经校核计算，鄂尔多斯市地表水资源量为 11.2 亿 m^3，小于等于 2g/L 地下水资源量为 18.43 亿 m^3，地表水与地下水之间重复计算量 2.56 亿 m^3，水资源总量为 27.07 亿 m^3。各流域分区水资源总量基本特征见表 1.2-6。

表 1.2-6　　　　　　　　鄂尔多斯市及各子流域水资源总量

序号	区　　域	地表水资源量/万 m^3	地下水资源量/万 m^3	水资源总量/万 m^3	产水模数/（万 m^3/km²）
	鄂尔多斯市	112026.06	184300	270700	3.1
1	西北部沿黄区	4974.16	13968.1	17304.1	2.0
2	毛不拉孔兑	909.66	3499.8	4028.1	2.9
3	色太沟	2615.73	3913.2	5964.3	4.1
4	黑赖沟	2382.24	3119.7	5026.1	4.4
5	西柳沟	4340.89	6151.5	9585.1	4.9
6	罕台川	2777.24	3100.5	5369.4	4.4
7	哈什拉川	1555.51	2200.0	3430.7	4.5
8	母哈尔河	3102.09	3141.0	5703.2	4.4
9	东柳沟	1000.45	1414.4	2206.0	4.5
10	壕庆河	1271.04	1796.2	2802.0	4.5
11	呼斯太河	2289.59	1416.1	3385.2	3.7
12	塔哈拉川	6256.22	1189.2	6801.5	4.8
13	十里长沟	8288.87	1575.5	9011.4	4.8
14	纳林川	11483.78	4000.8	14145.5	5.4
15	悖牛川	7351.16	2283.9	8801.8	5.5
16	乌兰木伦河	15822.45	3898.5	18015.5	5.9
17	红柳河	8607.73	17774.6	24100.9	6.8
18	海流兔河	8508.25	16612.3	22948.1	6.9
19	都思兔河		10016.8	9150.6	1.0
20	都思兔河（南区）		6214.3	5676.9	1.4
21	摩林河	1793.48	13314.4	13801.4	1.6
22	盐海子	1354.46	9029.4	9485.8	1.7
23	泊江海子	1533.78	2858.4	4012.0	6.0
24	木凯淖	6.18	1569.0	1439.0	1.0
25	红碱淖	2351.01	2784.7	4691.6	5.2
26	胡同查汗淖（苏贝淖）	8388.58	27453.6	32742.7	4.4
27	浩勒报吉淖	1315.24	10418.4	10719.0	2.0
28	北大池（五湖都格淖）	1746.27	9585.4	10351.8	1.8
	合　　计	112090	187287	272751	3.14

1.3 社会经济发展

1.3.1 人口与城镇化

2012年鄂尔多斯市户籍人口152.08万人，其中非农业人口48万人，比重为31.6%。2012年末常住人口200.42万人，其中蒙古族17.7万人，是一个以蒙古族为主体、汉族占多数的少数民族地区。

鄂尔多斯市城镇人口144.3万人，城镇化率72%。鄂尔多斯市自然环境恶劣，沙漠和干旱硬梁、丘陵沟壑区占总面积的96%，而且十年九旱、灾害连年。20世纪受自然条件制约，加上认识、措施和生产力水平等种种原因，许多人虽然为生存和发展付出了艰辛的努力，但依然没有摆脱生态环境恶化、生活条件难以改善的局面。自2000年始，在深入分析市情的基础上，鄂尔多斯市确立了建设"绿色大市、畜牧业强市"的奋斗目标，鼓励现有农牧业人口向第二、第三产业和城镇转移。通过实施收缩转移、集中发展战略，调整农牧业生产力布局和人口布局，鄂尔多斯市乡村人口数量逐年减少，自2000—2012年已实现38万乡村人口转移。通过人口转移政策，改善乡村人口生活环境，同时改善生态脆弱区域的生态环境。

1.3.2 产业发展

历史上鄂尔多斯市是一个以农牧为主的地区，直到20世纪90年代，农牧业总产值仍占地区生产总值的60%左右。随着国家西部大开发战略的实施和中央提出的地区间协调发展的经济建设方针，鄂尔多斯市经济发展速度快速提高，已发展成为全国著名的纺织工业基地，并形成以轻纺工业为主体，煤炭、煤化工、电力、建材、食品、冶金等多门类相配套的现代化工业体系。同时，随着鄂尔多斯市城市化进程的不断加快，经济社会的快速发展以及人民生活水平的不断提高，城市服务业也迅速崛起，第三产业比重不断增加，初步形成了多形式、多层次、多元化的经济发展格局。2012年全市实现地区生产总值完成3656.8亿元，人均生产总值（GDP）182456.84元，折合29028.21美元。从各旗区来看，准格尔旗、东胜区和伊金霍洛旗生产总值（GDP）领先。2012年鄂尔多斯市三次产业增加值比例调整为2.5：60.5：37.0，其中工业比例远大于同期全国第三产业结构中第二产业的结构比例45.3%，反映了鄂尔多斯市能源化工基地及现代化工业体系的特点。

参 考 文 献

[1] 李博. 内蒙古鄂尔多斯高原自然资源与环境研究. 北京：科学出版社，1990.

[2] 李新荣，张新时. 鄂尔多斯高原荒漠化草原与草原化荒漠灌木类群生物多样性研究. 应用生态学报，1999，10（6）：665－669.

[3] 侯光才，张茂省，等. 鄂尔多斯盆地地下水勘查研究. 北京：地质出版社，2008.

第2章 生态格局与生态水文机理

2.1 植被生态水文机理

2.1.1 植物群落组成与分布

鄂尔多斯市降水与下垫面空间的差异,植被空间分布表现出相应的规律性,本次按照地带性植被以及非地带性的沙地植被和低湿地植被来分析。

2.1.1.1 地带性植被类型及其分布的驱动因素

鄂尔多斯从东往西随气候的逐渐变干,出现了不同植被类型的空间更替。地带性植被从东到西依次分布典型草原、荒漠化草原及西部边缘的草原化荒漠。根据李博(1990)[1]的研究结果,年平均降水量与湿润系数是地带性植被分布的主导环境因子。典型草原带的年降水量300~450mm,湿润系数0.23~0.43;荒漠化草原年降水量200~300mm,湿润系数0.13~0.23;草原化荒漠年降水量160~200mm,湿润系数小于0.13。

典型草原分布在鄂尔多斯东部,发育在梁地和黄土丘陵的栗钙土或黄绵土上。典型草原的代表性群系为本氏针茅草原。由于人类的干扰和破坏,目前原始植被已破坏殆尽,由以百里香为主的小半灌木群落代替,有时两者镶嵌分布,黄土丘陵区的冲沟陡壁上广泛发育茭蒿群落。本氏针茅主要分布在东胜梁地、准格尔黄土丘陵及毛乌素沙地的硬梁地,群系中种类成分丰富,建群种为本氏针茅和糙隐子草,本氏针茅与常见种密切结合,常共同出现。百里香群系是在表土侵蚀过程中形成的一种特殊生态变体。在黄土丘陵和梁地侵蚀严重的地段上,原生的本氏针茅草原的发育受到抑制和破坏,百里香群落取而代之。百里香群落建群种为百里香,其次为达乌里胡枝子、冷蒿,群系组成简单,成层性不明显,百里香与常见种共有信息量低,共同出现的机会少。茭蒿群系只见于黄土丘陵区的沟坡,地表凹凸不平,常有岩石出露,环境条件较为恶劣,群系中茭蒿为建群种。

荒漠草原由一组强旱生的丛生禾草及小半灌木建群,反映了生境的进一步恶化,它们的广泛分布,标志着气候已由半干旱进入干旱。荒漠草原主要分布于西部桌子山以东的高平原上,这里地形平坦,海拔1300~1500m,土壤为棕钙土。荒漠草原由多年生矮丛生禾草层片建群,主要群系有戈壁针茅、短花针茅、狭叶锦鸡儿和藏锦鸡儿群系。戈壁针茅是一种强旱生丛生小禾草,除形成特殊荒漠草原群落外还深入到荒漠区,成为荒漠区的伴生成分,是鄂尔多斯荒漠草原的代表群系,但由于基质等因素的影响,分布面积并不广。短花针茅是较为喜暖的一个草原群系,但其温度适应范围广,分布在荒漠草原区北部的棕钙土及南部的灰钙土上,分布海拔高度普遍低于戈壁针茅。短花针茅的耐旱性差一些,群落中植物组成较丰富。狭叶锦鸡儿群系分布在鄂尔多斯西部覆沙梁地上，以强旱生小灌木狭叶锦鸡儿占绝对优势。藏锦鸡儿群系分布在西部的波状高原上，处在荒漠草原与草原化荒漠的过渡区域，群系由藏锦鸡儿、狭叶锦鸡儿为主的小灌木层片建群。群落的垂直结构显著，垫状的藏锦鸡儿呈堆状位居上层，分布在丛堆间的草本植物及半灌木位于下层，在局部轻度覆沙地段上，油蒿零散分布于群落中，在深厚覆沙处，由油蒿、藏锦鸡儿群落代替。

草原化荒漠分布在高平原最西部的桌子山山前倾斜平原及低山上，年降水量低于200mm，地表状况差异明显，从石质、砾质到沙质地均有分布。植被类型多样，地带性土壤类型为淡棕钙土和灰漠土。草原化荒漠属超旱生植被类型，种类很贫乏，以超旱生灌木、半灌木占绝对优势，一年生、二年生植物占较大比重，并伴生一定数量的强旱生多年生草本植物，主要群系有红砂、绵刺、半日花、四合木以及沙冬青群系。

2.1.1.2 非地带性沙地植被及其分布的驱动因素

鄂尔多斯市有毛乌素沙地、库布齐沙漠及台地或高平原上的局部覆沙地段。沙地的物理特征与地带性生境有很大不同，结构松散，持水力弱，贫瘠，温度日较差大，易流动等，使沙地植被与地带性植被也有很大差别。以油蒿为主的半灌木植被是鄂尔多斯沙地植被的代表。

沙地植被主要类型有沙地先锋植物群落、油蒿群系、臭柏灌丛、中间锦鸡儿灌丛。

沙地先锋植物群落由适应于沙埋、沙暴及流沙物理环境的一组植物组成，包括一年生、二年生的沙米、虫实，多年生根茎禾草沙竹及沙生半灌木籽蒿，沙生灌木杨柴等。

油蒿是我国暖温型草原带沙地上较稳定的一个建群种，适应幅度广。在鄂尔多斯跨越了典型草原、荒漠草原、草原化荒漠3个自然地带，并生长在半固定沙地到固定沙地各种生境上。群系植物种类组成丰富，油蒿均占绝对优势。株高50cm上下，群落盖度一般可达40%～60%。典型草原的油蒿群落有黑格兰-油蒿（毛乌素沙地固定沙地）、油蒿＋本氏针茅（毛乌素沙地覆沙梁地）、油蒿＋杂类草（典型草原带内的固定、半固定沙地）及麻黄-油蒿（毛乌素沙地西南典型草原向荒漠草原过渡地段内的沙丘）4个群落类型。荒漠化草原的油蒿群落有油蒿＋旱蒿＋小禾草＋杂类草及油蒿＋甘草两种类型。草原化荒漠只有沙冬青-油蒿群落，分布于草原化荒漠带内的覆沙台地。

臭柏灌丛是毛乌素沙地唯一的一种常绿灌丛，分布在水分较好的沙丘下部，植丛密集，地下根系十分发达，但分布面积小。

中间锦鸡儿灌丛是鄂尔多斯覆沙梁地上广泛分布的一个类型，株丛高大，可达1～1.5m或更高，常与油蒿混生。锦鸡儿又称柠条，呈片状或团块状分布，各类组成较贫乏。2000年以来，围绕市里"建设绿色大市、畜牧业强市"的发展思路，大规模进行林草生态建设，在干旱硬梁区和黄土丘陵区有大面积人工种植柠条。

鄂尔多斯典型草原区湿润系数较高，沙地植被以油蒿、牛心朴子、沙竹为主，荒漠草原区沙地植被过渡到油蒿、麻黄、甘草及旱蒿、小禾草群落，至草原化荒漠湿润系数低，气候干旱，以超旱生植被为主，主要为油蒿、霸王、四合木等群落类型。

2.1.1.3 非地带性低湿地植被及其分布的驱动因素

鄂尔多斯的低湿地主要有河漫滩、湖滨滩地、丘间低地等。它们的共同特点是地下水位高，除大气降水外，有径流补给。此外，大部分土壤呈现盐渍化，盐渍化程度因地而异，从东到西随气候干旱程度增加而增加。

典型草甸为非盐渍化生境上形成的由中生草本植物组成的群落，包括拂子茅、假苇拂子茅与寸草滩。

盐化草甸为轻盐渍化草甸土上形成的草甸群落，多见于草原带与荒漠草原带丘陵低地、河漫滩及湖滨滩地，分布广泛，是低湿地植被中面积最大的类型。主要群系有芨芨草、碱茅及马蔺群系。

盐生植被分布于重盐渍化地，多见于荒漠草原和草原化荒漠地带的湖盆低地。包括碱蓬、西伯利亚白刺、盐爪爪与盐角草等群系。

不同基质生长不同低湿地植物，盐角草、碱蓬、盐爪爪、寸草、碱茅群落分布的地形部位较低，地表无覆沙现象；假苇拂子茅、芨芨草群落则土壤沙质化现象明显，西伯利亚白刺群落土壤覆沙深厚。

土壤含盐量是决定低湿地植被分布的主导因子，寸草、碱茅群落土壤含盐量低于0.348%，芨芨草、碱蓬群落为0.348%～2.801%，盐爪爪群落则大于3.618%，有的可达5.57%或更高。

2.1.2　植被分区

根据李博（1990）[1]有关植被类型及其组合的差异研究成果，对植被进行分区，如图2.1-1所示。典型草原与荒漠化草原分界线为毛不拉孔兑-锡尼镇-乌兰镇-毛盖图-三段地，该线以东是典型草原，该线以西桌子山以东的区域属荒漠化草原。草原化荒漠主要分布于桌子山以东荒漠草原西界地区的石井梁一带。

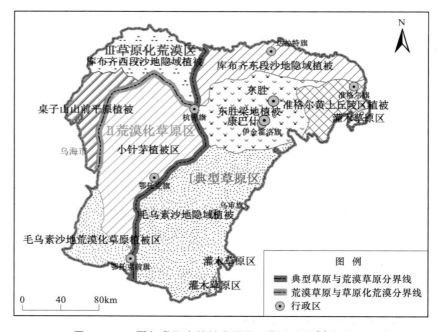

图 2.1-1　鄂尔多斯市植被分区图（引自李博[1]有改动）

Ⅰ典型草原区因种类组成各异，分为 5 个小区。

东部灌木草原植被小区。该植被区主要处于晋、陕黄土丘陵区，西部边缘达鄂尔多斯东缘，以显域生境上白羊草草原占优势为标志，地带性土壤为黑垆土，分布面积较小。

准格尔黄土丘陵植被小区。本区土壤以黄绵土与栗钙土为主，植被以本氏针茅草原与百里香广泛分布为特征，沟壁上生长了茭蒿草原。为防治水土流失，种植了大面积成行的柠条。

东胜梁地植被小区。该区海拔较高，1400～1700m，地表平坦，地带性土壤为栗钙土。天然植被保持较完好，显域生境上本氏针茅及百里香广泛分布，冲沟坡面生长茭蒿。本小区北部为硬梁地，南部为覆沙梁地，生长油蒿为主的半灌木植被，混有柠条。

毛乌素沙地植被小区。位于典型草原植被区的南部及中部的乌审洼地，是我国草原带著名的沙区之一。沙梁之间广泛分布着滩地，呈东北—西南向延伸，多为早期间歇河流的遗迹。以油蒿为主的沙生植被在沙梁上广泛分布，从流动沙地到固定沙地形成一个演替系列：流动沙丘上植被稀少，分布以沙米、虫实、沙柳等为主的沙地先锋植物；半固定沙丘上，油蒿开始定居；至固定阶段，油蒿达优势地位并趋于稳定。在老固定沙地上，地表出现藻类结皮，局部出现柠条等灌木及黑格兰、卫矛等小乔木。滩地植被以寸草滩、马蔺、拂子茅草甸及芨芨草盐生草甸等各种草甸植被为主。土壤以风沙土和草甸土为主。

库布齐东段沙地植被小区。处于黄河河谷与鄂尔多斯高原之间，为黄河阶地上覆沙所形成，东部以固定沙地为主，往西流沙比例渐增，毛不拉孔兑往西以流动沙地为主。沙地植被以油蒿、沙米为主，罕台沟以东人工种植了大量柠条。丘间低地以芨芨草等盐生草甸为主，并有碱蓬等盐生群落分布。

Ⅱ荒漠草原植被区。根据地形、基质等差异所引起的植物组合的差别，可分 2 个小区。

西北部高平原小针茅植被小区。该小区是开阔的波状平原，地带性小针茅草原广泛发育，西部边缘出现大面积藏锦鸡儿群落。低洼地为芨芨草、碱蓬、盐爪爪等耐盐植物。

西南部覆沙高平原沙地植被小区。该区以平缓沙地为主，生长着油蒿、甘草等群落。生态条件严酷。

Ⅲ草原化荒漠植被区位于最西端，地带性土壤为灰漠土，地带性植被为超旱生灌木、半灌木与强旱生矮禾草。根据地形、基质所引起的植被差异，可分 2 个小区。

桌子山山前平原植被小区。该区是本植被区的代表，分布在桌子山周围及以北的山前倾斜平原、台地等地带性生境上。该区分布有桌子山，是鄂尔多斯海拔最高的山地，2100m 以上分布有典型草原克氏针茅群落。

库布齐西段沙漠小区。处于毛不拉孔兑西部，以高大流动沙丘为主，植被稀疏，生长零星分布的沙拐枣、梭梭、柠条、籽蒿等。

2.1.3 植被生态水文机理

2.1.3.1 沙区植被冠层截留对降水入渗的再分配

降水是沙地生态系统最重要的水分输入，对维持植被稳定具有重要作用，决定着土壤、植被和大气界面间的主要物质传输过程。沙区植被通过对降水的截留而减少降水到达地面及土壤的水分总量,从而改变沙地原始的水分转化关系。监测资料表明,更高大的冠层结构能够截留更多的降水[2],长期监测发现沙区不同类型和结构的植被群落冠层对降水的截留能力为 0.7~1.1mm;群落冠层累计截留与次降水量和降水强度之间的关系符合指数方程变化特征。降水量越大,植被截留量越大。但当降水强度大至 40mm/d 时,截留量接近于常数,截留率的阈值为 0.2~0.3[3,4]。

2.1.3.2　土壤结皮改变土壤入渗过程

1. 土壤结皮形成与发育

生物土壤结皮是由隐花植物如蓝藻、荒漠藻、地衣、苔藓类和土壤微生物,以及相关的其他生物体通过菌丝体、假根和分泌物等与土壤表层颗粒胶结形成的十分复杂的复合体。沙地植被开始生长后,经 2~3 年沙面基本稳定,大量降尘累积再经雨滴打击,在沙丘表面逐渐形成一层粘粒和粉粒含量较高的物理结皮,这是土壤结皮形成的重要物质基础。4~5 年后细菌、土壤微生物和蓝藻的拓殖使沙面形成了以蓝藻为优势的蓝藻结皮,并在流沙表面形成一个稳定的沉积环境。此后大量的绿藻等旱生、超旱生的荒漠藻在结皮中逐渐占优势地位。演替 20 年后,地表出现大量地衣结皮以及地衣、蓝藻和荒漠藻的混生结皮。演替 40 年以后出现藓类结皮。土壤结皮层不断拓殖发展,使结皮和其下的亚土层增厚,经 20 年以上的演替过程,土层厚度变化为 3~15cm 不等,使单一的风沙沉积剖面变成了结皮层-风成沙的二元土体结构[5]。

2. 土壤结皮对土壤水文过程的影响

土壤生物结皮通过对降水的截留作用,从而显著地改变降水入渗过程和土壤水分的再分配格局,并在一定条件下可减少降水对深层土壤的有效补给。不同类型的土壤生物结皮对地表蒸发的影响不同,经分析比较,土壤结皮的持水能力依次是藓类结皮>地衣结皮>藻类结皮>蓝藻结皮[6]。土壤结皮的表土层饱和导水率和接近饱和状态时的非饱和导水率(土壤水势>−0.01MPa)低于流沙一个数量级,而干旱条件下的非饱和导水率(土壤水势<−0.01MPa)随固沙年代的延长趋于增加[7]。土壤结皮具有较高持水能力与低土壤基质势条件下的较高非饱和导水率,一方面截留降水,另一方面在干旱条件下使部分降水入渗补给浅层土壤,从而提高浅层土壤水分的有效性,有利于沙地植被中一些浅根系灌木、草本植物与小型土壤动物的生存繁衍[5,8]。

室内蒸发和野外观测表明,当待测土壤样品完全饱和后,有结皮的土样蒸发量均高于无结皮的土样,但蒸发过程表现出明显的阶段性:蒸发初级阶段,结皮的存在有效提高了蒸发,当处于蒸发下降阶段时,结皮的存在抑制蒸发[9]。小降水事件后土壤结皮表现出抑制蒸发的作用,较大的降水事件(>10mm)则有利于土壤蒸发[10]。考虑到鄂尔多斯属于干旱半干旱区,小降水事件相对较多,总体看区域土壤结皮的存在抑制了土壤蒸发,延长了水分在浅层土壤中的保存,有利于沙地浅根系植物生长。

2.1.3.3　沙区植被蒸腾改变土壤入渗过程

沙区植物通过蒸腾作用吸收利用水分,从而改变了原有沙丘稀疏自然植被-土壤系统的水分平衡格局。

1. 沙地植被蒸腾规律

利用大型蒸渗仪的10余年监测表明，沙区植被生长季节蒸散占同期降水量的90%以上，而裸沙蒸发量与深沙层补给量分别占降水量的70.5%与12.6%。不同降水年份的蒸散研究表明，在湿润年的生长季，相对低生物量和低叶面积指数的油蒿与相对高生物量和高叶面积指数的柠条日平均蒸散速率接近，分别为0.86mm/d和0.87mm/d；在干旱年油蒿日平均蒸散速率降低为0.68mm/d，而柠条的日平均蒸散速率仍高达0.8mm/d，干旱年柠条在降水相对集中月份的较高的蒸散量使根层年内贮水量亏缺量较油蒿灌丛严重，油蒿可在整个生长季保持低蒸散水平，表明植被种类不同，其利用水分的机制不同，蒸散量随年降水变化差异明显。裸沙区蒸发量远小于有植被区域，仅为植被区蒸散量的一半；而在经历连续干旱30多天无雨期时，柠条灌丛区土壤平均蒸散率由前期的2.2mm/d降至0.6mm/d；油蒿灌丛区土壤平均蒸散率由1.8mm/d降为0.9mm/d，仍高于柠条灌丛区达50%。无植被沙区土壤体系平均蒸发速率由1.1mm/d减小至0.4mm/d，约为灌丛区平均蒸散速率的60%，土壤深层入渗量达113.4mm，占降水量的40.5%，入渗速率平均为0.63mm/d[11]。一方面沙地植被区由于在生长季蒸散发的增加，减少了降雨下渗补给深层土壤水的水量，从而改变了裸沙区原有的水文循环过程；另一方面深层土壤补给水量的减少，使沙丘与相邻低洼湿地、草地的地下水联系减弱，沙地植被的过量生长会因蒸散发消耗而使周边由沙地地下水补给的低湿地萎缩或草地退化。

不同种类的沙地植被蒸腾特征表明，在单一种群植被中，油蒿叶片的蒸腾速率和水分利用效率显著高于柠条，但当两者混交种植时它们的蒸腾耗水低于单一种植时的蒸腾耗水，混交群落中柠条的蒸腾速率约为单一柠条种群的80%，油蒿约为60%。在干旱胁迫时，油蒿叶片的蒸腾速率降低的幅度大于柠条，其机理是以膨压调节为主的油蒿较柠条（渗透调节为主）有明显高的水势调节能力，使油蒿的气孔调节能力也明显高于柠条[12]。

2. 沙地植被蒸腾调控土壤水和地下水

在年降水小于200mm的荒漠化草原地区，固沙植被对水分的利用使植被建立9～10年后的土壤含水量（0～3m）开始迅速下降（从植被建立前的3%～3.5%降至1.5%），40年之后则稳定在较低的水平（1.2%）；土层多年平均的月水分储量维持在67.9mm，仅为流沙136.6mm的一半。植被建立初期，无论是浅层（0～0.4m）还是深层（0.4～3m）土壤含水量的动态变化均与降水的时空分布显著相关，但植被建立10年后浅层土壤持水能力增加80%，水分有效性增加，并与降水的时间分布密切相关，而随着深层土壤含水量降低（从4%～5%降至1%），开始与降水的时间分布无显著相关性。60cm以下土层含水量呈现出夏季低冬季高的特点，并与降水趋势相反，表明生长季蒸散耗水经常高出同期降水的补给量[13]。

沙地植被蒸腾与气象要素相关，净辐射、温度、风速与蒸腾呈正相关关系，与空气湿度呈负相关关系，并且净辐射与蒸腾关系最为密切。以沙地植被沙柳为例，在干旱期，土壤水、地下水皆为沙柳蒸腾的水源，其中地下水的作用更突出，约占沙柳总蒸腾量的58%；在有降水的湿润期，受降雨作用，土壤水和地下水呈增加趋势，但存在滞后特征；在降水过后的相对干旱期，土壤水和地下水又都成为沙柳蒸腾的水源，土壤水的作用更突出，约占该时段沙柳总蒸腾量的61%[14]。

3. 沙地植被根系统对水分动态的响应

在植物根系统中，直径大于等于 1mm 的根系（粗根）主要起疏导水分及养分的作用，直径小于 1mm 的根系（细根）为吸收根，主要进行水分和营养物质的吸收。细根在土壤中的分布及其动态变化将影响到根系吸水速率。研究表明，沙地植被中植物细根的根长密度和根重密度随土壤深度而减小且呈指数形式递减，粗根的根长密度远远小于细根的根长密度。当土壤含水量高于 2.75%，该区域植物无需庞大根系来维持其对水分需求，进而保证其地上生物量生产，根冠比往往较小。而当土壤含水量低于 2.75% 时，植物因受水分胁迫需要较庞大的根系来维持足够水分的获得。因此，限制沙地植物正常生长的根系分布区土壤水分含量阈值为 2.75%。柠条较油蒿有更深的根系分布，在降水不能补给深层地下水时，可以利用土壤深层的水分度过干旱期，而油蒿则将更大比例的根系分布在浅层土壤，有利于高效利用降水。沙地植物根系对水分变化响应采取了相应的生态适应对策，沙地植被通过大比例分配地下生物量而充分利用土壤水和地下水[12]。

2.2　河流-含水层-湖沼湿地水文循环特点

2.2.1　河流-含水层-湖沼湿地分布格局

鄂尔多斯市地处黄河流域中上游，全境共有黄河干流、无定河、窟野河以及内流区 4 个水系。其中，内流区面积占区域总面积的 43%。境内 85% 以上的河、沟、川均属外流区水系，其中黄河一级支流集水面积在 500km² 以上的河流有 14 条；区内集水面积在 50km² 以上的沟、川有 96 条，基本上为季节性河流。

鄂尔多斯境内小型湖泊（淖）星罗棋布，特别是毛乌素沙地中更为多见。区内共有湖泊（淖）70 多个，面积在 1.0km² 以上的有 52 个。其中伊旗境内的红碱淖最大，面积为 57.6km²，平均水深 6.68m，中部水深 8～9m，水质较好，矿化度 2.23g/L。其他较大湖泊（淖）还有鄂托克旗的巴音淖，乌审旗的巴嘎淖、浩通音查干淖等（表 2.2-1），这些湖泊矿化度一般较高。

表 2.2-1　　　　　　　　　　内流区主要湖泊水文要素一览表

湖泊名称	水面面积 /km²	集水量 /万 m³	矿化度 /(g/L)	水位年变幅 /m
红碱淖	57.6	36100	2.23	0.5～1
东西红海子	4.81	836	1.61	1～2
桃日木海子	4.87	974		1～2
赤盖淖	3.54	1593	3.64	1～2
哈塔兔淖	2.54	762	8.23	1～2
巴嘎淖	21.76	4367	8.60	0.5～1
查干淖	5.37	1161	12.96	1～2
乌兰淖	4.26	852	21.21	1～2
浩通音查干淖	22.28	2067	>50	0.5～1
苏贝淖	7.09	800	>50	1～2
巴音淖	6.21	854	>50	1～2

鄂尔多斯境内含水岩层主要是第四系萨拉乌苏组、白垩系保安组、寒武系、奥陶系碳酸盐岩地层。孔隙水主要赋存于第四系萨拉乌苏组松散堆积物，裂隙孔隙水赋存于白垩系保安群砂岩中，岩溶水主要赋存于东部准格尔旗和西部乌海市一带的寒武系、奥陶系碳酸盐岩地层中。另外，裂隙水分布在东胜区和准格尔旗之间的石炭系、二叠系、三叠系、侏罗系的浅表裂隙中。其赋存规律、埋藏条件、分布范围和循环特征各异，各自构成相对独立的含水统一体。根据侯光才、张茂省等研究成果[15]，按照地下水含水介质主要类型和赋存分布条件，可分为四个含水系统：寒武–奥陶系岩溶含水系统（Ⅰ）、白垩系裂隙孔隙含水系统（Ⅱ）、石炭–侏罗系裂隙含水系统（Ⅲ）、第四系孔隙含水系统（Ⅳ）。其中，岩溶水含水系统根据分布可分为准格尔（Ⅰ₁）和桌子山（Ⅰ₁₀）两个岩溶地下水系统；白垩系裂隙孔隙含水系统根据地下水循环条件和水文特征等，可进一步划分为摩林河（Ⅱ₁）、都思兔河（Ⅱ₂）、无定河–乌兰木伦河（Ⅱ₃）3个地下水子系统。

河流–含水层–湖沼湿地各含水系统分布见图2.2–1。

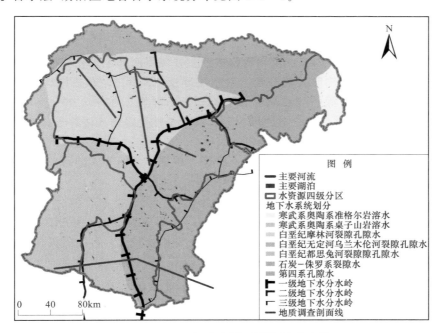

图 2.2–1　河流–含水层–湖沼湿地分布图

2.2.2　黄河干流–十大孔兑–第四系孔隙含水层–沿黄湿地水循环特点

黄河在鄂尔多斯高原沿着深大断裂绕行，流经鄂尔多斯市728km，其中，与十大孔兑和第四系孔隙含水层相交的长度为220km。根据磴口水文站实测多年平均径流量，黄河年过境水量306亿m³。

十大孔兑是指毛不拉孔兑、色太沟、黑赖沟、西柳沟、罕台川、壕庆河、哈什拉川、母哈尔沟、东柳沟、呼期太河十条河流。这十条河流基本平行分布，流域地质地貌相似，流向从南向北，上游均发源于丘陵区，中游经库布其沙漠后进入黄河南岸区第四系含水层，最后汇入黄河。十大孔兑河流中游虽经库布其沙漠，但由于河流比降大，切割较深，沙漠对径流的调节作用很小，除了西柳沟以外，其他九条河流都属于天然断流，中上游为干河，中游有一定的清水流量，年径流以洪水为主，就西柳沟来看，龙头拐水文站天然径流近平水年年实测月径流过程如图 2.2-2 所示，3 月有明显的春汛，7—9 月为主汛期。

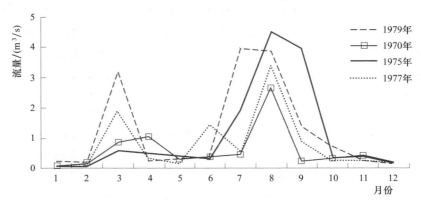

图 2.2-2　西柳沟龙头拐水文站天然状态近平水年径流过程

黄河南岸区含水层由第四系冲洪积物构成，主要接受南部十大孔兑径流直接补给以及降雨径流转化成的地下水侧向径流补给。含水层厚度 5～30m，在达拉特旗的园子塔拉，含水层厚度较大。水位埋深一般在 0.30～1.70m，局部为 2.00～3.00m。单井涌水量大于 1000m³/d。地表普遍有一层松散的风积砂，有利于接受降雨入渗补给，地下水质良好，一般为矿化度小于 1g/L 的 HCO_3 型淡水。

黄河总体上是南岸地下水的最终排泄基准面。根据林学钰等人的研究，鄂尔多斯境内的黄河南岸区地下水补给黄河干流的模数是 0.5～0.8L/(km²·s)[16]，总的补给量大约 3.2 亿～5.1 亿 m³。

在局部滞水洼地，地下水溢出与黄河凌汛期的补给成为湿地；另外，黄河河道宽广、河岸黏性土分布不连续，加之孔兑的汇入，主流摆动幅度较大，过去近天然状态下河岸湿地发育良好。

2.2.3　准格尔、桌子山岩溶地下水系统与黄河干流补给关系

鄂尔多斯境内的岩溶水系统为寒武-奥陶系岩溶地下水，分布在鄂尔多斯市东侧的准格尔旗与西部的鄂托克旗。

2.2.3.1　准格尔岩溶地下水系统与黄河的关系

准格尔岩溶水子系统是天桥地下水系统的一小部分，岩溶含水层类型为厚层"似层状"裂隙岩溶含水层。天桥岩溶水系统面积 14029km²，厚度 770～885m，补给区主要是直接出露地表的裸露岩溶区，以及上覆盖新生界松散层碳酸盐岩岩溶区，接受降水入渗和黄河补给，降水入渗补给占总补给量的 70%。

准格尔岩溶水系统上覆新生界松散层，主要补给有降水入渗补给，由于整个天桥系统在山西偏关以北岩溶地下水受断层阻隔水位台高，基本不接受黄河补给，该区岩溶地下水的径流方向由北向南。

天桥岩溶水接受补给后，沿含水层倾斜方向向西部汇流，遇到隔水顶板受阻后汇集形

成准格尔旗黑岱沟-山西龙口和兴县-天桥两条地下强径流带，黄河在天桥一带切穿含水层，构成岩溶地下水的最终排泄点。因此，从黑岱沟-山西龙口和兴县-天桥，沿黄河有长170km，宽约10km，是强富水带，汇集系统内绝大部分补给。

准格尔大部分地段单井涌水量 $1000\sim3000m^3/d$，在地质构造发育地段，单井涌水量可达 $4000m^3/d$ 以上。

岩溶水系统地下水水质均较好，矿化度多小于 $1g/L$，水化学类型多为 $HCO_3 - Ca$ 型，水质符合生活饮用水卫生标准，多为Ⅰ类水。

2.2.3.2 桌子山岩溶水系统

桌子山子岩溶含水系统为厚层"脉状"岩溶裂隙含水层，主要接受降水入渗补给和少量河流渗漏补给。

富水性中等，单井涌水量一般在 $100\sim1000m^3/d$，个别地段 $1000\sim3000m^3/d$。

桌子山子系统中地下水资源量有限，现状开采条件下水位已发生大幅下降，超采严重，不宜再规划和建设新的水源地。在岗德尔山一带，岩溶水又有新发现，经过勘查后有望建成新的水源地。

2.2.4 内流区河流–第四系孔隙含水层–白垩系裂隙孔隙含水层–湖淖水循环

内流区流域面积在 $100km^2$ 以上的河流有摩林河、陶赖沟、红庆河等10多条河流。这些河流的特点是：河流短、坡降缓、河道下切不明显，流量小，流量年内分配相对较均匀，南部地区河流常年有水，泥沙含量低。

根据侯光才、张茂省等人的研究[15]，黄河内流区地表分水岭与地下分水岭不完全对应（图 2.2 - 1），第四系上更新统空隙含水层与白垩系裂隙孔隙含水层在区域上无稳定的隔水层，上部第四系含水层与下覆白垩系地下水的水力联系密切[17]。

安边-四十里梁-东胜梁与新召地表分水岭，地质结构上表现为以河流相砂岩沉积为主的单一结构，垂向上水文地质分层不明显，因此，地表分水岭不但控制着浅层地下水，同时也控制着中深层地下水，具体表现为地表分水岭与浅层、中层及深层地下分水岭一致。

西部边界位于断裂带上，断裂西侧为太古宇变质岩隔水层，属于断裂阻水边界。

北部边界西段，以河套盆地南缘隐覆断裂为界，断裂北侧白垩纪下陷到几千米以下，其上为大厚度泥岩覆盖，阻隔盆地白垩纪水向北径流，为隔水边界。但由于地表被第四纪风沙所覆盖，是浅层风成砂层地下水的侧向排泄边界。

东部从无定河到乌兰木伦河，在白垩纪上覆厚 $20\sim100m$ 的第四纪莎拉乌苏组，地下水由西向东排泄，白垩纪地层为隔水边界，总体上东部为上部排泄，下部隔水。

南部鄂尔多斯境外的白于山分水岭也是地下水分水岭，在白于山以北区域到鄂尔多斯境内构成一个完整的系统，内流区陕西境内的地表与地下分水岭一致。

2.2.4.1 地表分水岭与地下分水岭完全一致流域的水循环

1. 径流基本上以地下水和湖淖的形式存在

在地表分水岭与地下分水岭完全对应的内流区内，第四纪沙质沉积物几乎覆盖整个流域，只有分水岭部分山脊为白垩系保安群组出露岩层。第四纪含水岩组主要由第四系上更新统萨拉乌素组冲积和湖积的细砂、粉细砂层组成，除暴雨以外，通常降水形不成地表径流，降水入渗以地下水的形式存在，地下水在低洼地区溢出成为湖淖，与外界没有水量交换。

2. 地下水以湖淖湿地为最终排泄基面

地下水的排泄，在天然状况下，最终以湖淖湿地蒸发排泄[17]。

在摩林河流域，地表水和地下水以摩林河及其尾闾湖为最终排泄基准面，上游分水岭一带地下水位标高约 1400m，摩林河尾闾湖一带水位标高约 1120m，水位差约 280m，地下水总体上由南向北径流的过程中，浅层地下水沿途向摩林河排泄，受河套盆地南缘阻水断裂的影响，中层、深层地下水排泄不畅，以顶托补给的形式向摩林河尾闾湖排泄，如图 2.2-3 所示。

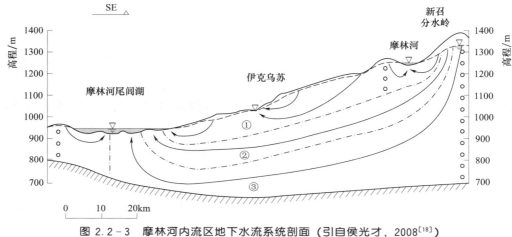

图 2.2-3　摩林河内流区地下水流系统剖面（引自侯光才，2008[18]）

▽—潜水位；→—地下水流线；-·-—地下水流系统界线；○—地下水分水岭；///—隔水底板
①—局域水流系统；②—中间水流系统；③—区域水流系统

盐海子内流区南起四十里梁和新召分水岭，北到盐海子分水岭，该区地形总体上南高北低，在南侧以达拉图鲁湖为代表，形成许多中型湖泊群，是浅层地下水的内流区，北部以红海子、察汗淖和盐海子为代表，是中层地下水排泄的基准面。上游达拉图鲁湖一带地下水位标高约 1400m，盐海子一带水位标高约 1161m，水位差约 239m，如图 2.2-4 所示。盐海子是鄂尔多斯境内三个自流水区之一，水头高出地表 18.20m。

在苏贝淖闭流区，该区降水量相对较大，形成了众多的湖泊，以合同察汗淖、巴汗淖、苏贝淖为代表，周边地下水位标高为 1400m，最低排泄点水位标高 1300m，水位差约 100m，地下水从四周向湖泊汇集并最终排泄，如图 2.2-5 所示。

3. 地下水的运动浅、中、深不同深度含水层差异较大

在第四纪含水层的地下水运动基本上为流场剖面图的局部循环。第四纪含水层厚度一般 60～80m，局部达 140m，水力性质为潜水。地下水位埋深一般 1～5m。含水层的渗透系数 1～6m/d。古河槽及古洼地中心部位，含水层厚度大，地下水赋存相对较丰富，单井出水量多在 100～3000m³/d。

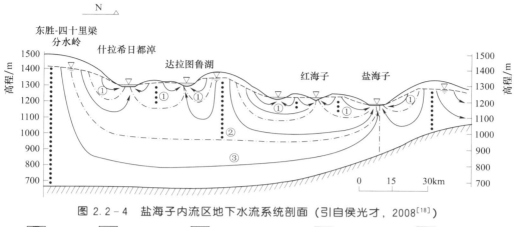

图 2.2-4 盐海子内流区地下水流系统剖面（引自侯光才，2008[18]）

▽—潜水位；　→—地下水流线；　———地下水流系统界线；　┆—地下水分水岭；　/—隔水底板

①—局域水流系统；②—中间水流系统；③—区域水流系统

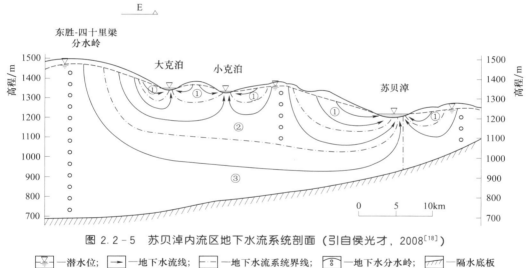

图 2.2-5 苏贝淖内流区地下水流系统剖面（引自侯光才，2008[18]）

▽—潜水位；　→—地下水流线；　———地下水流系统界线；　┆—地下水分水岭；　/—隔水底板

①—局域水流系统；②—中间水流系统；③—区域水流系统

　　地下水中深层的循环主要发生在下覆白垩系裂隙孔隙含水层，北部为罗汉洞含水岩组，南部为洛河含水岩组。

　　罗汉洞含水岩组分布在白垩系自流水盆地的北部和西部，北部沿东西方向分布在东胜柴登壕-杭锦旗-杭锦旗伊克乌素一带；西部沿南北方向在鄂托克旗布隆庙-鄂托克前旗一带，西部中段罗汉洞含水岩组的展布与天环向斜的轴部一致。含水岩厚度变化很大，由数米至600m，总的趋势是中部厚度大，向南北两侧变薄，东部薄西部厚。沙漠高原区罗汉洞含水岩组大多裸露地表或被第四系松散层覆盖，埋深一般不超过10m，仅在西部和西北角因第三系的覆盖，罗汉洞含水岩组顶板埋深较大，多在10～100m之间，岩性复杂多变，主要含水层为罗汉洞组砂岩。罗汉洞含水岩组单井涌水量受含水层岩性、胶结程度、厚度、补给条件等因素控制，变化较大，从 $0.77 \sim 16765 \text{m}^3/\text{d}$。白垩系盆地北部在伊克乌苏-盐海子-杭锦旗地区单井涌水量 $1000 \sim 4000 \text{m}^3/\text{d}$，个别井孔达 $10000 \text{m}^3/\text{d}$，最大 $16765 \text{m}^3/\text{d}$。

洛河含水岩组特征。以东胜-四十里梁地表分水岭为界，西北部洛河含水岩组埋深较大，为 $0 \sim 524 \text{m}$，仅杭锦旗至东胜一带 $20 \sim 300 \text{m}$，除北部边缘附近稍薄外，含水层厚度较为稳定，为 $20 \sim 250 \text{m}$。在分水岭附近补给区，水头埋深一般小于 50m。

2.2.4.2　内流区地表分水岭与地下分水岭不完全一致的水循环

该区域地貌呈波状起伏，多被风积沙所覆盖，地表水系不发育，但在相对低洼的地区发育有众多的湖淖，每个湖淖都构成一个相对独立的地下水浅循环系统，如图 2.2-6 所示。

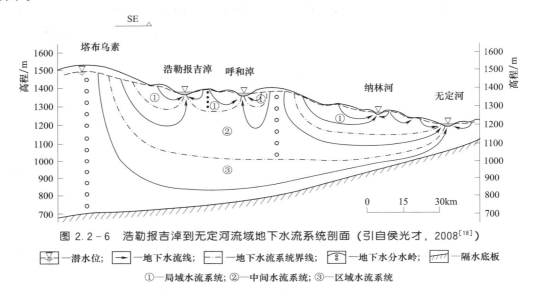

图 2.2-6　浩勒报吉淖到无定河流域地下水流系统剖面（引自侯光才，2008[18]）

▽—潜水位；→—地下水流线；-·-—地下水流系统界线；⦚—地下水分水岭；⫽⫽—隔水底板
①—局域水流系统；②—中间水流系统；③—区域水流系统

地下水从周边向湖淖中心汇集，地下水流场呈近似圆状或椭圆状，平面宽度 $5 \sim 15 \text{km}$ 不等，循环深度 $150 \sim 250 \text{m}$。受这些湖群所控制，浅层地下水系统在面上接受降雨入渗补给，就地以垂向蒸发和人工开采的形式排泄。下部中深地下水向下游的无定河方向运移，并以无定河为最终排泄基准面。

侯光才、张茂省等人[15]的研究表明，约 60% 以上的水量就地排泄，通过中深层地下水向下游排泄的水量约占 40%。

2.2.5　窟野河上游河流-第四系含水层廊道系统

鄂尔多斯境内窟野河上游主要有纳林川和悖牛川，还有一些较小的支沟，如大沟、黑岱沟、龙王沟等。该区域下覆含水岩层为石炭-侏罗系裂隙含水系统，由于裂隙发育程度低，系统内地下水贫乏，水质普遍较差，一般不具备集中供水价值。只有在烧变岩中裂隙水较丰富，但分布面积极小，水资源量有限，不足以作为大中型供水水源地。

第四系上更新统萨拉乌素组由冲积和湖积的细砂、粉细砂层组成，上覆于石炭-侏罗系含水系统之上，厚度一般 10～20m，连续分布于各古河槽中，透水性强一般不含水，构成包气带。

系统内沿一些较大河流，分布有河谷型第四系孔隙潜水，潜水能得到河水补给，形成河流-含水层廊道系统，在切割基岩的地方，径流全部出露为地表水。因此，这些河流流量随季节变化明显，年际径流量变化大。

就悖牛川来看，新庙水文站多年平均天然径流量 11237.4 万 m^3/a，径流模数 7.05 万 m^3/km^2，年输沙量 2182 万 t。其中，基流水量 3436 万 m^3，多年平均基径比为 0.304。近 10 年来由于水土保持建设和用水增加，7—9 月实测径流占年径流量的 69%，但是主汛期 7—8 月的径流占年径流量的 63%，比多年平均有所增加；含沙量和最大洪峰流量都明显减少。新庙水文站 1967—2004 年实测多年平均月径流过程如图 2.2-7 所示。

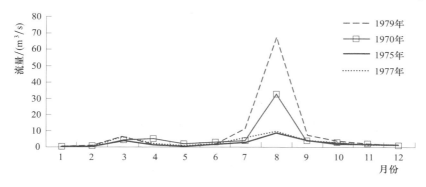

图 2.2-7　新庙站多年平均年径流月分配

2.2.6　都思兔河-第四系孔隙含水层-白垩系裂隙孔隙含水层-水循环

都思兔河位于毛乌苏沙地，透水性普遍良好，加之地形较平坦，非常有利于降水入渗，每次降水过后地表基本不产流，年径流深不足 5mm，苦水沟站的年径流深 1.7mm，最小年径流深 1965 年仅 0.6mm。

含水层主要是白垩系罗汉洞含水岩组和洛河含水岩组，罗汉洞含水岩组地下水位埋深大部分小于 50m，都思兔河下游，单井涌水量 1000～3000m^3/d；洛河含水岩组埋深厚达 500m，单井涌水 500m^3/d 左右，水质均好，矿化度小于 1g/L。

下游地表径流汛期与非汛期径流量各占 50%，含沙量低，但水质较差，为苦咸水。上游水质较好。都思兔河下游水头高出地表，为鄂尔多斯三个自流水区之一，水头高出地表 3.19～26.25m。

2.2.7　无定河上游河流-第四系孔隙含水层-白垩系裂隙孔隙含水层-湖淖水循环

无定河上游鄂尔多斯境内的支流主要有纳林河、海流兔河与无定河。该流域位于毛乌素沙地的东缘，主要为砂性土，透水性普遍良好，加之地形较平坦，非常有利于降水入渗，因此，地表径流在源头区较弱，河网密度小；第四系上更新统孔隙含水层发育，并与下覆白垩系裂隙孔隙含水层构成统一的含水系统；同时，接受闭流区地下径流的补给，下游高家堡站年径流深 146.1mm[19]。地下水浅层循环的主要排泄为湖淖与河流，白垩系的深层循环最终排泄基面为河流。

正因为地下水的调节，这些河流具有年径流分配比较均匀、洪水少、含沙量低、基流量大的特征。最少月径流量占年径流量总是的 5.4%，最少月出现在汛期 6 月而不是枯季，最大月径流量占年径流总量的 12.9%，远小于其他河流。海流兔河的韩家峁站年径流月分配过程如图 2.2-8 所示，夏季径流只占年径流的 26%，地下水补给占总径流量的 80% 以上。

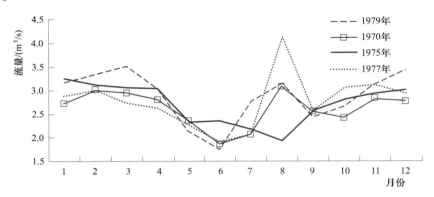

图 2.2-8　海流兔河韩家峁站天然状态近平水年径流过程

参 考 文 献

［1］ 李博. 内蒙古鄂尔多斯高原自然资源与环境研究. 北京：科学出版社，1990.

［2］ 张志山，张景光，刘立超，王新平，李新荣. 沙漠人工植被降水截留特征研究. 冰川冻土，2005，27（5）：761-766.

［3］ Wang Xinping, Li Xinrong, Zhang Jingguang, et al. Measurement of rainfall interception by xerophytic shrubs in revegetated sand dunes. Hydrological Science Journal，2005，50：897-910.

［4］ Zhang Zhishan, Li Xinrong, Liu Lichao, et al. Distribution, biomass, and dynamics of roots in a revegetated stand of Caraganakorshinskii in the Tengger Desert, Northwestern China. Journal of Plant Research，2009，122：109-119.

［5］ 李新荣，张元明，赵允格. 生物土壤结皮研究：进展、前沿与展望. 地球利用进展，2009，24（1）：11-24.

［6］ Li Xinrong, Zhou Haiyan, Zhu Y G, et al. The effects of revegetation on cryptogam species diversity in Tengger Desert, Northern China. Plant and soil，2003，251：237-245.

［7］ Wang Xinping, Li Xinrong, Xiao Honglang, et al. Effects of surface characteristics on infiltration patterns in an arid shrub desert. Hydrological Processes，2007，21：72-79.

［8］ 王新平，李新荣，肖洪浪，等. 干旱半干旱地区人工固沙灌木林生态系统演变特征. 生态学报，2005，25：1974-1980.

［9］ 何明珠，李新荣，张景光. 土壤生物结皮蒸散特征研究. 中国沙漠，2006，26（2）：159-164.

［10］ Zhang Zhishan, Liu Lichao, Li Xinrong, et al. Evaporation properties of a revegetated area of the Tengger Desert, North China. Journal of Arid Environments，2008，72：964-973.

［11］ Zhou Haiyan, Li Shenggong, Li Xinrong, et al. Ecophysiological evidence for the competition strategy of two psammophytes Artemisia halodendron and A. frigida in Horqin sandy land, Nei

Mongol. Acta Botanica Sinica，2004，46：284 – 293.

［12］ 李新荣，张志山，黄磊，王新平．我国沙区人工植被系统生态-水文过程和互馈机理研究评述．科学通报，2013，58（5 – 6）：397 – 410.

［13］ Li Xinrong, Xiao Honglang, Zhang Jingguang, et al. Long – term ecosystem effects of sand – binding vegetation in the Tengger Desert，North China. Restoration Ecology，2004，12：376 – 390.

［14］ 张竞．植被对地下水依赖程度的实验研究——以鄂尔多斯盆地典型植被沙柳为例．中国地质大学硕士学位论文，2012.

［15］ 侯光才，张茂省．鄂尔多斯盆地地下水勘查研究．北京：地质出版社，2008.

［16］ 林学钰，廖资生，钱云平，苏小四．基流分割法在黄河流域地下水研究中的应用，吉林大学学报（地球科学版）．2009，39（6）：959 – 967.

［17］ 侯光才，赵振宏，王晓勇，龚蓓，尹立河．黄河中游鄂尔多斯高原内流区与闭流区的形成机理——基于水循环的分析．地质通报，2008，27（8）：1107 – 1114.

［18］ 侯光才．鄂尔多斯白垩系盆地地下水系统及其水循环模式研究．吉林大学博士学位论文，2008.

［19］ 张荣旺，张敏，金桂莲，张涛．鄂尔多斯市水文特性．内蒙古水利，2002，89（3）：104 – 108.

第3章 生态水文演变

半干旱地区生态系统脆弱，对气候变化异常敏感。同时，半干旱地区是我国生态建设的重点地区，尤其是鄂尔多斯市近10来年进行大规模的生态建设，是我国半干旱区下垫面改变最显著的地区。半干旱地区的水文循环与气候变化的生态建设活动密切相关，分析鄂尔多斯市生态水文的演变，可以解释鄂尔多斯市气候变化与植被建设对水文水资源的影响，从而为预测未来趋势性的变化以及科学的水资源管理奠定基础。

3.1 区域气候变化规律

3.1.1 气象站资料

自20世纪70年代以来，国际科学界开始针对人类活动对气候和水文方面的影响加强了研究，先后有国际水文计划（IHP）、国际地圈生物圈计划（IGBP）、全球能量与水循环实验（GEWEX）以及政府间气候变化专业委员会（IPCC）每10年一次的《全球气候变化评估报告》，都列有气候变化对水资源影响的内容。

本次研究气象数据来源于中国气象科学数据库，鄂尔多斯市有5个气象站，但集中于东部，西部占将近一半的面积中只有一个站，为了避免在计算时出现偏差，在鄂尔多斯市以外紧靠西北和西南处各增选一个站，即杭锦后旗站和银川站。各气象站资料见表3.1-1。

表 3.1-1　　　　　　　　　　各气象站资料表

站　名	经　度	纬　度	资料系列	资料类型
伊金霍洛旗	109°44′	39°34′	1959—1992年，2006—2008年缺1993—2005年资料	地面气象资料
鄂托克旗	107°59′	39°06′	1955—2010年	地面气象资料
东胜站	109°59′	39°50′	1957—2010年	地面气象资料
乌审召	109°18′	39°06′	1992—2010年	农业气象资料
准格尔旗	110°51.6′	39°39.6′	1992—2010年	农业气象资料
杭锦后旗	107°08′	40°54′	1956—2008年	1991—2005年为农业气象资料，其余为地面气象资料
银川	106°13′	38°29′	1951—2010年	地面气象资料

由于农业气象资料系列较短，进行插补，使其成为连续系列。根据气象站资料信息，伊金霍洛旗、乌审召及准格尔旗站资料需要插补延长。乌审召、准格尔旗站采用两站1992—2009年系列，伊金霍洛旗采用1959—1992年系列资料与其余4站同时间系列分别

做相关分析，见表 3.1-2。采用相关系数较高站的资料做相应延长。

表 3.1-2　　　　　　　　各站气象资料相关系数表

站　名	伊　旗		乌审召		准格尔旗	
	年均温/℃	年降水量/mm	年均温/℃	年降水量/mm	年均温/℃	年降水量/mm
鄂托克旗	0.77	0.66	0.83	0.80	0.82	0.74
东胜	0.88	0.85	0.80	0.65	0.73	0.84
杭锦后旗	0.92	0.54	0.65	0.20	0.57	0.51
银川	0.89	0.77	0.66	0.63	0.13	0.44

注　伊金霍洛旗使用 1959—1992 年系列，乌审召和准格尔旗使用 1992—2010 年系列。

根据表 3.1-2，伊金霍洛旗年均温和年降水量均与东胜相关性较高，伊金霍洛旗缺测站采用东胜的资料插补；乌审召采用鄂托克旗资料延长；准格尔旗与鄂托克旗和东胜相关性均较高，但与东胜在空间距离上较近，所以准格尔旗采用东胜站的资料延长。各站资料延长依据及统计分析见表 3.1-3。

表 3.1-3　　　　　　　　各站资料延长依据及统计分析

站名	项目	参考站名	资料系列	计算公式	相关性检验自由度	相关系数值	显著性水平
伊金霍洛旗	年均温	东胜	1959—1992 年	$T_伊 = 0.8766 T_东 + 1.2516$	32	0.782	极显著相关
	年降水量	东胜	1959—1992 年	$P_伊 = 0.877 P_东 + 2.1603$	32	0.726	极显著相关
乌审召	年均温	鄂托克旗	1992—2009 年	$T_乌 = 0.8713 T_鄂 + 0.0516$	16	0.694	极显著相关
	年降水量	鄂托克旗	1992—2009 年	$P_乌 = 0.7871 P_鄂 + 111.37$	16	0.642	极显著相关
准格尔旗	年均温	东胜	1992—2009 年	$T_准 = 0.6777 T_东 + 3.1907$	16	0.540	显著相关
	年降水量	东胜	1992—2009 年	$P_准 = 0.7743 P_东 + 100.3$	16	0.710	极显著相关

3.1.2　气温变化规律分析

3.1.2.1　气温年变化规律

采用鄂托克旗与东胜系列完整的两站，长系列气温变化趋势如图 3.1-1 所示，东胜

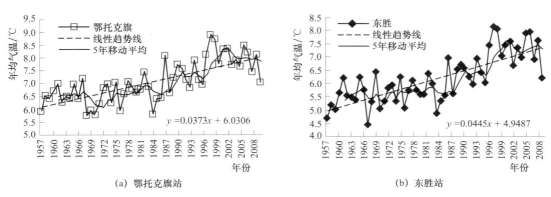

(a) 鄂托克旗站　　　　　　　　　　(b) 东胜站

图 3.1-1　1957—2010 年长系列气温变化趋势图

站升温幅度高于鄂托克旗站，鄂托克旗站平均每 10 年升高 0.396℃，东胜站平均每 10 年升高 0.471℃。5 年移动平均拟合曲线结果表明，两站均在 1987 年后开始显著增暖，20世纪 90 年代后期增暖达到最强。

3.1.2.2 气温季节变化规律

两站在春、夏、秋、冬四季的气温变化倾向率均为正值，说明过去 50 多年来，鄂尔多斯地区增暖比较显著，其中冬、春季增暖相对较为显著，秋季次之，夏季增暖相对缓慢，各季节的气温变化如图 3.1-2 所示。其中，冬季的增温幅度在鄂托克旗达到每 10 年升高 0.65℃，东胜的增温达到每 10 年升高 0.747℃，均高于我国西北西风带冬季气温增温率 0.55℃/10a[1]。

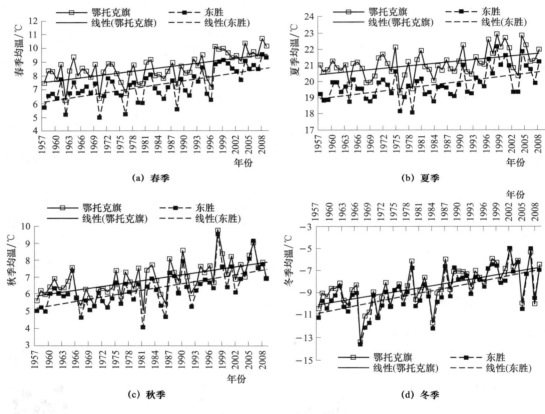

图 3.1-2 鄂托克旗、东胜两站各季节均温变化趋势图

3.1.3 降水变化规律分析

3.1.3.1 鄂尔多斯市降水量加权平均值

鄂尔多斯地区降水量的计算采用上述 7 个站的逐年降水量资料，通过泰森多边形法进行点雨量的加权（图 3.1-3），得到鄂尔多斯市的逐年降水量。

经雨量加权后，鄂尔多斯市 1957—2010 年各年降水量见表 3.1-4，5 年移动平均值分析如图 3.1-4 所示。总体来说，降水量有减少趋势，平均每 10 年减少约 3.3mm。

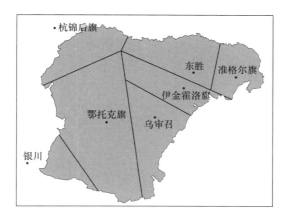

图 3.1-3　雨量站分布及泰森多边形

表 3.1-4　　　　　　　　　　鄂尔多斯市各年降水量　　　　　　　　　　　单位：mm

年份	年降水量	年份	年降水量	年份	年降水量	年份	年降水量	年份	年降水量
1957	198.9	1968	366.2	1979	300.8	1990	340.2	2001	267.0
1958	284.8	1969	245.6	1980	225.4	1991	267.3	2002	348.5
1959	346.6	1970	303.5	1981	228.8	1992	366.1	2003	374.6
1960	340.6	1971	230.1	1982	223.6	1993	216.5	2004	345.0
1961	486.8	1972	190.5	1983	274.1	1994	311.3	2005	169.3
1962	163.2	1973	387.6	1984	378.2	1995	327.5	2006	271.2
1963	233.4	1974	241.0	1985	337.4	1996	298.6	2007	335.7
1964	420.9	1975	284.3	1986	207.4	1997	210.1	2008	332.5
1965	152.0	1976	493.2	1987	228.6	1998	349.4	2009	236.1
1966	265.0	1977	324.3	1988	341.0	1999	201.5	2010	306.4
1967	395.0	1978	384.7	1989	385.7	2000	168.3	多年平均	294.4

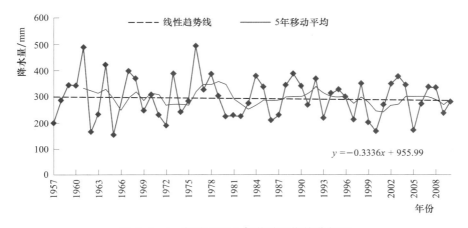

图 3.1-4　年降水量 5 年移动平均值分析图

3.1.3.2 降水量频率分析

对 1957—2010 年系列的降水量进行排频，对该系列进行 P—Ⅲ 曲线配线，偏态系数 C_s 为 0.79，与变差系数的比 C_s/C_v 为 2.63，如图 3.1-5 所示。

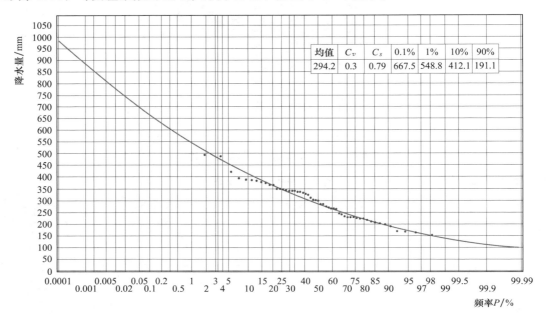

均值	C_v	C_s	0.1%	1%	10%	90%
294.2	0.3	0.79	667.5	548.8	412.1	191.1

图 3.1-5　鄂尔多斯市 1957—2010 年降水量 P—Ⅲ 配线及其系列特征值

可得到 54 年系列中丰水年、平水年、枯水年不同水文代表年，各年降水量见表 3.1-5。

表 3.1-5　　　　　鄂尔多斯市 1957—2010 年长系列水文代表年及年降水量

频　率	代表年	年降水量/mm
偏丰年 $P=20\%$	1992	366.1
平水年 $P=50\%$	1996	298.6
偏枯年 $P=75\%$	1980	225.4
枯水年 $P=95\%$	2000	168.3
1957—2010 年平均		294.2

3.1.3.3 降水量变化规律分析

根据资料，鄂托克旗和东胜两站的气象资料质量高、系列完整，两站又分别处于鄂尔多斯市的东西两个方向，故选择两站的资料进行降水变化规律的分析。

两站的长系列降水量变化趋势如图 3.1-6、图 3.1-7 所示。两站年降水量均不断减小。鄂托克旗站每 10 年约减少 1.37mm，东胜站每 10 年约减少 10.3mm，东胜站降水减少量大于鄂托克旗站。从不同时间系列来看（表 3.1-6），20 世纪 70 年代在两站均是一个偏丰的时段，降水量比较大，鄂托克旗 20 世纪 90 年代是最枯的时段，东胜 2000 年以后是最枯时段。按 20 世纪 90 年代前后来分，之前为多雨段，降水量在鄂托克旗约 272.8mm，东胜约 390.7mm，90 年代之后为少雨段，在鄂托克旗为 258.4mm，在东胜为 368.9mm。

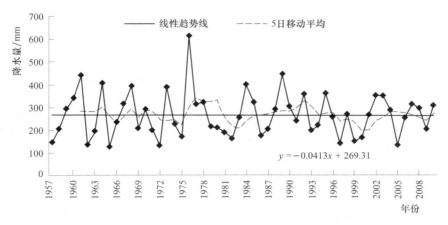

图 3.1-6　鄂托克旗站长系列降水量变化趋势图

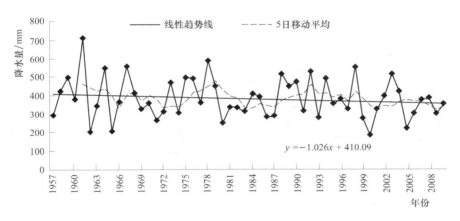

图 3.1-7　东胜站长系列降水量变化趋势图

表 3.1-6　　　　　　　　鄂尔多斯两站 1957—2010 年降水量统计分析　　　　　　　　单位：mm

气象站	1957—1969 年	1970—1979 年	1980—1989 年	1990—1999 年	2000—2009 年	1957—1989 年	1990—2009 年	1957—2010 年
鄂托克旗	265.5	288.3	266.9	252.0	264.9	272.8	258.4	266.8
东胜	403.5	408.4	356.4	395.8	342.0	390.7	368.9	382.5

　　两站四季降水量变化规律如图 3.1-8 所示。春、夏、冬三季降水量均有小幅升高，秋季降水量呈减小趋势。秋季多年平均降水量减少量比较大，导致年降水量多年系列呈递减趋势。

3.1.4　水面蒸发变化分析

　　根据东胜站 1957—2012 年实测 E601 蒸发皿的年蒸发量如图 3.1-9 所示。东胜站多年平均水面蒸发量 1337mm。多年平均变化趋势来看水面蒸发是减少的，平均每 10 年减少 16.6mm。

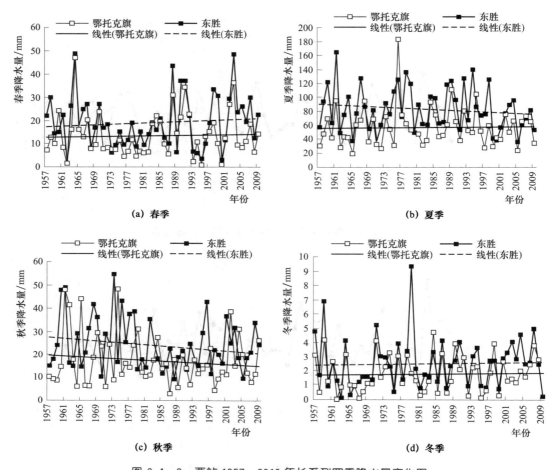

图 3.1-8　两站 1957—2010 年长系列四季降水量变化图

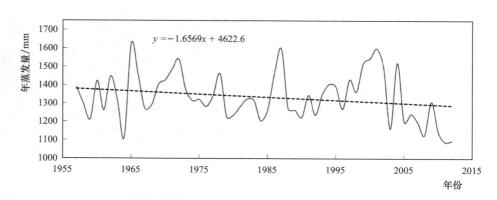

图 3.1-9　东胜站长系列水面蒸发图

3.1.5 陆面蒸发变化分析

鄂尔多斯地区的陆面蒸发量采用鄂托克旗、东胜两个气象资料较完整的站，采用高桥浩一郎公式[2,3]进行计算。该公式利用热量平衡方程，在对空气湿度、日照等因素进行均化的基础上而提出，该方法是目前估算蒸散发能力较为简洁且适用范围较广的方法，估算公式为

$$E = \frac{3100R}{3100 + 1.8R^2 \exp\left(\dfrac{-34.4T}{235+T}\right)}$$

式中：E 为月蒸发量；R 为月降水量；T 为月平均气温。

3.1.5.1 陆面蒸散年变化规律

根据高桥浩一郎公式计算东胜站和鄂托克旗站 1957—2010 年长系列年陆面蒸散量如图 3.1-10 和表 3.1-7 所示。两站陆面蒸发变化倾向率均为正值，说明 50 年来两站陆面年蒸散量均呈上升趋势。进一步分析可知，两站均在 20 世纪 90 年代以后上升趋势明显。其中东胜站 1957—1990 年系列陆面年蒸散量是下降的，在 1990 年后蒸散量逐渐升高，整体增加量约为每 10 年增加 0.887mm。鄂托克旗站 1957—1990 年和 1990—2010 年系列陆面蒸发量均呈上升趋势，1957—1990 年系列每 10 年增加 2.1mm，而 1990—2010 年系列每 10 年增加 6.7mm，1990 年后陆面蒸发量增加趋势明显。

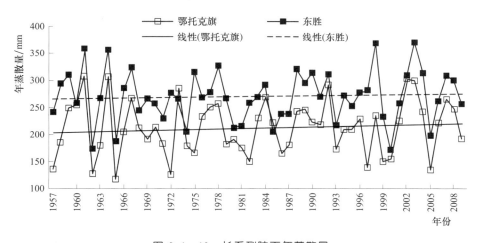

图 3.1-10　长系列陆面年蒸散量

3.1.5.2 陆面蒸散季节变化规律

陆面蒸散季节变化如图 3.1-11 和表 3.1-7 所示。两站在春、夏、冬三季蒸散量均呈上升趋势，而两站蒸散量在秋季均呈下降趋势。春季 20 世纪 70 年代和 80 年代是一个低蒸散时期，90 年代后蒸散量显著升高。夏季 1957—2010 年系列陆面蒸散量不断上升，2000—2010 年是一个显著蒸散增加期。秋季 1957—1999 年蒸散不断减小，2000 年以后蒸散量显著增加。冬季 1970—1979 年是一个高蒸散时期，2000—2010 年蒸散显著增加。

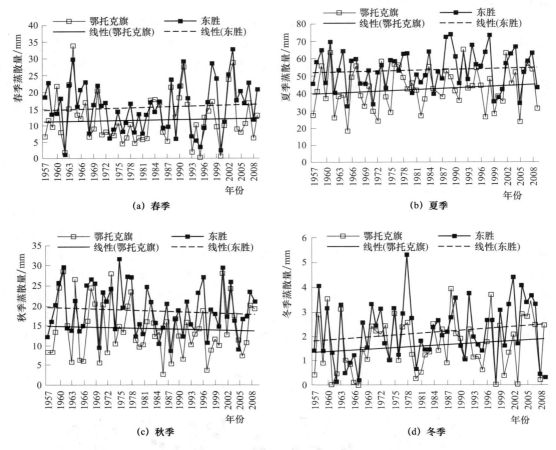

图 3.1-11　陆面蒸散季节变化图

表 3.1-7　　　　　　鄂尔多斯两站 1957—2010 年陆面蒸散量统计分析　　　　　　单位：mm

项目	气象站	1957—1969 年	1970—1979 年	1980—1989 年	1990—1999 年	2000—2009 年	1957—1989 年	1990—2010 年	1957—2010 年
年平均	鄂托克旗	209.67	206.20	205.69	206.65	227.30	207.41	216.98	211.02
	东胜	273.74	268.19	253.36	278.91	274.19	265.89	276.55	269.91
春季平均	鄂托克旗	12.7	8.57	11.73	12.77	12.59	11.17	12.68	11.74
	东胜	17.12	12.63	12.98	16.18	18.02	14.50	17.10	15.48
夏季平均	鄂托克旗	40.17	42.60	42.93	42.95	45.20	41.74	44.08	42.62
	东胜	52.43	53.20	53.58	56.91	51.46	53.01	54.19	53.45
秋季平均	鄂托克旗	15.64	15.55	12.33	11.57	16.18	14.61	13.87	14.33
	东胜	19.85	20.94	15.96	17.78	19.08	19.00	18.43	18.79
冬季平均	鄂托克旗	1.21	2.04	1.66	1.62	1.82	1.59	1.72	1.64
	东胜	1.65	2.71	2.09	1.99	2.62	2.10	2.31	2.18

3.2 基于土地利用的坡面植被演变

3.2.1 现状土地利用

除 2010 年外，其余年份均采用分辨率 30m 的 TM 影像。2010 年影像采用高精分辨率 5m 的 spot 影像，因影像精度较高，解译类型划分，将灌木林、草地、农田等类型进行详细分类，具体解译指标含义及影像特点见表 3.2-1。

表 3.2-1 　　　　　　　　　　　2010 年土地利用类型划分标准

土地利用一级类型 编号	名称	土地利用二级类型 编号	名称	含　义	影　像　特　点
1	耕地	一	一	指种植农作物的土地，包括熟耕地、新开荒地、休闲地、轮歇地、草田轮作地；以及种植农作物为主的农果、农桑、农林用地；耕种三年以上的滩地和滩涂	
		11	水田	指有水源保证和灌溉设施，在一般年景能正常灌溉，用以种植水稻，莲藕等水生农作物的耕地，包括实行水稻和旱地作物轮种的耕地	该土地类型一般位于平地地区、且靠近水源地，如河流、湖泊、水库等，田间一般有灌溉渠分布
		121	沿黄灌区	依靠黄河地表水进行灌溉的农田	分布于黄河南岸，田间有灌溉设施（如灌渠）
		122	淤地坝耕地	依靠淤地坝工程在淤起的地上种植作物的耕地	一般位于河流附近，在河流中部淤起的地上耕种
		123	灌溉牧草地	种植作物为牧草	有农田的垄子，但地块较大，影像元素单一
		124	零散灌溉耕地	有水源和浇灌设施，在一般年景下能正常灌溉的旱作物耕地，一般依靠地下水	有整齐的农田，该土地类型一般分布于平原、丘陵、山区等，距离水源地相对较远，田间一般很少或者没有灌溉设施（如灌渠）
		125	轮歇地	近几年没有灌溉的旱作农田，正常轮作的休闲地和轮歇地	有整齐的格子，但垄子不太明显，地块颜色灰白
		126	不灌溉的普通旱地	指无灌溉水源及设施，靠天然降水生长作物的耕地	有整齐的格子，垄子明显，位于地表地下水源均较少的地区，依靠雨养
		127	坡耕地及梯田	在一定坡度上开垦出的农田	大多位于东部丘陵区
2	林地	一		指生长乔木、灌木等林业用地	在影像上表现为明显的树木冠状结构，一般具有较明显的规则纹理
		21	有林地	包括用材林、经济林、防护林等成片林地	盖度 60% 以上，大多为人工造林，在影像上表现为较大的冠状结构
		221	沙柳灌木林	高度在 2m 以下的矮林地和灌丛林地	盖度 60% 以上，影像上表现为一垄一垄，排列很整齐

土地利用一级类型		土地利用二级类型		含　义	影　像　特　点
编号	名称	编号	名称		
2	林地	222	油蒿羊柴灌木林		均为耐旱植物，分布在固定、半固定沙地，群落盖度 50%~60%
		223	柠条滨藜群落		该群落建群种为小叶锦鸡儿和中间锦鸡儿，分布于半固定沙地，群落盖度 40%~50%
		23	疏林地	指疏林地（郁闭度为 10%~30%）	
		24	其他林地	未成林造林地、迹地、苗圃及各类园地（果园、桑园、茶园、热作林园地等）	
3	草地	—	—	指以生长草本植物为主，覆盖度在 5% 以上的各类草地，包括以牧为主的灌丛草地和郁闭度在 10% 以下的疏林草地	影像上纹理结构不明显
		31	高覆盖度草地	指覆盖度在 50% 以上的天然草地、改良草地和割草地。此类草地一般水分条件较好，草被生长茂密	
		321	地带性中盖度草本	指覆盖度在 20%~50% 的天然草地和改良草地，此类草地一般水分不足，草被较稀疏	百里香-本氏针茅是鄂尔多斯东部的典型草原，主要植物还有阿尔泰狗娃、糙隐子草等，此群落类型盖度 20%~40%。主要在梁上
		322	非地带性中盖度草本	以油蒿为主的沙地植被群落	一般分布于丘间低地或滩地，地表无或有薄层覆沙，常年处于湿润状态。该群落类型盖度 20%~40%。主要在沙地、低洼地方
		331	地带性低盖度草本	指覆盖度在 5%~20% 的天然草地。此类草地水分缺乏，草被稀疏，牧业利用条件差	地带性草本本氏针茅、短花针茅及戈壁针茅等典型草原和荒漠草原植物
		332	非地带性流动沙丘低盖度草本		沙竹、虫实等沙地先锋植物群落，覆盖度较低
		333	非地带性固定沙丘低盖度草本		蓝刺头-狗尾草群落属于沙地基质处于稳定态的群落
4	水域	—	—	指天然陆地水域和水利设施用地	
		41	河渠	指天然形成或人工开挖的河流及干渠常年水位以下的土地，人工渠包括堤岸	
		42	湖泊	指天然形成的积水区常年水位以下的土地	
		43	水库坑塘	指人工修建的蓄水区常年水位以下的土地	
		44	永久性冰川雪地	指常年被冰川和积雪所覆盖的土地	
		46	滩地	指河、湖水域平水期水位与洪水期水位之间的土地	

土地利用一级类型		土地利用二级类型		含　义	影　像　特　点
编号	名称	编号	名称		
5	城乡工矿居民用地	—	—	指城乡居民点及县镇以外的工矿、交通等用地	
		51	城镇用地	指大、中、小城市及县镇以上建成区用地	较大块的建设用地
		52	农村居民点	指农村居民点	较小块的建设用地，在沙区为一个一个的分散游牧居住点
		53	其他建设用地	指独立于城镇以外的厂矿、大型工业区、油田、盐场、采石场等用地、交通道路、机场及特殊用地	
6	未利用土地	—	—	目前还未利用的土地、包括难利用的土地	
		61	沙地	指地表为沙覆盖，植被覆盖度在5%以下的土地，包括沙漠，不包括水系中的沙滩	
		62	戈壁	指地表以碎砾石为主，植被覆盖度在5%以下的土地	
		63	盐碱地	指地表盐碱聚集，植被稀少，只能生长耐盐碱植物的土地	因反射率的原因，在影像上为亮白色
		64	沼泽地	指地势平坦低洼，排水不畅，季节性积水或常积水，表层生长湿生植物的土地	
		65	裸土地	指地表土质覆盖，植被覆盖度在5%以下的土地	
		66	裸岩石砾地	指地表为岩石或石砾，其覆盖面积在5%以下的土地	
		67	其他	指其他未利用土地，包括高寒荒漠，苔原等	

其中几种优势群落类型的描述如下。

1. 乔木群落（代码21）

鄂尔多斯地区主要乔木类型有常绿针叶乔木如油松（*Pinus tabulae formis*）、樟子松（*Pinus sylvestris var. mongolica Litv.*），夏绿阔叶乔木如杨（*populus*）、榆（*Ulmus pumila*）、侧柏（*Platycladus orientalis*），半乔木的梭梭（*Haloxylon ammodendron*）等，大多为人工造林，其盖度均在60%以上。乔木群落均具有适应性广，耐寒耐旱等特点。

2. 沙柳（*Salix psammophila*）群落（代码221）

主要分布于流动或半流动的丘间低地、低缓沙地及沙地背风坡，土壤潮湿，水分含盐碱较轻，多为潜育草甸土或沙质草甸土。组成沙柳群落的灌木主要有乌柳、酸刺，草本主要有黄蒿、沙旋覆花、艾蒿等。沙柳群落层次分化明显，灌木呈丛状分布，疏密不均，高1.5m，灌木郁闭度0.4。群落盖度60%左右。

3. 油蒿-羊柴-沙打旺-沙旋覆花群落类型（沙地隐域植被）（代码322）

此群落中植物均为耐旱植物，分布在固定、半固定沙地，土壤多为风沙土和松沙质淡栗钙土。地下水埋深在2m以下，地表干燥疏松，群落盖度50%～60%。此群落在沙地还不处于稳定状态时，常伴生有沙生植物沙打旺、沙米、沙旋覆花，短期生长沙生先锋植物可对表层沙土起到良好固定作用。随着此群落的发展，沙基质稳定，细叶苦荬菜、棉蓬、地锦、狗尾草、沙蓝刺头、巴锡黎等进入群落中。

此群落层次分化明显，一般分两层：第一层为油蒿和羊柴，高 60～140cm，丛幅不等，它决定了整个群落的景观特征；第二层为其他伴生植物，分布丛间，高 10～40cm，对景观影响不大。

油蒿和羊柴是一种典型的沙生植物，在沙地中生长旺盛，繁殖很快，当樵采或过度放牧造成油蒿羊柴群落极度稀疏时，只要立即退耕，2～3 年即可恢复正常。

4. 柠条滨藜群落（代码 223）

该群落建群种为小叶锦鸡儿和中间锦鸡儿，分布于半固定沙地，地下水埋深 2m 以下，地表干燥，土壤多为疏松淡栗色钙土或风沙土，群落盖度 40%～50%。此群落结构比较复杂，主要有油蒿（有的地方油蒿成为建群种）、牛心朴子、虫实、狗尾草、地锦等。柠条群落层次变化明显，第一层为锦鸡儿灌丛，高 120～160cm，丛幅不等。第二层为地被草本植物，高 20～30cm。小叶锦鸡儿可食部分为叶及幼枝，秋末落叶前为牲畜主要采食期，春季缺草时，牲畜啃食其树皮，夏季采食较少，任何时期放牧一般不会造成重牧，因此，柠条群落一般作为四季放牧的草场使用。

5. 地带性草本百里香（*Thymusmon olicus*）-本氏针茅-短花针茅群落（代码 31、321 或 331）

百里香-本氏针茅是鄂尔多斯东部的典型草原，群落主要植物还有阿尔泰狗娃（*Heteropappus altaicus*）、糙隐子草（*Cleistogenes squarrosa*）等[4]。在暖温性草原区，短花针茅和本氏针茅构成群落；在温性和暖温性荒漠草原区与小针茅（*S. klemenzii*）、无芒隐子草（*Cleistogenes songorica*）等共同占据优势；而在温性典型草原与荒漠草原的过渡区域，还能够与克氏针茅（*S. kry lovi i*）建群。短花针茅可以出现于典型草原和荒漠草原[5]，盖度 20%～40%。百里香-本氏针茅分布于典型草原区，短花针茅分布于典型草原与荒漠草原过渡区及荒漠草原区。

6. 隐域性草本植被蓝刺头-狗尾草-沙竹-牛心朴子群落（代码 332 或 333）

蓝刺头-狗尾草群落属于沙地基质处于稳定态的群落，一般分布于比较湿润的丘间低地或滩地，地表无或有薄层覆沙，常年处于湿润状态。伴生种有糙隐子草、阿尔泰紫莞、巴锡黎等。蓝刺头狗尾草群落生长能力强，常与油蒿、羊柴和柠条幼苗处于同一生境，是草本群落与木本植物群落中间的过渡群落。

沙竹主要在流动及半流动沙地分布，盖度变化很大，平均为 9%，其中一年生植物沙米在总盖度中所占比例较大。土壤多为疏松淡栗色钙土或风沙土，地表干燥。伴生有牛心朴子、虫实、狗尾草、地锦等。该群落是群落演替和植被恢复的起点。但由于植物生长期还比较短，植物高度低，因此它们的固沙效果不是很好。

牛心朴子所分布的生境情况比较复杂，它能生长在地下水埋深 1m 左右的覆沙滩地，也能生长在地下水埋深几米、十几米的固定沙地，不仅能生长在流沙上，还能生长在固定沙地上。由于生境复杂，伴生植物种也很多，如乳浆大戟、地烧瓜、沙米、棉蓬、黄蒿等。牛心朴子为多年生草本，根系密集发达，生命力强，在生长期没有任何牲畜采食，盖度 20%～40%。

经遥感影像解译分析，现状土地利用见表 3.2-2。面积最大的是非地带性中盖度草，

表 3.2-2　现状年土地利用表

单位：km²

流域分区	水田	沿黄灌区	漫地调种地	灌溉牧草地	零散灌溉耕地	轮歇地	旱地	坡耕地及梯田	林地	沙棘灌木林	油蒿灌木林	柠条灌木林	疏林地	高覆盖草地	地带性中覆盖度草地	非地带性中覆盖度草	地带性低覆盖度草	非地带性流动沙丘低覆盖草	非地带性固定沙丘	河渠	湖泊	干渠	水库坑塘	滩地	城镇用地	农村居民用地	其他建设用地	沙地	戈壁	盐碱地	沼泽地	干盐滩	裸土	裸岩石砾地	其他
西北部沿黄区	0.6	291.8		3.3	4.4	10.3	13.3		24.5	3.1	118.5	4.5		503.2	551.8	630.5	637.7	73.3	1566.3	239.9	3.2	0.2	16.7	275.5	23.5	26.8	20.3	3680.8		61.7	81.6	160.8	255.1	11.5	1.6
毛不拉孔兑		8.7		2.2	20.1	1.7	0.7	0.7	0.8	13.6	6.2	6.0		67.6		225.5	6.2	13.3	75.3	54.5		0.3	0.3	23.8	0.5	2.1	0.2	313.2		1.2	13.1	1.2	3.1		
色太沟		85.7		9.2	27.3	70.5	0.4		1.3	9.1	24.7	6.0		89.9	336.0	277.7	2.2	21.7	60.3	41.0			0.4	19.0		11.1	0.3	371.8		0.8	1.2	0.7	1.0		
黑赖沟	0.7	13.2	0.4	17.4	66.5	14.6	1.3	49.1	0.4	5.5	1.7	1.3	0.1	29.6	375.8	194.8	34.7	0.6	148.9	37.4	1.0		0.3	9.6		8.0	1.3	158.2		4.3		5.9	3.0		
西柳沟	0.1	162.1		16.8	39.6	3.2	1.5	21.6	1.8	8.5	6.5	1.7	0.2	18.2	630.5	346.8	6.3	7.2	189.5	61.5	2.2	0.1	1.8	22.4	1.4	24.0	28.5	303.8		5.8	8.4	3.9	4.1		
罕台川		117.5		3.1	66.8	5.6	1.5		1.5	4.6	1.8	0.2	0.2	63.5	488.7	182.8	5.9	13.9	26.2	34.9			1.6	21.4	6.1	22.6	7.6	92.8		0.8		5.3	2.7		
哈什拉川		139.6		6.1	127.1	21.7	0.4	27.6	0.7	6.7	7.7	5.9		104.8	67.6	11.6	2.4		58.7	9.8			2.1	24.5	15.1	37.8	49.1	45.0		53.9	1.7	9.4	1.5		
母哈尔河		40.1		24.3	86.2	5.0	0.5		6.1	13.5	1.4	6.7	3.1	140.5	518.1	219.7	2.6		62.5	42.9			0.6	8.9	17.8	15.0	0.8	17.5				0.2	0.7		
东柳沟		53.6		37.6	20.0	1.6	0.3		0.8	8.3	2.2	4.3	0.4	57.8	132.8	17.2	0.8		93.0	4.7	1.1			1.1		12.5	1.6	23.1		1.9			0.6		
壕庆河		67.1		26.4	27.3	1.6	1.6		1.4	30.5	13.7	4.3	1.4	25.7	51.3	205.2	10.9	41.8	58.5	22.8			0.6	22.0	0.4	12.9	3.5	52.2		5.9	10.5		0.9		
呼斯太河	0.4	66.3	9.3	1.1	46.2		0.8		13.3	56.7	17.6	4.3	12.0	228.9	16.9	217.9	30.6	37.1	66.5	9.9		0.2	5.0	13.0		13.5	3.8	45.3		6.1	22.8	5.6	1.3		
塔哈拉川	3.7	45.5		21.7	23.6	2.8	2.3	52.6	29.8	38.1	4.2	2.6	22.9	115.1	106.1	399.6	79.8	2.7	213.3	25.6			1.7	14.7	3.7	11.8	32.6	159.5		0.5		9.6	4.5		
十里长沟				11.6	25.5	5.5	1.1		4.1	3.6	31.7	64.9	30.9	234.0	72.4	405.6	205.4	1.3	565.0	31.5	0.1	0.1	0.1	62.0		11.3	4.3	0.4		0.1	0.2	4.3	32.0		
纳林川	0.3		0.1	12.9	68.4	9.2	0.4	228.7	21.4	24.8	0.6	93.6	2.4	230.8	93.5	1064.1	122.4	11.2	713.9	45.2		1.1	4.4	16.4	11.0	11.5	24.2	16.7		0.7		1.5	13.9		
悖牛川		0.3		15.3	47.1		4.4	86.2	24.9	13.0	58.8	23.0		82.3	59.7	821.5	454.9	7.9	242.3	15.1	0.1		12.4	7.9	4.8	2.0	45.0	3.5		6.0		0.6	7.4		
乌兰木伦河	2.9			18.7	148.3	26.7	14.2	12.7	58.7	184.0	131.5	22.8	19.0	396.5	388.4	269.4	372.4	7.9	536.9	59.8	1.1	0.5	0.6	14.6	0.1	9.0	6.4	78.9		20.5	9.1	27.1	10.9		
红柳河	0.1	0.1		76.0	146.0	5.0	1.3	66.5	37.2	46.9	157.4	14.8	41.0	473.1	253.3	911.4	162.3	183.6	825.4	26.3	0.2		11.7	22.0	37.4	14.3	13.0	480.7		18.8	20.5	51.5	1.4		
海流兔河	2.4			6.1	69.5	2.8			26.5	25.9	60.8	6.2	15.4	334.4	37.7	991.5	440.1	106.6	1077.1	2.3			0.1	41.7	5.7	12.6	2.8	500.4		108.7		13.0	5.7		
苦水河				3.1	129.3	5.5	4.0		0.1	3.6	62.3	15.5		2621.1	4.3	3303.0	0.2	63.9	1176.0	36.6	6.6		0.1	4.9	3.8	3.2	21.8	886.0		1.2		6.2	6.5	46.0	64.0
苦水河甫区	0.1			11.8	12.8	3.6			5.6	24.8	367.9			774.7	15.4	1213.7	134.1	39.4	521.7	44.6		1.1		0.4	7.0	16.5		682.5		33.2	9.5	70.1	4.6	0.3	
摩林河				13.0	103.7	33.6	5.6			13.0	8.7	109.4		536.3	5.1	4153.9		18.9	851.1	12.6	0.6	0.7	3.8	6.3	1.1	11.0	34.9	2206.7	1.4	137.0	2.9	12.4	70.9	0.2	16.9
盐海子				12.0	112.5	5.0	10.8		5.9	106.5	96.2	22.8		321.8	37.2	2019.6		40.1	1756.2	3.2	2.9	0.1	3.9		6.3	15.8	2.0	787.2		4.0	6.0	18.7	12.9	0.1	1.3
拍江海子	0.2			3.7	20.8	0.7	4.3	32.3	27.9	88.4	5.7	13.9	22.0	43.8	14.8	214.3		5.4	24.9		2.4		0.1	9.6		4.8	0.2	2.4		20.6		1.7	4.9		
木瓜河				0.1	17.5	0.1	0.1		0.5	2.0	0.8	6.2	7.1	433.1		410.9		55.5	286.1	3.2				1.1	0.6	0.6	0.9	218.3		23.2	6.1				
红碱淖		0.2		0.1	48.1	46.7	1.0		47.6	30.7	5.1	15.5	1.8	42.4		381.9		16.8	184.8	6.2			10.2	3.7	0.6	12.5	3.5	72.9		108.3		2.5	0.4		
湖同查汗淖				100.3	245.0	1.8	31.9		73.0	332.0	36.1	95.2	0.6	560.0		2143.0		380.9	1671.0	2.2	16.0	2.9	6.7	28.7	0.4	30.4	49.6	1360.8		50.2	24.4	164.2	24.4		
活龙摄昭淖				11.1	30.9	0.2	0.2		22.4	27.5	298.5	109.4		488.6		1347.9		409.7	1007.4		24.9	29.8	51.0	49.2	2.6	1.4	11.5	1320.1		28.7	6.0	119.6	2.6		
北大池				63.7	82.0	8.1			26.8	92.1	117.1			1907.4		982.3		178.9	974.0		10.7	15.6	9.0		25.8	12.4	12.4	1030.7			30.4	85.1	30.0		
合计	15.4	1091.1	9.8	538.5	1862.5	308.8	103.6	577.4	464.8	1183.0	1645.4	530.3	180.5	10924.8	4261.8	23543.2	2730.7	1731.6	15032.0	870.5	76.9	52.6	150.7	724.3	180.4	367.2	372.2	14911.3	28.7	704.0	242.3	781.1	507.2	59.1	83.8
占比/%	0.02	1.26	0.01	0.62	2.14	0.36	0.12	0.66	0.54	1.36	1.89	0.63	0.21	12.58	4.91	27.11	3.14	1.99	17.31	1.00	0.09	0.06	0.17	0.83	0.21	0.42	0.43	17.17	0.00	0.81	0.28	0.90	0.58	0.07	0.10

总面积 23543.3km^2，占总面积的比例为 27.11%；其次是非地带性固定沙丘低盖度草，占总面积比例为 17.31%；第三为沙漠，占总面积比例为 17.17%；第四为高盖度草，占总面积比例为 12.58%。城镇农村及建设用地共占 1.06%，各种农田耕地占总面积比例为 5.19%。整个区域以自然景观地类为主。

3.2.2　20 世纪 70 年代至今的植被演变

利用 1970 年、1985 年、1995 年、2000 年、2005 年、2010 年六期土地利用图分析植被演变规律。20 世纪 70 年代采用 MMS 影像，80 年代至 2005 年采用 TM.ETM 影像。70 年代土地利用代码与以后各年的不同，根据 70 年代码所对应的内容赋以与以后各年代相同的新代码。各年代土地利用见表 3.2-3 和图 3.2-1。

表 3.2-3　　　　　　20 世纪 70 年代与 2010 年各主要土地利用类型面积及比例

年　份	项　目	林灌	高盖度草地	中盖度草地	低盖度草地	河流	湖泊	滩地	沼泽	城镇及建设用地	沙漠裸土	农田	盐碱地
20 世纪 70 年代	面积/km^2	136	981		59291		136				24788	1503	54
20 世纪 80 年代	面积/km^2	1485	12498	21008	19553	375	437	1269	341	726	22753	4598	1709
20 世纪 90 年代	面积/km^2	1140	14207	30557	9819	381	447	769	180	755	22532	4520	1445
2000	面积/km^2	1636	12363	24125	16280	269	499	1350	378	779	21814	4498	2515
2000	比例/%	2	14	28	19	0	1	2	0	1	25	5	3
2005	面积/km^2	1906	11773	28518	13439	404	524	1091	456	1223	20465	5134	1804
2010	面积/km^2	4026	10925	27805	19495	870	280	716	242	921	16261	4507	704
2010	比例/%	5	13	32	22	1	0	1	0	1	19	5	1
2000 年与1980 年差异	面积/km^2	151	-135	3117	-3273	-106	62	81	37	53	-939	-100	806
2000 年与1980 年差异	比例/%	0.2	-0.2	3.6	-3.8	-0.1	0.1	0.1	0.0	0.1	-1.1	-0.1	0.9
2000 年与2010 年差值	面积/km^2	2390	-1438	3680	3215	601	-219	-634	-136	142	-5553	9	-1811
2000 年与2010 年差值	比例/%	2.8	-1.7	4.2	3.7	0.7	-0.3	-0.7	-0.2	0.2	-6.4	0.0	-2.1

草地是鄂尔多斯市最主要的土地利用类型，占土地总面积的 60%～70%。

20 世纪 70 年代影像分辨率低，且大规模的沙漠化治理与水土流失治理都没有开始，沙漠与裸土地的面积占总土地面积的 19%。

20 世纪 80—90 年代依靠国家投入，开展飞播与地面造林结合的沙漠化治理，以及东部的小流域水土流失综合治理，生态逐渐好转，到 2000 年，有大约 3200km^2 的低覆盖度草地转为中覆盖度草地，林地面积增加 151km^2；沙漠面积减少 939km^2，总体上全市有 5% 的面上生态得以恢复。

1999 年国家开始实施退耕还林还草，并于 2002 年针对退化草原实施围封转移战略，到 2005 年，在高盖度草地面积变化范围不大的情况下，中西部的中覆盖度草地面积显著增加了 4393km^2，沙漠面积减少了 1349km^2，显然封育是半干旱区地带性植被恢复的有效手段。

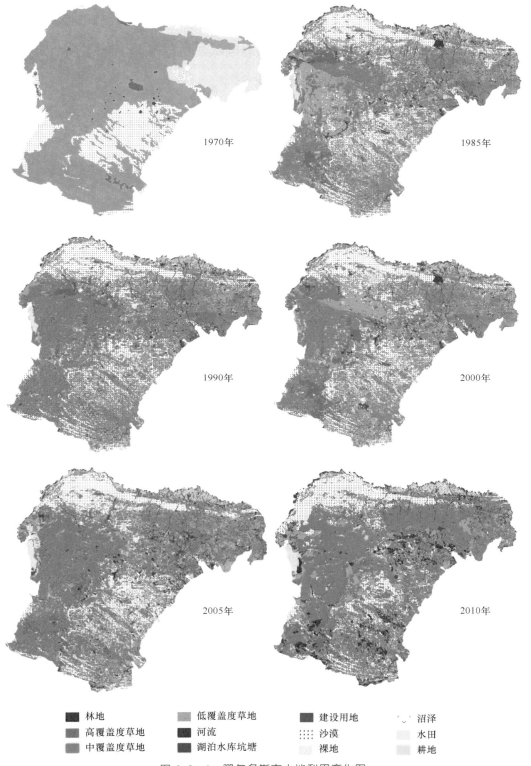

图 3.2-1 鄂尔多斯市土地利用变化图

2005 年以来，鄂尔多斯市依靠自身力量，大规模开展生态建设，至 2010 年，林地面积比 2005 年增加 2120km²，沙漠面积比 2005 年减小 4137km²，低盖度草地显著增加 6056km²。同时，湖沼湿地减少了 833km²，仅仅 5 年减少 40%。

3.2.3　2000 年到现状分区土地利用变化

鄂尔多斯市自 2000 年以来进行了大规模的退耕、退牧还林草以及封育、造林等生态建设，2000 年也是我国第二次水资源评价的基准年，为了分析植被建设对水资源的需求，需要详细分析 2000 年以来的植被变化。

3.2.3.1　总体变化趋势

利用 Arcgis 平台进行了 2000 年与 2010 年整个鄂尔多斯市的土地利用转移矩阵分析（表 3.2-4）。

表 3.2-4　　2000 年与 2010 年鄂尔多斯市各主要土地利用类型转移矩阵

2010 年 \ 2000 年		林灌	高盖度草	中盖度草	低盖度草	湖泊	滩地	沙漠	盐碱地	沼泽	农田
林灌	比例/%	—	11.6	6.3	4.4	15.6	1.8	2.2	3.7	5.2	4.3
	面积/km²	—	1405.2	1458.4	659.5	59.7	24.1	367.1	70.6	14.5	135.7
高盖度草	比例/%	6.3	—	11.3	4.6	13.6	5.0	4.5	12.0	10.6	8.1
	面积/km²	37.6	—	2443.7	692.3	51.8	67.7	758.7	228.7	29.8	256.2
中盖度草	比例/%	15.8	22.9	—	34.6	6.3	16.9	18.4	21.2	22.3	20.0
	面积/km²	93.9	2765.3	—	5204.8	24.1	230.1	3095.5	417.1	62.5	629.7
低盖度草	比例/%	6.4	13.0	16.8	—	9.4	10.7	17.3	16.8	10.8	10.2
	面积/km²	38.4	1570.5	3636.9	—	35.7	145.8	2919.2	320.7	30.4	321.6
湖泊	比例/%	0.8	0.1	0.1	0.1	—	0.5	0.1	2.1	2.3	0.1
	面积/km²	4.7	17.8	27.8	13.5	—	7.2	9.0	39.5	6.4	4.6
滩地	比例/%	1.1	0.3	0.3	0.4	1.9	—	0.1	1.9	9.7	2.7
	面积/km²	6.4	41.7	76.5	55.5	7.4	—	23.1	37.1	27.3	84.8
沙漠	比例/%	2.0	3.5	4.4	6.3	1.8	11.9	—	5.7	4.6	3.1
	面积/km²	11.7	428.9	1017.1	955.7	6.9	162.7	—	108.0	12.8	98.0
盐碱地	比例/%	2.0	0.6	0.3	0.3	12.3	1.7	0.1	—	2.5	0.4
	面积/km²	11.7	71.9	71.6	50.1	47.0	22.9	43.3	—	7.0	12.7
沼泽	比例/%	2.3	0.2	0.1	0.1	2.1	1.8	0.0	1.1	—	1.2
	面积/km²	13.7	29.1	24.5	11.8	8.0	24.3	4.4	20.1	—	37.2
农田	比例/%	16.1	5.0	3.8	3.6	3.4	10.0	1.2	8.2	8.9	—
	面积/km²	96.0	599.8	875.3	538.5	13.2	136.7	203.7	156.2	25.1	—

近 10 年来，森林和灌木增加了 2390km²（3%），草地增加 5211km²（6%），这两种是主要的面积增加类型，沙漠减少了 6582km²（−8%）。

就不同盖度的草地来看，高盖度草分别有 23%、13% 转化为中、低盖度草，即 46% 的高盖度草植被覆盖度降低，主要发生在湖淖周边与低洼滩地；中盖度草中 11%、17%

转化为高、低盖度草，即中盖度草中有 11％转好，17％转差；而低盖度草中，有 5％和 35％分别转化为高、中盖度草，主要是地带性植被中由于封育使植被覆盖度增加。可见，10 年的植被生态建设与水资源利用，使得草地总体上往中等盖度的草地发展。

林地与中低盖度草之间有比较大的转移比例，近年来植被建设的力度大，尤其是荒山荒坡造林，使得地带性植被中成行成片栽植柠条。

近 10 年农田退耕 1581km²，是 2000 年耕地的 35％，但新开荒 2645km²。退耕地中有部分转为林灌草，这是生态建设中退耕还草的结果，但同时中、低盖度草及沙漠等其余类型也不同程度转化为农田部分，成为近年来新开的饲草料基地，耕地总面积维持不变，基本在 4500km²。

3.2.3.2　西北部沿黄区及十大孔兑植被变化分析

该区域土地利用类型分布规律是北部位于黄河南岸，分布有鄂尔多斯市最主要的沿黄灌区，灌区以南是库布齐沙漠，沙漠再往南是梁地，分布有地带性植被典型草原和荒漠草原。转移矩阵分析结果见表 3.2-5。

表 3.2-5　2000 年与 2010 年北部及十大孔兑各主要土地利用类型转移矩阵面积　单位：km²

2010 年		2000 年 林灌	高盖度草	中盖度草	低盖度草	湖泊	滩地	沙漠	盐碱地	沼泽	农田
林灌	比例/%	—	2.1	2.4	3.8	6.5	1.2	1.2	0.9	1.5	1.4
	面积/km²	—	27.3	93.8	145.3	3.5	10.2	76.2	3.2	1.1	25.8
高盖度草	比例/%	3.6	—	9.5	6.4	22.8	0.9	3.0	1.7	2.0	5.2
	面积/km²	6.1	—	378.4	243.4	12.3	7.5	197.5	6.0	1.5	95.3
中盖度草	比例/%	24.3	31.4	—	41.4	16.0	12.6	12.0	12.0	15.6	20.4
	面积/km²	41.7	400.5	—	1566.9	8.6	105.8	776.8	41.9	11.5	377.7
低盖度草	比例/%	7.4	17.0	19.0	—	4.1	11.4	8.6	12.1	4.5	7.7
	面积/km²	12.6	216.9	755.7	—	2.2	95.5	555.3	42.0	3.3	141.8
湖泊	比例/%	2.4	0.1	0.1	0.1	—	0.3	0.0	0.4	4.3	0.2
	面积/km²	4.1	1.7	3.8	3.8	—	2.5	3.1	1.3		3.3
滩地	比例/%	3.1	1.4	0.9	0.7	6.5	—	0.2	8.5	13.8	4.0
	面积/km²	5.4	17.3	34.2	27.5	3.5	—	10.3	29.6	10.2	74.6
沙漠	比例/%	5.7	6.6	2.4	1.9	4.6	9.1	—	3.5	6.6	4.4
	面积/km²	9.8	83.8	96.0	71.9	2.5	76.6	—	12.3	4.9	81.5
盐碱地	比例/%	0.6	0.3	0.2	0.5	4.9	0.9	0.1	—	2.7	0.6
	面积/km²	1.1	3.5	7.8	19.8	2.6	7.1	8.2	—	2.0	11.3
沼泽	比例/%	4.4	0.8	0.2	0.1	7.2	2.4	0.0	2.3	—	1.5
	面积/km²	7.6	10.1	7.4	4.9	3.9	20.0	1.9	8.1	—	27.8
农田	比例/%	18.1	8.5	7.3	5.6	9.8	14.0	1.7	30.2	15.5	—
	面积/km²	31.1	108.2	288.3	211.3	5.3	116.9	110.9	105.0	11.4	—

从面积转移矩阵看，低盖度草转为中盖度草有 1567km²，占全市同类转移的 30％，是本区域低盖度草总转移面积的 41％，是除内流区外的第二大变化区域，这主要是封育以及水保等措施使梁地地带性植被变好。沙漠转为中低盖度草的面积和比例也仅次于内流区，说明库布齐沙漠由于生态建设，植被逐渐变好。

鄂尔多斯市农田转为草地的主要部分也集中在本区域，主要是灌区外围的坡耕地退耕，该区退耕 126 万亩，占全市总退耕面积的 53%。同时，仍有新开的农田，新开荒 148 万亩，占全市开荒面积的 37%。

3.2.3.3　东部窟野河与无定河流域上游植被变化分析

东部窟野河及无定河流域上游包括塔哈拉川、十里长川、纳林川、悖牛川及乌兰木伦河、红碱淖、海流兔河和红柳河。转移矩阵分析结果见表 3.2-6。

表 3.2-6　　　　　2000 年与 2010 年东部各主要土地利用类型转移矩阵面积

2010 年	2000 年	林灌	高盖度草	中盖度草	低盖度草	湖泊	滩地	沙漠	盐碱地	沼泽	农田
林灌	比例/%	—	17.6	7.2	7.0	2.0	5.2	8.0	7.6	7.2	4.1
	面积/km²	—	324.2	434.3	226.8	0.6	11.4	175.3	20.2	5.3	32.8
高盖度草	比例/%	4.5	—	7.3	3.4	5.4	7.8	9.0	18.2	7.7	12.4
	面积/km²	12.6	—	345.2	109.7	1.7	17.2	195.2	48.2	5.7	97.7
中盖度草	比例/%	10.7	13.2	—	29.7	3.4	22.8	25.6	11.3	23.6	19.4
	面积/km²	29.9	242.0	—	965.7	1.1	50.3	557.9	29.9	17.5	153.2
低盖度草	比例/%	3.3	20.1	7.4	—	13.7	10.6	29.1	22.6	14.0	15.4
	面积/km²	9.1	370.3	346.4	—	4.2	23.4	633.2	59.9	10.4	121.4
湖泊	比例/%	0.2		0.3	0.2	—	1.4	0.1	3.8	0.3	0.2
	面积/km²	0.4	5.6	18.8	5.7	—	3.1	2.4	10.1	0.2	1.2
滩地	比例/%	0.2	1.2	0.7	0.9	8.2	—	0.6	1.1	9.9	1.3
	面积/km²	0.6	22.6	41.6	27.8	2.5	—	12.2	2.9	7.3	10.2
沙漠	比例/%	0.4		2.5	3.1	2.6	0.8	—	3.8	8.1	0.9
	面积/km²	1.2	11.3	152.7	102.1	0.8	1.7	—	10.0	6.0	7.3
盐碱地	比例/%	2.0	0.3	0.3	0.1	0.6	0.9	0.7	—	2.8	0.2
	面积/km²	5.5	4.7	19.8	4.3	0.2	1.9	15.4	—	2.1	1.3
沼泽	比例/%	1.4	0.3	0.1	0.1	5.2	0.9	0.1	1.7	—	1.2
	面积/km²	3.8	5.5	5.9	2.9	1.6	2.1	1.1	4.6	—	9.4
农田	比例/%	11.8	8.2	5.0	5.2	3.9	7.4	2.3	10.3	4.8	—
	面积/km²	32.9	151.0	304.9	167.7	1.2	16.4	50.1	27.2	3.5	—

东北部区域属于黄土高原，是重点水土流失治理区，东南部区域是毛乌素沙地边缘。

从转移矩阵来看，该区域最明显的土地转移是，10 年净增长林地 1135km²，主要是沙柳，是从各类草地转化而来。

沙地转草 1643km²，占原来沙地面积的 76%，其中 65% 转为中低盖度草地。

耕地的变化是有 65 万亩退耕地，占整个鄂尔多斯市退耕地的 27%。新增耕地 113 万亩，占新增耕地的 29%。

有 7% 的中盖度草转为高盖度草，海流兔河该类型转化量较大，其次为红柳河，即东南部中盖度转化为高盖度草的比例较高，原因可能是农田退水、湿地退化以及城镇周边绿化灌溉、疏干水排放等多种原因形成。

也有 7% 的中盖度草地退化，发生在过去湿地外围，也有可能解译误差所致。

3.2.3.4　西部苦水河流域植被变化分析

西部流域包括都思兔河及都思兔河（南区），转移矩阵分析结果见表 3.2-7。

表 3.2-7　　　　2000 年与 2010 年南部各主要土地利用类型转移矩阵面积

2010 年 \ 2000 年		林灌	高盖度草	中盖度草	低盖度草	湖泊	滩地	沙漠	盐碱地	沼泽	农田
林灌	比例/%	—	8.6	3.9	4.7	0.9	2.6	0.9	3.6	1.3	2.7
	面积/km²	—	291.5	199.7	79.8	0.2	1.0	21.3	17.5	0.3	2.0
高盖度草	比例/%	1.0	—	15.8	3.2	11.7	9.3	9.5	9.8	20.1	6.2
	面积/km²	0.1	—	803.7	54.8	3.1	3.5	216.5	47.3	4.4	4.7
中盖度草	比例/%	27.2	17.4	—	18.2	8.3	56.1	21.7	42.4	31.7	33.2
	面积/km²	1.6	589.6	—	312.2	2.2	21.0	494.2	205.4	7.0	25.2
低盖度草	比例/%	30.2	3.1	13.9	—	10.6	6.1	12.3	14.8	6.8	6.7
	面积/km²	1.7	103.6	705.2	—	2.8	2.3	279.3	71.8	1.5	5.1
湖泊	比例/%	0.0	0.0	0.0	0.1	—	1.5	0.0	0.3	0.0	0.0
	面积/km²	0.0	0.1	0.1	0.9	—	0.6	0.0	1.5	0.0	0.0
滩地	比例/%	0.0	0.0	0.0	0.0	1.5	—	0.0	0.3	10.2	0.0
	面积/km²	0.0	0.0	0.1	0.0	0.4	—	0.2	1.3	2.3	0.0
沙漠	比例/%	0.0	2.7	3.0	4.0	0.0	0.4	—	5.9	4.8	2.9
	面积/km²	0.0	91.1	152.0	67.9	0.0	0.2	—	28.5	1.1	2.2
盐碱地	比例/%	1.3	0.2	0.2	0.4	23.3	8.2	0.6	—	2.3	0.1
	面积/km²	0.1	5.8	10.1	7.6	6.1	3.1	13.0	—	0.5	0.1
沼泽	比例/%	0.0	0.0	0.0	0.0	0.0	0.0	0.0	0.0	—	0.0
	面积/km²	0.0	0.0	0.0	0.0	0.0	0.0	0.1	0.9	—	0.0
农田	比例/%	38.3	0.9	0.9	1.9	4.4	0.6	0.3	1.4	13.1	—
	面积/km²	2.2	31.1	46.6	32.8	1.1	0.2	7.9	6.6	2.9	—

从转移矩阵来看，西部流域中沙漠有 1033km² 转为草地，占原来沙漠面积的 45%，转好类型在鄂尔多斯市整个沙漠转好的面积中所占比例较高，是鄂尔多斯市沙漠转好的一个主要区域。

流域内部来看，沙漠主要转为中盖度草，比例占到整个沙漠转化量的 22%。低盖度草转为中盖度草的比例也较高，占整个流域低盖度草转移总量的 18%。西部流域地处毛乌素沙地西缘，封育措施对沙地植被恢复的效果明显。

高盖度草转为中盖度草的比例也较高，占到流域内部高盖度草转移总量的 17%，说明部分地段由于用水量增加，导致高盖度草不同程度的退化。

该区 62% 的湖泊和 85% 的沼泽滩地退化。湖泊净减少 16km²，沼泽和滩地净减少 52km²。

该区的耕地变化相对少，退耕 6 万亩，新增耕地 20 万亩，分别占全市退耕地的 2% 和新增耕地的 5%。

3.2.3.5　内流区植被变化分析

内流区包括摩林河、盐海子、泊江海子、胡同查汗淖、红碱淖、木凯淖、浩勒报吉淖、北大池等 8 个小流域。

鄂尔多斯市沙漠转为中、低盖度草的区域、低盖度草转为中高盖度草及中盖度草转为高盖度草的区域主要位于本区域，沙漠净转化土地面积 3002km²，占该区总沙地面积的 51%，说明本区域 10 年来生态建设取得成果显著，植被逐渐变好。

内流区退耕地 40 万亩，占全市总退耕地的 17%；新增耕地 138 万亩，占全市新增耕地的 35%。

灌溉面积的发展以及沙漠转草地，导致内流区湖淖湿地退化，66% 的湖泊退化，80% 的滩地沼泽退化，净的湖泊退化面积 156km²，退化滩地沼泽面积 302km²。

该区也是鄂尔多斯市内高盖度草转为中低盖度草以及中盖度草转为低盖度草的主要区域，其中高盖度草地的退化率为 47%，中盖度草地的退化率为 25%。

表 3.2-8　　　　　2000 年与 2010 年内流区各主要土地利用类型转移矩阵面积

2010 年	2000 年	林灌	高盖度草	中盖度草	低盖度草	湖泊	滩地	沙漠	盐碱地	沼泽	农田
林灌	比例/%	23.7	13.6	9.2	3.3	20.4	0.6	1.6	3.7	7.0	17.2
	面积/km²	32.7	762.2	730.6	207.7	55.4	1.6	94.2	29.6	7.8	75.1
高盖度草	比例/%	13.6	24.5	11.6	4.5	12.8	14.6	2.5	15.7	16.5	13.4
	面积/km²	18.8	1373.5	916.7	284.5	34.8	39.5	149.5	127.0	18.2	58.5
中盖度草	比例/%	15.0	27.4	46.5	37.4	4.5	19.7	21.4	17.3	24.0	16.9
	面积/km²	20.7	1533.2	3676.1	2359.9	12.3	53.1	1266.6	139.9	26.5	73.6
低盖度草	比例/%	10.8	15.7	17.5	39.4	9.8	9.1	24.6	18.2	13.8	12.2
	面积/km²	14.9	879.7	1382.7	2487.2	26.6	24.4	1451.4	146.9	15.2	53.2
湖泊	比例/%	0.2	0.2	0.1	0.0	17.7	0.3	0.1	3.3	2.7	0.0
	面积/km²	0.2	10.5	5.1	3.1	48.1	0.9	3.4	26.6	2.9	0.0
滩地	比例/%	0.3	0.0	0.0	0.0	0.4	0.0	0.0	0.0	6.8	0.0
	面积/km²	0.4	1.8	0.7	0.1	1.1	0.1	0.4	3.2	7.5	0.0
沙漠	比例/%	0.5	4.3	7.8	11.3	1.3	31.2	48.2	7.1	0.8	1.6
	面积/km²	0.7	242.6	616.4	713.6	3.6	84.4	2849.7	57.2	0.9	7.0
盐碱地	比例/%	3.6	1.0	0.4	0.3	14.0	4.0	0.1	9.6	2.2	0.0
	面积/km²	3.6	1.0	0.4	0.3	14.0	4.0	0.1	9.6	2.2	0.0
沼泽	比例/%	1.6	0.2	0.1	0.0	0.1	0.0	0.0	0.8	0.0	9.6
	面积/km²	2.2	13.2	8.9	2.2	2.3	0.0	1.2	6.5	10.6	2.2
农田	比例/%	21.6	5.5	3.0	2.0	2.0	1.2	0.0	2.2	6.5	35.2
	面积/km²	29.8	309.5	235.5	126.8	5.5	3.2	34.7	17.5	7.2	153.6

3.3　河流水沙演变

3.3.1　典型河流径流量变化

悖牛川流域中上游属于黄土高原与毛乌素沙地的过渡区，水流侵蚀与土地沙化都比较严重。自 20 世纪 70 年代初期开始植树造林，防沙治沙；到 80 年代中期进行大规模的水土保持综合治理，即坡面植被建设与沟道防护工程结合的治理模式。这期间虽然生态恢复与破坏并存，但总体上在 90 年代形成了现状生态的格局。2002 年以来政府在本区实施围封禁牧同时建设饲草料基地的政策，使得区域植被进一步恢复。

悖牛川在鄂尔多斯与陕西交界断面有新庙水文站，控制流域面积 1527km²，考虑到 2005 年该流域建设地下截伏流工程，以后流域内煤化工业用水量大增，因此，选择悖牛川从 1967 年建站到 2005 年的径流变化过程进行分析。

1. 实测径流与天然径流过程

悖牛川流域 2005 年工农业消耗水量 887 万 m³，仅是当年实测径流量的 7.7％。初步分析，水资源衰减主要是坡面植被建设与沟道治理的影响，植被建设减少径流 5～15mm，新庙站以上的流域面积 1593km²，相当于减少 797 万～2390 万 m³；水土保持工程建设使沟塔地和坝地都能够拦截一部分径流来改善耕地的水分状况，平均有 50～100m³/亩的径流补充，当地 15.8 万亩的耕地，绝大部分是沟塔地和坝地，仅沟道工程发展的耕地就多消耗径流 790 万～1580 万 m³。

对悖牛川流域用水进行还原，悖牛川新庙站其历年实测年径流与还原后的天然径流量见图 3.3－1，从 1967—2005 年的 38 年变化过程来看，平均每年减少径流量 310 万 m³。但是，20 世纪 90 年代之前，径流量减少很小，而 90 年代之后，平均每年减少 500 万 m³。实测径流与还原后的天然径流过程如图 3.1－1 所示。

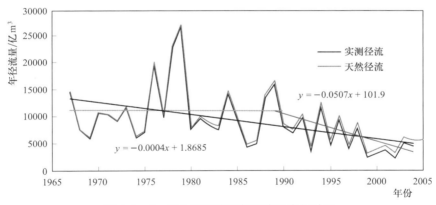

图 3.3－1　悖牛川新庙站年径流量变化过程

2. 径流的一致性分析

对新庙站 1967—2005 年天然径流量系列进行一致性分析，主要目的是处理下垫面条件变化对径流的影响，并通过修正得到具有一致性且能反映近期下垫面条件的天然年径流量系列。

从新庙站的天然径流来看，1996 年与 2002 年相同降水，径流减少一半多，直到近几年来衰减才不明显。按照《全国水资源综合规划技术细则》分析要求，对新庙站近 1997 年之前的天然径流量进行一致性修正。以悖牛川上游东胜、准格尔旗、伊金霍洛旗气象站的年降水量均值代表悖牛川流域的降水量系列，与新庙站天然径流深系列之间点绘相关关系，如图 3.3－2 所示。

根据 1997 年前后降水与径流深关系线，计算相同降雨条件下径流的比值作为修正系数，并进行修正，修正后的天然径流量为 5638 万 m³，与 1990 年以前多年平均净流量

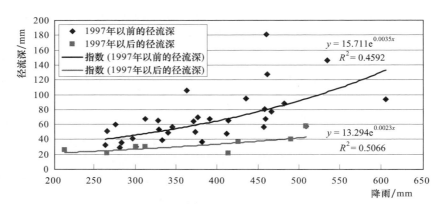

图 3.3-2 悖牛川流域降水量-年径流深相关图

11625 万 m^3 相比,生态建设与气候变化总的径流减少了 52%。

3.3.2 汛期泥沙总量变化分析

泥沙演变分析采用相近水文频率年份进行对比分析,选取 1958 年、1975 年、1983 年、2006 年为平水年,1959 年、1960 年、1968 年、1977 年、1985 年、1988 年、2007 年、2008 年为偏丰水年。水文站点取鄂尔多斯境内与下游附近站点分布,如图 3.3-3 所示。

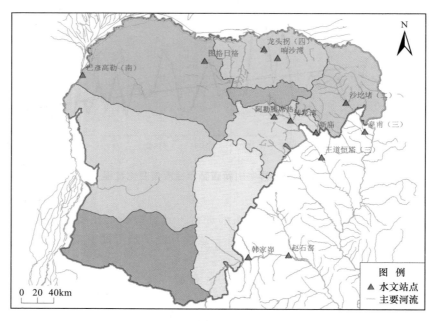

图 3.3-3 鄂尔多斯及其下游区水文站点分布图

鄂尔多斯汛期径流量占全年径流量的 60%～85%;含沙量的年内分配主要集中在汛期,汛期含沙量占全年含沙量的 65%～92%。平水年份与偏丰年份汛期输沙总量分别见表 3.3-1 和表 3.3-2。

表 3.3-1　　　　　　　　　　平水年汛期（6—8月）主要河流减沙情况

站　　名	2006年输沙量/万t	1958年 输沙量/万t	1958年 2006年减沙/%	1975年 输沙量/万t	1975年 2006年减沙/%	1983年 输沙量/万t	1983年 2006年减沙/%
巴彦高勒（南）	26.45			39.1	32.4	39.19	32.5
图格日格	117.59					7.96	−1377.9
龙头拐（四）	243.55			236.01	−3.2	48.91	−397.9
沙圪堵（二）	2212.54			1132.39	−95.4	1010.52	−119
阿勒腾席热	0						
新庙	53.9					1021.08	94.7
韩家峁	0.67	10.02	93.3	2.62	74.2	1.85	63.6
皇甫（三）	2148.7	5690.28	62.2	1375.19	−56.3	2249.39	4.5
赵石窑（河道五）	2.04	2818.1	99.9	148.85	98.6	142.43	98.6
王道恒塔（三）	42.22			1679.14	97.5	263.74	84

注　"2006年减沙/%"中"−"表示增沙。

表 3.3-2　　　　　　　　　　偏丰水年汛期（6—8月）主要河流减沙情况

站　　名	2007年输沙量/万t	1959年输沙量/万t	1960年输沙量/万t	1968年输沙量/万t	1977年输沙量/万t	1985年输沙量/万t	1988年输沙量/万t
巴彦高勒（南）	17.7			43.57	39.77	53.97	43.93
	减少			59.4%	86.1%	67.2%	59.7%
图格日格	7.45					1013.07	868.63
	减少					99.3%	99.1%
龙头拐（四）	2.55			70.53	222.1	147.33	136.99
	减少			96.4%	−14.5%	98.3%	98.1%
沙圪堵（二）	28.48		246.16	1353.7	898.08	1331.64	5641.8
	减少		88.4%	97.9%	96.3%	97.9%	99.5%
阿勒腾席热	0					1155.65	110.45
	减少						
新庙	35.95			718.03	762.23	1035.87	1772.2
	减少			95.0%	97.6%	96.5%	98.0%
韩家峁	0.47	38.72	6.17	8.05	8.34	2.12	5.47
	减少	98.8%	92.3%	94.1%	90.9%	77.6%	91.3%
皇甫（三）	77.76	16792.2	1241.49		2443.98	2488.8	11983
	减少	99.5%	93.7%		95.6%	96.9%	99.4%
赵石窑（河道五）	16.47	4964.9	1032.95		1025.46	541.68	729.53
	减少	99.7%	98.4%			97.0%	97.7%
王道恒塔（三）	12.19	6653.51	136.66	1843.2	1078.26	7607.43	1705.3
	减少	99.8%	91.1%	99.3%	99.8%	99.8%	99.3%

从表3.3-1和表3.3-2可以看出以下几点。

（1）鄂尔多斯西北部，风蚀比较严重，经过多年治理，风蚀水蚀减少比较明显，南干渠巴彦高勒（南）站河流泥沙减少30%～50%。

（2）北部十大孔兑是 10 条粗沙小河流，现状平水年 2006 年河流泥沙不仅没有减少，反而有所增加，其中毛不拉孔兑产沙增加量达 13 倍，西柳沟增沙量也达到 4 倍。但在偏丰水年减沙效益明显，其中毛不拉孔兑和西柳沟减沙率基本都在 96％以上，但在 2008 年位于西柳沟的龙头拐（四）站仍有大量来沙现象。调查发现，出现增沙现象主要是淤地坝淤满所致，拦截率高主要是靠淤地坝。

（3）东北部黄土高原水土流失区，多年来水土保持建设产生的减沙效益明显，平水年份总体减沙率在 5％～99％，其中，皇甫川在皇甫（三）站以上流域减沙效益 5％。其他流域的减沙效益都在 60％以上。但是纳林川平水年份产沙增加量在 1 倍左右，产生这种现象是由于雨强的增大，加之水土保持措施不力。偏丰水年份总体减沙率都在 90％以上，其中窟野河的减沙率基本达到 100％，纳林川作为水保示范区，也基本都达到了 95％以上的减沙率。

（4）东南部阿勒腾席热站、韩家峁站、赵石窑（河道五）站 2006—2008 年输沙量很少甚至为 0。这是由于一方面所在河流的上游有新建水库，大量拦水拦沙；另一方面该流域上覆沙地，降水下渗强，地下水调节，其径流过程（图 2.2－8）与其他河流不同，汛期径流相对较小。

（5）针对个别流域个别年份增沙现象，将 2006 年汛期各站点降水量和流量情况进行统计，可以初步得出以下结论：①一般来说，鄂尔多斯地区降水量在 20mm 以上才会有明显产流，有时候连续几天的小降水过程，也能产生较大的流量过程和来沙过程；②图格日格站、龙头拐（四）站、沙圪堵（二）站以及皇甫（三）站，在平水年汛期有增沙现象，均是由于汛期有 50mm 以上的日降水量，并随之产生大洪水过程，从而产生大的来沙过程。

3.3.3 汛期不同降水条件下的产流产沙变化

为了更进一步分析近年来鄂尔多斯市主要河流汛期的减水减沙效益，需要将不同降水条件下的来水来沙过程分别讨论。因此，以各站点汛期逐日降水量为依据，将降水条件分为 10～20mm、20～30mm 和 30mm 以上。

3.3.3.1 十大孔兑流域汛期产流产沙变化

1.10～20mm 降水产流产沙变化

以图格日格站和龙头拐（四）站为十大孔兑流域代表，其汛期内降水产流产沙变化见表 3.3－3。

十大孔兑流域汛期内 10～20mm 降水较多，但在坡面植被的作用下产流产沙较少。

图格日格站 1988 年汛期 10.5mm 的降水（前期降水 4mm），相应日平均流量 0.54m^3/s，相应输沙量 0.407 万 t，到 2007 年汛期，10.6mm 的降水（前期雨量 4mm），相应日平均流量 0.73m^3/s，相应输沙量 0.027 万 t，流量增大 35.2％，输沙量减少 93.3％。

龙头拐（四）站 1988 年汛期 10.8mm 的降水，相应日平均流量 0.31m^3/s，相应输沙量 0.0024 万 t，到 2006 年 12mm 的降水（前期降水 4.4mm），相应日平均流量 5.95m^3/s，相应输沙量 2.741 万 t，流量增大 18.2 倍，输沙量增大 1132 倍，西柳沟水土保持措施的减沙效益不及毛不拉沟。

图格日格站 1983 年 17.7mm 的降水，相应日平均流量 0.14m^3/s，相应输沙量 0.008

万 t，2006 年 17.2mm 的降水（前期雨量 1.6mm），相应日平均流量 7.19m³/s，相应输沙量 7.206 万 t，由于前期雨量的作用，相同降水，流量增大 51 倍，沙量增加 9 倍。

表 3.3-3　　　　　　　　　十大孔兑流域汛期 10～20mm 降水产流产沙变化

年份	图格日格				龙头拐（四）			
	日降水量/mm	前期降水/mm	流量/(m³/s)	输沙量/万t	日降水量/mm	前期降水/mm	流量/(m³/s)	输沙量/万t
1983	10.3		0.12	0.0057	13.9	前一天 4.3	2.88	1.0839
	17.7		0.14	0.0079	13.2	前四天 18.3	1.5	0.1290
	12.7	前一天 4.7	3.24	7.5391	13.5		0.8	2.8737
	11		0.058	0.0023				
1985	19.7	前一天 6.5	2.99	2.6944	10.7		1.06	0.0606
	11.3	两天前 3.7	0.055	0.0017	10.6		0.19	0.0045
	14.1	两天前 0.8	6.44	7.8808	13.3	前一天 8.9	0.88	0.0580
	16.4		1.79	0.6066	13.2	前一天 0.8	1.3	0.0638
					13.8	前一天 3.4	14.5	24.0097
1988	10.5	前一天 4	0.54	0.4073	10.8		0.3	0.0020
	12.4	四天前 22.5	27.8	148.2106	12		0.53	0.0422
	14		2.62	0.3577	12.5	前一天 7	0.65	0.0338
					10.8		0.31	0.0024
2006	17.2	前两天 1.6	7.19	7.2061	12	前一天 4.4	5.95	2.7405
	18.8		0.009	0.0002	17		0.35	0.0014
2007	10.6	前一天 4	0.73	0.0274	11.4	前两天 25.6	0.15	0
	17.4		0	0	18	前三天 37	0.16	0
	10.4		0	0	12.6		0.46	0
	10.6		0	0	17		0.232	0
2008	17.2		0	0	16.2		0.155	0
	10.2	前一天 71	14.5	13.0753	18.2		0.33	0.0024
	19.4		0	0				
	10.2		0	0				

2. 20～30mm 降水产流产沙变化

两站 20～30mm 降水产流产沙量见表 3.3-4，2006—2008 年汛期，图格日格站、龙头拐（四）站在 20～30mm 条件下的流量、输沙量较 20 世纪 80 年代相比明显减少。

图格日格站 1985 年汛期 28.2mm 的降水（前期降水 6mm），相应日平均流量 26m³/s，相应输沙量 82.809 万 t，2008 年汛期 29.2mm 的降水（前期降水 19.4mm），相应日平均流量 6.24m³/s，相应输沙量 2.297 万 t，流量减少 76%，输沙量减少 97%。

龙头拐（四）站 1988 年汛期 24.4mm 的降水（前期降水 5.4mm），相应日平均流量 9.65m³/s，相应输沙量 7.789 万 t；2008 年 24.8mm 的降水（前期降水 24.6mm），相应日平均流量 0.32m³/s，相应输沙量 0.0005 万 t，流量减少 97%，输沙量减少 99%。总体来说，十大孔兑流域，对于中等强度降水，水土保持措施减水减沙效益良好。

表 3.3-4　　　　　　十大孔兑流域汛期 20~30mm 降水产流产沙变化

年份	图格日格				龙头拐（四）			
	日降水量/mm	前期降水/mm	流量/(m³/s)	输沙量/万t	日降水量/mm	前期降水/mm	流量/(m³/s)	输沙量/万t
1985	28.2		26	82.8093				
1988	26.6	两天前10.5	1.67	0.6042	28.9		0.87	0.0466
	28.9	前一天1.4	6.29	6.7402	24.4	前一天5.4	9.65	7.7891
	21.1	前两天30.3	3.14	7.8339				
	21.6	前六天12.2	37	132.0624				
	29.3	前一天0.9	12.7	26.4489				
2006	25.2		2.11	6.4433	23		6.68	1.5074
					21.8		0.49	0.0095
2007	29.6		3.23	2.2456	20.5	前一天5.1	0.15	0
					26.8		0.27	0.00007
2008	20		0	0	24.8	前两天24.6	0.321	0.00054
	29.2	前一天19.4	6.24	2.2971				

3. 30mm 以上降水产流产沙变化

近年来十大孔兑汛期暴雨增多，随之对应的流量、输沙量也较大。30mm 以上降水产流产沙量见表 3.3-5。

表 3.3-5　　　　　　十大孔兑流域汛期 30mm 以上降水产流产沙变化

年份	图格日格				龙头拐（四）			
	日降水量/mm	前期降水/mm	流量/(m³/s)	输沙量/万t	日降水量/mm	前期降水/mm	流量/(m³/s)	输沙量/万t
1985	37.2		14	16.4506	32.7	前两天9.5	59.5	87.3959
	34.8	前两天37.4	189	735.1928	69.7	前三天42.2	59.5	97.5879
	42.2	前三天72.2	189	836.8013				
1988					70.2	前两天14.7	11.5	52.1447
					45.9	前两天5.3	14.2	12.7305
2006	59.8		11.3	6.7757	58	前三天34.8	93.7	239.164
	30.2	前两天66	4.44	0.5886				
	31.6	三天前26	36.3	92.5241				
2007					35		0.24	0
2008	71	两天前5.8	14.5	23.4421	61.6	前两天4	117	247.2912
					31.4		13.1	6.2150

图格日格站虽然在 2006—2008 年暴雨强度较 20 世纪 80 年代有明显增大，但流量、输沙量明显减少，1985 年汛期 34.8mm 的降水（前期降水 37.4mm），相应日平均流量 189m³/s，相应输沙量 735.193 万 t，2008 年汛期 71mm 的降水（前期降水 5.8mm），相

应日平均流量 14.5m³/s，相应输沙量 23.442 万 t，流量减少 92%，输沙量减少 97%。

龙头拐（四）站 1985 年汛期 69.7mm 的降水（前期降水 42.2mm），相应日平均流量 59.5m³/s，相应输沙量 97.588 万 t，2008 年汛期 61.6mm 的降水（前期降水 4mm），相应日平均流量 117m³/s，相应输沙量 247.291 万 t，流量增大 2 倍，输沙量增大 1.5 倍。

3.3.3.2 东北部流域汛期产流产沙变化

1. 10～20mm 降水产流产沙变化

汛期内 10～20mm 降水产流产沙变化见表 3.3－6。小降水条件下，总体来说，相比于阿勒腾席热站与新庙站，沙圪堵（二）站、皇甫（三）站、王道恒塔（三）站产沙量较大。

沙圪堵（二）站 1988 年汛期 17.5mm 的降水，相应日平均流量 88.6m³/s，相应输沙量 725.193 万 t；2006 年汛期 17.4mm 的降水（前期降水 3mm），相应日平均流量 3.48m³/s，相应输沙量 1.038 万 t，相比于 1988 年，流量减少 96%，输沙量减少 99.8%；2008 年汛期 16.4mm 的降水（前期降水 3.8mm），相应日平均流量 1.87m³/s，相应输沙量 0.732 万 t，相比于 1988 年，流量减少 97.7%，输沙量减少 99.9%，可见水土保持措施的减水减沙效益非常明显。

皇甫（三）站 2006—2008 年，流量与输沙量虽有减少趋势，但并无表现出明显减沙效益。如 1983 年汛期 12.4mm 的降水，相应日平均流量 5.43m³/s，相应输沙量 3.7182 万 t，2008 年汛期 14.6mm 的降水，相应日平均流量 2.8m³/s，相应输沙量 2.4192 万 t，流量减少 48%，输沙量减少 35%，并且相比于 80 年代，增沙现象也时有发生。

2. 20～30mm 降水产流产沙变化

汛期内 20～30mm 降水产流产沙变化见表 3.3－7，中等强度降水河流的产流产沙明显增大，但水土保持措施减水减沙效益稳定。沙圪堵（二）站 2006 年汛期因为降水过程持续，并且雨强较大，有增沙现象。皇甫（三）站 1985 年汛期 20.2mm 的降水（前期降水 15.9mm），相应日平均流量 11.3m³/s，相应输沙量 9.077 万 t；1988 年汛期 24.1mm 的降水，相应日平均流量 38.2m³/s，相应输沙量 16.793 万 t；2008 年汛期 21.4mm 的降水（前期降水 13mm），相应日平均流量 6.04m³/s，相应输沙量 9.296 万 t，相比于 1985 年流量增加 89%，输沙量增加 2%，相比于 1988 年流量减少 44%，输沙量减少 45%。其他各站 2006—2008 年的流量、含沙量较 20 世纪 80 年代都有明显减少。

3. 30mm 以上降水产流产沙变化

汛期 30mm 以上降水产流产沙变化见表 3.3－8，东部流域暴雨较多，各站在 20 世纪 80 年代产沙量都很大，近年来水土保持建设在东部流域发挥了显著的作用，2006—2008 年流量、输沙量大幅度减少。

例如皇甫（三）站 1988 年汛期 35.1mm 的降水，相应日平均流量 106m³/s，相应输沙量 204.327 万 t；2008 年汛期 30.8mm 的降水（前期降水 1mm），相应日平均流量 25.3m³/s，相应输沙量 52.310 万 t，流量减少 76%，输沙量减少 74%。新庙站 1988 年汛期 30.7mm 的降水（前期降水 11.1mm），相应日平均流量 23.2m³/s，相应输沙量 26.350 万 t，2008 年 30.6mm 的降水，相应日平均流量 5.46m³/s，相应输沙量 2.297 万 t，流量减少 77%，输沙量减少 91%，水土保持措施的减沙效益优于皇甫（三）站。

表 3.3-6　　东部流域汛期 10～20mm 日降水产流产沙变化

年份	降水量/mm	沙圪堵（二）			阿勒腾席热				新庙				皇甫（三）				王道恒塔（三）			
		前期降水/mm	流量/(m³/s)	输沙量/万t	降水量/mm	前期降水/mm	流量/(m³/s)	输沙量/万t	降水量/mm	前期降水/mm	流量/(m³/s)	输沙量/万t	降水量/mm	前期降水/mm	流量/(m³/s)	输沙量/万t	降水量/mm	前期降水/mm	流量/(m³/s)	输沙量/万t
1983	12.1	前一天1.2	0	0					16.2	前一天0.1	2.91	1.42	19.4		1.47	0.22	10.5		5.48	0.37
	10.1	前四天22.2	39.4	274.39					10.5		1.16	0.07	18.2	前五天11.4	3.84	11.78	12.3		24.6	19.55
	17.8	前一天40.9	92	46.49					19.7	前一天3	1.62	0.16	13.9	前一天1.5	1.73	0.15	10		2.18	0.07
									14	前四天4.4	43.5	72.79	12.4		5.43	3.72	17.7		9.66	2.42
1985	10.4	前一天0.9	0	0	17.8	前三天3.8	0.53	0.17	12.3		10.3	5.37	10.3		4.63	3.86	19.5		30.5	22.64
	13.6		0	0	11.3	前两天6.8	0.24	0.02	19.8	前一天4.6	50.7	92.13	15.9		1.32	0.74	11.4		14.7	4.59
	17.5		88.6	725.19	11.7	两天前2.4	0	0	12.2	前两天16.9	7.61	5.32	16	前两天10.7	60.8	196.53	15.1		18.7	7.02
	16	两天前2.5	0	0	18	前两天48.1	2.23	0.43	15.3		10	16.68	16.7		229	1416.65	10.3	前两天65.4	369	400.84
	11.1		0	0	14.9	前一天0.1	0	0	11.1	前三天29.9	1.1	0.10	17.1	前三天53.3	33.1	13.92	12.5		3.47	0.67
	18.4	三天前21.7	84.6	345.79	10.4	前一天36.1	22.5	19.64	16.1	前两天7.6	5.62	3.72	19.7	前三天119.5	78.4	488.82	15.8	前一天12.5	28.6	36.56
1988	15.8	前两天115.9	657	3054.4	13.7		0.35	0.05	10.2		2.28	0.36	13.9		141	279.86	13.9		127	1043.87
	15.6		8.91	2.75	15.5		0.28	0.02	12.4		7.7	0.42	13.3		50.9	123.42	17.3		25.5	38.14
					11.4		1.83	0.39									18.7	前一天2.4	58.1	53.98
																	11		14.5	2.46
																	17.6	前四天18.3	50.8	70.74
																	18.2	前一天42.7	155	90.828
																	11.3	前三天8.2	20.6	2.7967

续表

年份	沙圪堵(二) 降水量/mm	前期降水/mm	流量/(m³/s)	输沙量/万t	阿勒腾席热 降水量/mm	前期降水/mm	流量/(m³/s)	输沙量/万t	新庙 降水量/mm	前期降水/mm	流量/(m³/s)	输沙量/万t	皇甫(三) 降水量/mm	前期降水/mm	流量/(m³/s)	输沙量/万t	王道恒塔(三) 降水量/mm	前期降水/mm	流量/(m³/s)	输沙量/万t
2006	16.6	前一天1.4	0	0	10.9		0	0	12.6	前一天6	0.043	0	16	前两天1.4	24.7	51.0723	12.2	前一天3.4	0.212	0.0474
	19	前四天37.4	2.57	0.2198	19	前三天38.8	0	0	14	前两天7.8	32.7	18.2231	10		0.3	0.0054	17.2	前两天31.2	11.4	5.1164
	17.4	前两天3	3.48	1.0377	17.4	前一天2.4	0	0	17	前四天12.6	18.9	10.9600	14	前两天4.6	0	0	17.4	前一天3.2	34.1	25.0632
	13.4		0	0			0	0	15.2	前一天2	8.51	2.3916	19.6	前四天19.6	0	0	10.4		6.39	0.2886
	15.8	前两天6.2	13.9	24.9844	19.6	前三天11	0	0	19.8	前两天7.4	0.157	0	18.6	前一天4.2	3.6	4.0231	16	前一天3	4.92	0.1075
					11.8	前五天31.2	0	0	15.6	三天前29.4	5.81	1.2111	16.4	前两天2.4	0.044	0.0059	11.6	前三天20.4	5.29	0.1262
					19.6	前两天20	0	0	16.6	前两天28.4	10.7	12.7211	12.6		1.28	0.6228	13		0.434	0.0048
					15.2		0	0	13.8		1.45	0.0402	11.6	前一天3.6	0.349	0.1655	12.8	前五天29.2	6.19	0.4241
2007	19.8	前五天72.2	0.442	0.0068	15	前一天9.4	0	0	14		5.46	0.7580	15		0	0				
	10.6	前四天6.2	1.87	0	18		0	0	12.2	前两天1.8	0.159	0	11.4		0	0	13		0.885	0.0046
	16.4	前一天3.8	15.8	0.7320	18.8	前两天27.4	0	0.0047	14.8	前一天2	0.984	0	14.6		2.8	2.4192	10		0.039	0
2008	14.8	三天前20.6	0	23.7536	14	前一天8.8	0	0	12.6		0.569	0.0047	15.6	前一天14.6	29.3	30.7722	15.2	前四天65	6.27	0.0665
	19.6		0	0	13.8		0	0	15.4		0.708	0	13.6		2.02	0.30183	16.4	前一天14.6	1.78	0.0026
					14.4		0	0	17.6		0.261	0								

表3.3-7　东部流域汛期20～30mm日降水产流产沙变化

年份	沙圪堵(二)				阿勒腾席热				新庙				皇甫(三)				王道恒塔(三)			
	日降水量/mm	前期降水/mm	流量/(m³/s)	输沙量/万t	日降水量/mm	前期降水/mm	流量/(m³/s)	输沙量/万t	日降水量/mm	前期降水/mm	流量/(m³/s)	输沙量/万t	日降水量/mm	前期降水/mm	流量/(m³/s)	输沙量/万t	日降水量/mm	前期降水/mm	流量/(m³/s)	输沙量/万t
1983	20.4		0	0					29.1	前三天30.6	43.2	127.27								
	20.2	前一天38.4	191	933.82					20	207		595.56					20.2	前一天6.6	13.7	3.62
1985	23.5	前一天16	0	0	22		0.73	0.1563	20.9	前一天9	34.3	78.39	20.2	前三天15.9	11.3	9.08	24.8	前三天57.3	56.5	60.68
	21.7	前一天9.4	25.3	86.51	28		3.84	3.9704	29.4	前三天21.8	32.7	18.79	21.2	前两天36.1	11.9	17.75	22.3		1.39	0.08
1988	24.2	前三天13.2	178	655.34	21.8		0	0	22		5.03	0.04	25.9	前三天57.3	10.2	20.43				
	21.6	前四天21.2	227	761.00			0	0	29.4		0.288	0	27.8	前一天16.7	229	1665.76				
2006	24.6	前一天0.6	27.8	33.57			0	0	20.4	前两天9.2	12.6	14.15	20.6		60.2	408.78	25.7	前一天8.8	30.5	29.08
	25	前一天0.6	64.2	258.32					27	两天前35.5	4.92	3.76	22	前两天97.5	1510	8853.76	23.6		67.9	88.39
	20.4	前一天5.4	0	0					26	前一天1.6	3.06	0.55	24.1		38.2	16.79	20.7	前一天3.3	19.9	25.62
	25.4		0	0					24.4		2.35	0.35	22.4	前三天18.8	2.53	1.95				
2007	22.4	前一天9.4	0	0					20.8		0.327	0	24.8	前两天56.4	3.19	0.68	21		1.84	0.01
	26.4	前三天45.8	0.442	0.01	22.6		0	0	21.2		0.088	0	21.4	前三天13	6.04	9.29	28.8		6.77	0.07
2008	26.4	前一天1.4	0	0					28	前四天29.6	1.63	0.01	28.8	前四天34.4	3.15	3.12	23.4		4.73	0
	27.4	前两天27.8	2.39	1.33									21.6	前五天63.2	3.3	2.61				

表 3.3-8　东北部流域汛期 30mm 以上降水产流产沙变化

年份	沙圪堵（二）				阿勒腾席热				新庙（三）				皇甫（三）				王道恒塔（三）			
	日降水量/mm	前期降水/mm	流量/(m^3/s)	输沙量/万t	日降水量/mm	前期降水/mm	流量/(m^3/s)	输沙量/万t	日降水量/mm	前期降水/mm	流量/(m^3/s)	输沙量/万t	日降水量/mm	前期降水/mm	流量/(m^3/s)	输沙量/万t	日降水量/mm	前期降水/mm	流量/(m^3/s)	输沙量/万t
1983	40.9		92	345.7728					33	前四天59.7	43.2	140.1857	43.3		202	1089.055	38	前一天19.5	76.5	99.9687
	38.4		191	828.4205					32.9	前一天20	207	740.975					34.6		2.56	0.6687
1985					53.1		147	836.9827	41	前两天1.6	54.8	242.2699					37.5		4.45	0.1351
					84.2	前一天53.1	147	837.4006	37.2	前一天8.7	19.8	17.2941					71.7	前一天22.3	732	5696.816
					38.7		31.1	60.4902	44	前一天44	195	335.4291					37.9	前一天37.9	408	630.0102
					59.8	前一天59.8	17.4	19.6940	43.9		195	554.3683					31.5		408	1015.753
					48.1		121	222.6787												
					36.1		21	53.2328												
1988									30.7	前一天11.1	23.2	26.3496	35.7	前一天5.6	18.8	19.9201	42.7		155	140.8013
									37.4	前一天37.4	52.6	63.3597	35.1	前一天35.1	106	204.327				
									34.3		352	777.4168	62.4	前一天0.4	1510	8780.521				
2006	97.5	前两天25.6	657	3054.408					35.6	前一天26	0.219	0	39.8	前一天1	69.1	119.479	30.2	前一天1	11.4	5.1664
	36.2		64.2	248.1624					55		3.06	0.7065	62		206	423.2237	36.6		7	0.1793
2007					51.8	前三天35.2	0	0	32.4	前两天14	1.25	0	33.6		0	0	30	两天前36.6	63.5	8.0305
					42.8		0	0	34.6	前四天47.2	1.43	0	47.2	前四天41.2	38.5	66.1516	31.8	前一天30	63.5	9.7037
					41.2	两天前22.6	0	0	30	前一天7.8	5.46	0.0045	54.6	前三天81.2	2.47	0.6936	41	前两天8.8	7.47	0.1974
													35.8		3.88	1.3057				
2008	33	前两天7.8	1.77	0.9849	37.8		0	0	30.6	前一天30.6	30.3	2.2974	30.8	前一天1	25.3	52.3098	43.6		0.685	0.0050
	30.2	前一天14.8	15.8	27.0877	40.4	前一天2.8			38.2			18.3714	30.6		3.8	0.3946	37.4	前一天3	4.9	0.0597

3.3.3.3　东南部流域汛期产流产沙变化

1. 10～20mm 降水产流产沙变化

南部流域降水频繁，汛期内降水 10～20mm 产流产沙情况见表3.3－9。

表 3.3－9　　　　　　　　南部流域汛期 10～20mm 降水产流产沙变化

年份	韩家峁				赵石窑（河道五）			
	日降水量/mm	前期降水/mm	流量/(m³/s)	输沙量/万t	日降水量/mm	前期降水/mm	流量/(m³/s)	输沙量/万t
1983					19.7		18.6	2.2780
					10.3		13	2.0789
1985	10.9		2	0.0217	11.7	两天前2.4	6.5	2.0901
	13.8		3.74	0.0448	11.1		19.6	17.9468
	12.7		3.14	0.0507				
	12.9	前三天46.3	5.9	0.3958				
1988	12.5	前一天6	2.53	0.0620	13.6		34.7	19.1251
	13.3		3.79	0.1243	13.9	前一天7.2	18.5	7.0574
	19.5	前一天13.3	3.79	0.1002	11.6		9.69	3.5410
	18.2		3.14	0.0530	11	三天前55	16.5	11.7404
	10.6		4.1	0.0867	19.4	四天前13.7	49.3	78.7527
	11.3		2.83	0.0958	13.4	前两天28.7	32.6	33.0430
	12		4.1	0.1249				
	12.4	前四天18.7	6.53	0.4368				
	10.4	前五天31.1	12.7	1.0837				
	17.1	两天前1.1	5.74	0.3713				
2006	14.6	前一天3.8	1.59	0.0122	11.6		0	0
					13.9		0	0
2007	11.2	前一天7.4	2.45	0.0188	15.4	前两天9.8	0	0
	14.6	两天前0.8	1.88	0	15.6	前四天10	0	0
	12.2	前四天24.2	4.51	0.1904	16.6		0	0
	19.4		2.36	0.0298	11.8	前一天78	27.6	15.5141
	11.6		1.4	0.0021	10.2	前一天8.2	0	0
2008	10.4	前一天6.8	3.7	0.1084	10.4		0	0
	10.2	前一天0.4	2.76	0.0207	18.8		0	0

对于 10～20mm 的降水，海流兔河上的韩家峁站测得流量与含沙量多年来一直较少，水土保持措施近年来也表现出了稳定的减水减沙效益。韩家峁站 1988 年汛期 11.3mm 的降水，相应日平均流量 2.83m³/s，相应输沙量 0.096 万 t，2008 年汛期 11.6mm 的降水，相应日平均流量 1.4m³/s，相应输沙量 0.002 万 t，流量减少 50.5%，输沙量减少 97.8%。赵石窑（河道五）站在 2006—2008 年减水减沙率 100%。

2. 20～30mm 降水产流产沙变化

汛期内降水 20～30mm 产流产沙情况见表3.3－10，对于中等强度降水，无定河水土保持措施的减水减沙效益依旧明显。如韩家峁站 1983 年汛期 29.9mm 的降水（前期降水 2.8mm），相应日平均流量 4.44m³/s，相应输沙量 0.1213 万 t，2006 年汛期 28.6mm 的降水，相应日平均流量 2.66m³/s，相应输沙量 0.0273 万 t，流量减少 401%，输沙量减少 78%。赵石窑（河道五）站近年来的减水减沙率基本上为 100%。

表 3.3－10　　　　　　　　　南部流域汛期 20～30mm 降水产流产沙变化

年份	韩家峁				赵石窑（河道五）			
	日降水量/mm	前期降水/mm	流量/(m³/s)	输沙量/万 t	日降水量/mm	前期降水/mm	流量/(m³/s)	输沙量/万 t
1983	29.9	前两天 2.8	4.44	0.1213	25.7	前两天 4.2	20.2	17.8689
1985	20	前一天 6.5	2.74	0.0599				
1988					26.4		38.7	94.3350
					26.5	前两天 21.1	31.1	20.9574
					26.4	前四天 47.5	56.7	92.6890
					26		36.7	11.4577
2006	22.2		3.09	0.0773	20.4		0	0
	28.6		2.66	0.0273	24.2	前两天 6.3	0	0
2007	21.4		2.63	0.0431	22.2		0	0
					23.2		0.766	0.0109
2008	20.8		4.43	0.0943	28	前两天 18.4	0	0

3. 30mm 以上降水产流产沙变化

汛期内降水 30mm 以上产流产沙情况见表 3.3－11，无定河在高强度降水的条件下水土保持措施的减沙效益有所减弱，但仍可以保证一定的减沙量。韩家峁站 1983 年 33.4mm 的降水，相应日平均流量 5.44m³/s，相应输沙量 0.2745 万 t，2008 年 33.6mm 的降水（前期降水 1.2mm），相应日平均流量 3.41m³/s，相应输沙量 0.0839 万 t，流量

表 3.3－11　　　　　　　　　南部流域汛期 30mm 以上降水产流产沙变化

年份	韩家峁				赵石窑（河道五）			
	日降水量/mm	前期降水/mm	流量/(m³/s)	输沙量/万 t	日降水量/mm	前期降水/mm	流量/(m³/s)	输沙量/万 t
1983	33.4		5.44	0.2745	36.8		28.2	4.32
1985	31.6	前一天 12.7	7.92	0.5987	31.4	前一天 0.4	10.5	10.72
					35.7		76.7	262.16
1988	30.1	前两天 16.2	8.59	0.5069	58.3	前一天 11.6	84.9	187.69
	49.6		6.41	0.2657	53.2		26.9	28.56
					33.9	前五天 73.9	69.9	49.72
2006	61		8.27	0.3938	48.2	前两天 17.7	13.8	2.04
2007					78	前两天 23.6	27.6	13.73
2008	33.6	前一天 1.2	3.41	0.0839	38	前一天 4.8	0	0
	31.4	前两天 34.8	4.56	0.1246				
	42.2	前一天 20.8	5.67	0.2332				

减少 37.3％，输沙量减少 69.4％。同等级的降水，赵石窑（河道五）站测得的含沙量远大于韩家峁站，减沙率也较为明显。赵石窑（河道五）站 1988 年汛期 53.2mm 的降水，相应日平均流量 26.9m³/s，相应输沙量 28.558 万 t，2006 年汛期 48.2mm 的降水（前期降水 17.7mm），相应日平均流量 13.8m³/s，相应输沙量 2.042 万 t，流量减少 49％，输沙量减少 93％。

3.3.3.4　汛期产流产沙规律

在不同降水条件下，各地区减沙效益有所差异。

对于 10～20mm 的降雨，东部流域除了皇甫川（减水 48％，减沙 35％），减水减沙率都在 90％以上；南部流域减水 50％～100％，减沙 90％～100％。

对于 20～30mm 的降雨，十大孔兑流域减水 75％～95％，减沙 95％以上；东部流域减水减沙基本都在 90％以上，但皇甫川减水 −90％～50％，减沙 −5％～45％，说明该流域的淤地坝工程对于较大来水来沙过程已没有拦截作用；南部流域减水 40％～100％，减沙 70％～100％。

对于 30mm 以上降雨，十大孔兑流域毛不拉孔兑减水减沙都在 90％以上，而西柳沟由于骨干工程缺乏，减水 96.6％，增沙 1.53 倍；东部除皇甫川流域外，各小流域减水总体上约 75％，减沙 75％～90％；南部流域，减水 35％～50％，减沙 70％～90％。

3.4　含水层与湖沼湿地演变

3.4.1　地下水位的变化

鄂尔多斯市近年来地下水资源开发利用强度比较大，主要是饲草料基地灌溉用水。在鄂托克旗境内饲草料基地（草籽场），是地下水位下降幅度较大的地区。根据该区地下水监测井近 7 年来的地下水埋深结果（图 3.4−1），在灌溉高峰期水位下降了 15m，但是在非灌溉期水位能够恢复。从静水位的动态来看，水位下降 3～6m。

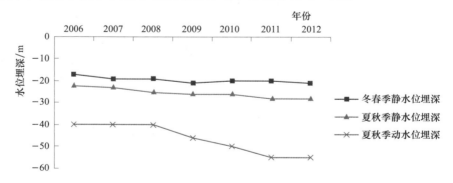

图 3.4−1　鄂托克旗赛乌素地区地下水埋深历年变化

3.4.2　湿地面积总体变化

大部分的湖泊位于内流区，基本上是地下水的排泄区。通过收集以往研究成果，并根据 1995 年、2000 年和 2010 年土地遥感解译，主要湖泊的面积变化见表 3.4−1。

表 3.4 - 1　　　　　　　鄂尔多斯市 1995—2010 年主要湖泊湿地面积变化　　　　　单位：km²

湿地名称	1995 年	2000 年	2010 年	说　　明
巴汗淖	21.6	20.2	0	2010 年变为盐碱地
乌兰淖	8.27	6.44	0	2010 年变为裸地
泊江海子		10.84	1.5	2010 年桃力庙已干涸，仅阿拉善湾还有部分水
红碱淖	54	46	40	20 世纪 90 年代和 2000 年数据引自唐克旺等，2003[6]
东西红海子	4.81	4.53	7.088	东西红海子位于康巴什新区周边，近年来由于景观需要，人为进行了一定量的补水，水面扩大
大克泊湖	4.7	4.7		2010 年变为盐碱地
巴音淖	5.27	5.25	4	面积萎缩
布尔汗达布淖	3.22	3.22	2.4	面积萎缩
查汗淖	5.93	5.54	2.22	面积萎缩
沙日布都音淖	2.24	2.22	1.94	面积萎缩
哈达图淖	6.15	6.46	1	面积萎缩
巴嘎淖	2.6	1.6	0	2010 年变为盐碱地和工业盐湖
湖泊湿地总面积	421	360	77	

由于气候变化、植被建设截留径流以及人类开采地下水等原因，入湖补给水量逐渐减少，湖泊水面不断萎缩和退化。如巴嘎淖完全变成了盐碱滩地，在西侧被企业开发成工业盐湖；乌兰淖变成盐滩地，仅在入湖补给口处有少许滩地；大克泊湖和巴汗淖已变为盐碱地；哈塔图淖目前还有约 1km² 的水面；可见，大部分的湖泊已萎缩至几乎无水，或者是被工业企业开发利用。

3.4.3　泊江海子国家级遗鸥保护区湿地演变

3.4.3.1　遗鸥保护区面积变化

遗鸥保护区的核心区泊江海子湖面面积开始减小从 21 世纪初，根据遥感影像和测量结果，2002 年的来水接近多年平均情况，面积减少到 6.47km²，泊江海子基本消失，与同是平水年的 1996 年相比，面积减少了 45%。2002 年以后湖面萎缩的更快，2005 年 6 月湖面减少到 3.38km²，仅是 1996 年的 29%，到 2005 年冬天湖面面积只有 2.7km²。各年影像见图 3.4 - 2 和表 3.4 - 2。

表 3.4 - 2　　　　　　遗鸥保护区核心区泊江海子近 10 年湖面变化

时　间	湖泊面积/km²	数据来源	时　间	湖泊面积/km²	数据来源
1987 年 9 月	11.23	遗鸥保护区实测	2002 年 6 月	6.474	遗鸥保护区实测
1996 年 9 月	11.701	TM 影像	2002 年 7 月	6.480	TM 影像
1997 年 8 月	10.526	TM 影像	2002 年 8 月	5.816	TM 影像
1998 年 9 月	13.368	TM 影像	2003 年 8 月	6.124	TM 影像
1999 年 7 月	11.143	TM 影像	2004 年 11 月	3.784	TM 影像
2000 年 9 月	8.847	TM 影像	2005 年 6 月	3.383	TM 影像
2000 年 11 月	9.029	TM 影像	2005 年 7 月	2.630	TM 影像
2001 年 9 月	7.150	遗鸥保护区实测	2005 年 12 月	2.7	遗鸥保护区实测

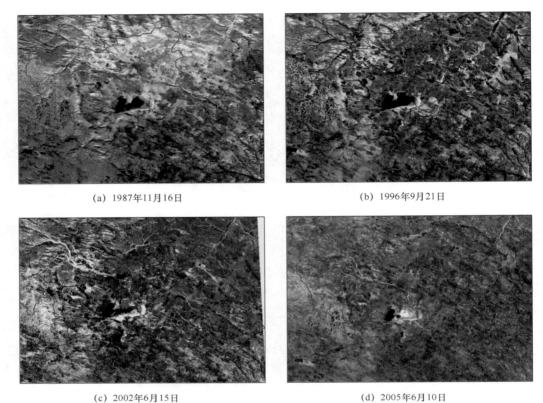

（a）1987年11月16日　　　　　　　　　　（b）1996年9月21日

（c）2002年6月15日　　　　　　　　　　（d）2005年6月10日

图 3.4-2　遗鸥自然保护区四期遥感影像（顺时针）

随着湖泊水量的减少，湿地萎缩，湖水咸化，水生生物减少，浮游植物只有蓝藻门的3 种和绿藻门的 2 种，浮游动物只有枝角类的 1 种和贝甲目的一种，以致遗鸥落脚于陕西境内的红碱淖。

3.4.3.2　遗鸥种群数量的变化

自遗鸥被确认为独立物种以来的 30 余年，鄂尔多斯是其相对稳定的繁殖地。遗鸥在鄂尔多斯地区最早发现于 1987 年 4 月 30 日，1990 年 5 月在泊江海子湖心岛发现了迄今为止最大的遗鸥繁殖种群，到 1997 年，鄂尔多斯遗鸥种群数量已达 7000 余只，超过已知遗鸥总数的 60%，繁殖巢数上升至 3200 巢，承载了繁殖种群的 90% 以上[7]。近年来由于湖泊来水减少，繁殖地由泊江海子转移到陕西境内的红碱淖，见图 3.4-3。

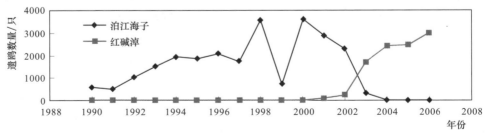

图 3.4-3　遗鸥在泊江海子和陕西境内红碱淖的繁殖巢数变化
（数据来源于张荫荪[8,9]和何芬奇[10]的调查结果）

遗鸥夏季在鄂尔多斯沙漠的湖泊湿地，迁徙时经停于陕西北部、内蒙古商都、河北康保和渤海湾沿海一线[10]。遗鸥主要越冬地在渤海西海岸[11]，少量个体作为冬候鸟见于香港[12]。

3.4.4　红碱淖湿地的演变

红碱淖位于陕西省榆林市神木县境内，地处陕西、内蒙古交界处毛乌素沙地的东部边缘风沙区的相对低洼处，现有水域面积39.3km²，身处毛乌素沙地中，是我国面积最大的沙漠淡水湖泊。湖泊西部是天然草原牧场，水草丰盛，牛羊成群；湖中盛产鲜鱼，具有捕捞价值。红碱淖的自然生态环境为候鸟提供了理想的栖息地，共有30余种野生禽类在这里繁衍生息。国家一级保护鸟类遗鸥、二级保护动物白天鹅、鱼鹰、野鸭、鸳鸯等鸟类也将这里作为栖息繁衍生存地。2005年在红碱淖栖息的遗鸥已超万只，成为世界上最大的遗鸥栖息地。

尽管红碱淖湿地在区域气候调节、生物多样性等方面都具有重要生态功能，但随气候变化和人类经济活动干预，其湿地面积逐年萎缩，栖息地生态功能面临威胁，遗鸥生存状况令人担忧。

根据遥感动态监测结果显示，红碱淖水域面积在1986—2004年期间逐年减少。1986年水域面积为58.6km²，1997年为57km²，到2004年减少到42.4km²，2007年6月水域面积已经降为39.3km²。在1997—2007年的11年中，水域面积急剧减少了17.7km²，减少面积为1986年水域面积的30.2%，1999年与2010年的遥感影像见图3.4-4。

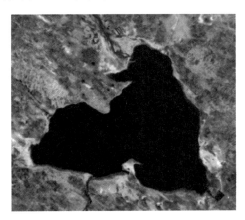 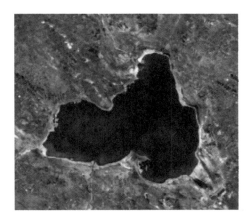

(a) 1999年　　　　　　　　　　　(b) 2010年

图3.4-4　红碱淖1999年与2010年湖面影像图

地下水是红碱淖的主要补充水源。而红碱淖附近监测资料表明，湖区周边地下水近年也在不断地下降，尤其是1995—2000年的5年间，地下水水位下降幅度最大，平均每年下降了16cm[13]。

参　考　文　献

［1］　郭江勇，陈少勇，高蓉，郭忠祥. 气温变暖对西北西风带冬季气温的影响分析. 中国沙漠，2010，30（1）：175-181.

［2］ 高桥浩一郎 . 月平均气温月降水量以及蒸发散量的推定方式 . 天气（日本），1979，26（12）：759－763.

［3］ 傅丽昕，陈亚宁，李卫红，徐长春，何斌 . 塔里木河三源流区气候变化对径流量的影响 . 干旱区地理，2008，31（2）：237－242.

［4］ 黄富祥，高琼，傅德山，刘振铎 . 内蒙古鄂尔多斯高原典型百里香—本氏针茅草地地上生物量对气候响应动态回归分析 . 生态学报，2001，21（8）：1339－1346.

［5］ 张庆，牛建明，董建军，等 . 内蒙古短花针茅草原种子植物区系研究 . 中国沙漠，2009，29（3）：451－456.

［6］ 唐克旺，王浩，刘畅 . 陕北红碱淖湖泊变化和生态需水初步研究 . 自然资源学报，2003，18（3）：304－309.

［7］ 何芬奇，张荫荪 . 有关棕头鸥和遗鸥两近似种的分类与分布问题研究 . 动物分类学报，1998，23（1）：105－111.

［8］ 张荫荪，何芬奇 . 内蒙古鄂尔多斯遗鸥的繁殖生态研究 . 动物学研究，1993，8：125－132.

［9］ 徐振武，冯宁，王中强，等 . 陕北红碱淖湿地遗鸥资源分布与保护管理对策 . 西北林学院学报，2006，21（2）：126－129.

［10］ 何芬奇，David Melville，邢小军，等 . 遗鸥研究概述 . 动物学杂志，2002，37（3）：65－70.

［11］ 刘阳，雷进宇，张瑜，等 . 渤海湾地区遗鸥的数量、分布和种群结构 . 第八届中国动物学会鸟类学分会全国代表大会暨第六届海峡两岸鸟类学研讨会论文集，2005.

［12］ 尹琏，费嘉伦，林超英 . 香港及华南鸟类 . 香港：香港政府印务局，1994.

［13］ 张红平，鲁渊平 . 红碱淖水域面积持续萎缩 . 中国气象报，2007.

第4章 水资源演变与现状生态耗水

4.1 基于水平衡分析方法

4.1.1 整体分析思路

水资源开发利用与现状生态耗水评价主要技术方法是采取分流域集中式耗水平衡分析结合重点流域分布式水文模型的方法，如图4.1-1所示。

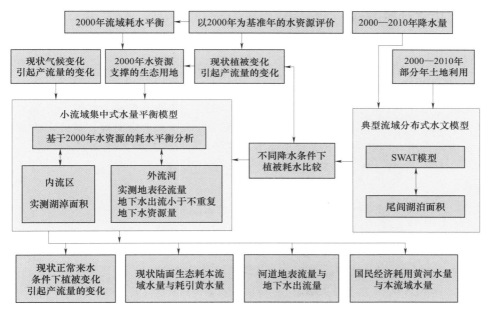

图 4.1-1 整体分析思路框图

分析考虑的关键要点如下：

（1）鄂尔多斯境内有毛乌素沙地和库布其沙漠，径流形成同时伴有径流消耗。从理论上分析，径流的消耗项包括湖淖水域、沼泽、滩地、林地和植被覆盖率大于60%的草地。因为产耗同区，在水资源评价中，哪些项的消耗属于水资源量不清楚，因此，需要以基准水文年进行流域的耗水平衡分析，明确消耗水资源的生态项，即明确水资源支撑的生态用地类型。

（2）最近的权威性的水资源评价结果是第二次全国水资源评价成果，以2000年为基准年。因此以2000年的土地利用为基础，进行各流域耗水平衡分析。但是，2000年是50

年排频分析中 94% 的水文年，因此，耗水平衡分析以 95% 的枯水年水资源量进行平衡分析，确定各流域生态消耗水资源量。

（3）鄂尔多斯自 2002 年以来，随着国家"围封转移，生态置换"政策的出台，开展大量的工作，坡面生态明显好转，产流量会因此而发生变化；而且，气候变化在半干旱区水循环过程影响显著。因此，现状水资源平衡是基于 2000 年评价的水资源量，进行考虑植被变化与气候变化引起产流量变化的水量平衡分析。

（4）植被耗水量与当年降水量关系较大，同种植物不同降水年份消耗水量有一定差异，植被耗水量的确定选两个相近水文年的土地利用变化量，用耗水定额差来计算植被变化引起产流量的变化。

（5）选择典型流域进行分布式水文模拟，以校准不同类型植被耗水定额。但是，由于植被演变不均匀分布，且存在正向与逆向演替，分布式水文模型不能反映出这些变化。因此，基于转移矩阵建立植被的相对变化量，利用小流域集中式水量平衡模型，计算出植被变化及其分项引起水资源量的变化。

4.1.2 集中式计算方法

由于 2000 年进行全国水资源评价，有一定基础，本次基于已评价水资源量编写水量平衡方程。

4.1.2.1 内流区水量平衡方程

内流区包括摩林河、桃阿海子、盐海子、木凯淖、浩勒报吉淖、红碱淖、北大池胡同查汗淖 8 个流域。内流区自产水量消耗于本区域，与区外无水量交换，最终由内流区湖沼湿地蒸发消耗排泄，因此有以下水量平衡方程式：

$$W - W_{land} - W_{economy} - W_{climate} = W_{lake} + W_{swamp} + W_{salina}$$

其中：

$$W = R + G - Wrg$$

$$W_{land} = \sum Sa \Delta Ri$$

$$W_{economy} = W_{农业} + W_{工业} + W_{三产} + W_{生活}$$

$$W_{climate} = Sr(\Delta P + \Delta E)$$

$$W_{lake} = L_{now} + (S_{normal} - S_{now}) \Delta R_{lake}$$

$$\Delta R_{lake} = (r_{现状产水系数} - 1)P$$

式中：W 为 2000 年评价的水资源量；W_{land} 为下垫面改变引起的产流变化；$W_{economy}$ 为国民经济总耗水量；$W_{climate}$ 为 2000—2012 年由于气候变化导致水资源量的变化（包括降雨减少和蒸发增加而减少的水资源量）；W_{lake} 为尾闾湖区水量消耗量；W_{swamp} 为沼泽滩地等耗水量，考虑水资源评价中有一部分水量是由沼泽、滩地等高耗水植被消耗；W_{salina} 为盐碱地耗水量，这部分水量根据尾闾面积，由流域耗水平衡反推；R 为地表水资源量；G 为地下水资源量；Wrg 为地表地下水资源重复量；Sa 为下垫面改变的土地面积；ΔRi 为下垫面改变后单位面积产水量的变化量，对于闭流区沙地来说，由于几乎不产地表径流，ΔRi 为不同土地类型耗水定额差，如沙地转为低盖度草地，ΔRi 就是低盖度草地与沙地的耗水定额差；Sr 为流域面积；ΔP 为气候变化导致降水量的变化；ΔE 为气候变化导致蒸发量的变化；L_{now} 为现状尾闾湖泊耗水量；S_{normal} 为正常来水年湖泊面积；S_{now} 为湖泊现状面积；ΔR_{lake} 为湖区下垫面改变引起产水量的变化；P 为现状降雨量。

4.1.2.2　外流区水量平衡方程

外流区包括 28 个流域中除内流区以外的 20 个流域，外流区自产水资源量除用于自身消耗外，以径流形式流向其他流域，因此有以下水量平衡方程式：

$$W - W_{land} - W_{economy} - W_{climate} = W_{runoff} + W_{lake} + W_{swamp} + W_{salina}$$

式中：W_{runoff} 为流域河流出口断面的径流量，含地下出流量，其他各参数与内流区相同。

4.1.2.3　说明与关键参数制备

（1）内流区计算方程中，W_{land} 项中不包括湖泊转为其他类型时产水量变化量，该部分已包含在 W_{lake} 中的第二项湖滨变化后的耗水量计算中。

（2）外流区计算中的 W_{runoff}，因为各水文站点的位置不一定位于流域出口断面，具体计算时首先利用 ArcGIS 计算水文站点位置与出口断面的面积比，从而推算出口断面位置的流量。无水文监测站点的流域套用有水文站点流域的产水系数而推算出口断面流量，水文站点的径流量资料选取 2006 年平水年份，计算结果见表 4.1-1。

表 4.1-1　　　　　　　　　有水文站监测点的流域出口断面流量

流　域	河　流	站　名	水文站点流量 /万 m^3	水文站点控制面积与 出口断面控制面积比	出口断面流量 /万 m^3
毛不拉孔兑	毛不拉孔兑	图格日格	862	0.75	1149
西柳沟	西柳沟	龙头拐	2785	0.79	3525
罕台川	罕台川	响沙湾	1324	0.67	1976
纳林川	纳林川	沙圪堵	5774	0.66	8748
乌兰木伦河	乌兰木伦河	转龙湾	594	0.7	849
悖牛川	悖牛川	新庙	2078	1	2078
海流兔河	海流兔河	韩家峁	7118	1.24	5740

无水文站监测资料的流域，河流出口断面流量参照有水文资料的相近流域的产流系数推算。

（3）选用定额差作为相对定额避免绝对定额引起的误差，因为下垫面不同，东西部降水量差异大，用绝对定额容易引起误差，用定额差这种相对误差可避免该误差。

（4）地下水的出流量计算，外流区地下水含水层为排泄边界的流域，流域出流量除了地表径流，还有地下侧向径流。地下侧向径流的计算，取含水层的渗透系数 1～6m/d。最大为 17.5m/d，最小为 0.4m/d，平均 4.3m/d。

4.1.3　SWAT 分布式水文模型

SWAT（Soil and Water Assessment Tool）模型是美国农业部农业研究所开发的一套适用于复杂流域的分布式水文物理模型，与其他分布式水文模型相比，其优点是地面植被处理详细到群落，能够较好地反映植被建设的人工植物群落的水分利用特点。本文以该模型为基础构建半干旱内流区整个集水区的生态水文模型。

4.1.3.1 SWAT模型产流过程的模型结构

SWAT模型通过水文响应单元（HRU）单独计算径流量，然后演算得到流域总径流量。其中水文响应单元（HRU）的径流量计算为非线性水量平衡，保证了降雨、蒸散发、下渗、截流、填洼等产流过程中水量的总体平衡，模型采用纵向分层的思想并运用具有物理意义的经验函数关系来模拟水量在土壤中的存储过程，模型结构如图4.1-2所示。

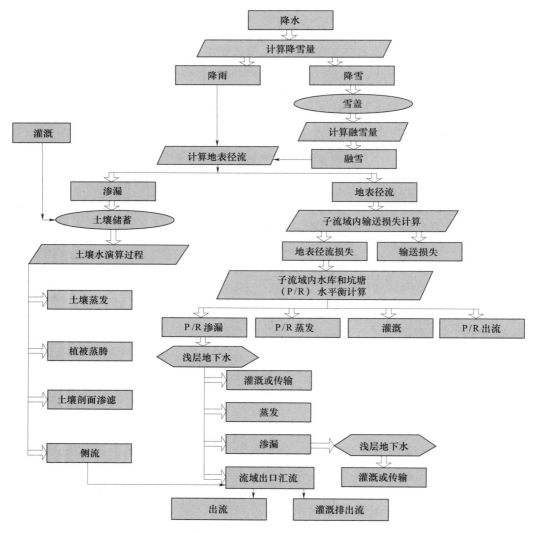

图4.1-2 SWAT模型产流过程模型结构图

4.1.3.2 模型基础数据库

模型需要的输入数据主要有流域的数字高程模型（DEM）、土地利用数据、土壤数据、气象数据，以及水库和湖泊位置，出流点等。所需数据的说明见表4.1-2。

表 4.1－2 模型主要输入数据表

数据名称	数据	类型	所需参数	获得渠道	说 明
地形数据	DEM	grid 或 shape file 格式	地形高程、坡度、坡向、河流等	数字高程模型（DEM）	前三层数据坐标系必须统一，并且用等面积投影；土壤分类采用美国的分类系统；气象资料还需要气象和水文站点高程及位置的文件
土地利用	植被图	grid 或 shape file 格式	植被种类、空间分布、叶面积指数、冠层高度、植被根系等	高清晰遥感图像解译	
土壤数据	土壤图	grid 或 shape file 格式	土壤、水文分组、土壤层厚度、各层土壤含水率、空隙率、饱和水力传导度、各组成颗粒含量、径流曲线等	野外采样测量或者有关单位提供数据	
气象数据	气象资料表	dbf 或 txt 格式	日降水量、日最高最低气温、相对湿度、日辐射量、风速等	各气象站点，国家气象局	

4.2 现状供用水

4.2.1 供水工程与供水量

为了满足鄂尔多斯市境内经济社会发展需求，建成了有一定供水能力的水源工程和输配水系统。据统计，2012 年鄂尔多斯市各类工程总供水量 15.06 亿 m³，包括输水损失在内的水量，其中地表水供水量 6.08 亿 m³，地下水供水量 8.98 亿 m³。地表水供水中，本地蓄水工程 1.45 亿 m³，引提黄河水 4.64 亿 m³。从供水行业来看，供给农业 11.26 亿 m³，占总供水量的 75%；供给工业 2.70 亿 m³，占总供水量的 18%，见表 4.2－1。

表 4.2－1 2012 年鄂尔多斯市供水工程与行业供水统计表

		蓄水工程		引水工程		取水泵站		机电井		合计 /万 m³
	工程规模	数量 /座	供水量 /万 m³	数量 /处	供水量 /万 m³	数量 /处	供水量 /万 m³	数量 /眼	供水量 /万 m³	
供水工程	大中型	4	14450	89	12663	721	33707	82683	89786	150606
	小型	79								
	塘坝	767								
供水行业	农业灌溉		12483		7490		25869		66748	112590
	工业生产		1871		3720		7838		13568	26997
	城镇生活		36		1413				3123	4572
	乡村生活		60		40				1967	2067
	生态环境								4380	4380
	合计		14450		12663		33707		89786	150606

地下水是鄂尔多斯市的主要供水水源，地下水在各旗县的供水情况见表 4.2－2。

表 4.2－2　　　　　　　　　　鄂尔多斯市 2012 年地下水工程及供水量表

旗（区）	机电井/眼	总供水量/万 m³	农业灌溉/万 m³	工业生产/万 m³	城镇生活/万 m³	乡村生活/万 m³	生态环境/万 m³
鄂托克前旗	10795	8056	7457	53	54	117	375
鄂托克旗	9481	13118	9771	1780	374	212	981
杭锦旗	3307	12939	7031	4020	170	276	1442
乌审旗	19252	17835	14420	1543	427	175	1270
东胜区	3439	3227	1732	265	1230		
达拉特旗	16818	22163	17704	3515	240	681	23
准格尔旗	3638	3557	655	2060	457	356	29
伊金霍洛旗	7087	8891	7978	332	171	150	260
合计	73817	89786	66748	13568	3123	1967	4380

各旗县的水库供水量与供水行业见表 4.2－3，大中型水库的总供水量 1.2 亿 m³，其中，巴图湾水库 0.71 亿 m³ 用于火电厂冷却用水，其余 0.45 亿 m³ 用于农业灌溉。

表 4.2－3　　　　　　　　　鄂尔多斯市 2012 年水库供水统计表　　　　　　　　单位：万 m³

旗（区）	水库名称	所在流域	总库容	农业灌溉	工业供水	其他	总供水量
东胜区	小型水库 7 座	西柳沟	747	256			256
	三台基水库	罕台川	99				
	考考什纳水库	西柳沟	405	150			150
	小计		1251	406			406
达拉特旗	乌兰水库	色太沟	1281				
	恩格贝水库	色太沟	311				
	乌兰淖水库	西柳沟	576				
	小计		2168				
准格尔旗	小型水库 8 座	十里长川	1185	102			102
	小型水库 8 座	纳林川	3239	281			281
	小型水库 3 座	呼斯太河	929	294			294
	壕赖沟水库	壕赖沟	307	42			42
	四台沟水库	西营子川	300		10		10
	大南沟水库	塔哈拉川	858				
	小计		6818	719	10		729
鄂托克前旗	大沟湾水库	无定河	784	1200			1200
	苏坝海则水库	无定河	147				
	小计		931	1200			1200
鄂托克旗	布隆一号水库	都思兔河	3575	220			220
	布隆二号水库	都思兔河	67	30			30

旗（区）	水库名称	所在流域	总库容	农业灌溉	工业供水	其他	总供水量
鄂托克旗	巴音陶老盖水库	都思兔河	544	35			35
	八一水库	都思兔河	278	35			35
	包乐浩晓水库	都思兔河	411	35			35
	自流井水库	都思兔河	40				
	赛乌素水库	都思兔河	222	50			50
	其劳图水库	摩林河	97	45			45
	海流图水库	都思兔河	20	39			39
	小计		5254	489			489
杭锦旗	摩林河水库	摩林河	1283	487			487
	狼嚎沟水库		106				
	浩饶柴达木水库	内流区	43				
	小计		1432	487			487
乌审旗	小型水库5座	无定河	716	273			273
	巴图湾水库	无定河	9990	450		7096/火电厂	7546
	小计		10706	723		7096	7819
伊金霍洛旗	小型水库16座	窟野河	353	575	43		618
	小型水库7座	乌兰木伦河	128	277	10		287
	乌兰木伦水库	窟野河	9880		11		11
	札萨克水库	窟野河	5117		10		10
	月芽树水库	通格郎河	360	5	20		25
	小计		15838	857	94		951
	合　计		44292	4881	104	7096	12081

4.2.2　农业及其节水工程

鄂尔多斯市地处干旱半干旱地区，近 10 年来，灌溉面积不断增加，平均增长幅度为 $8567\mathrm{hm}^2/\mathrm{a}$，如图 4.2-1 所示。

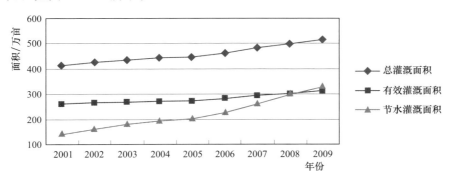

图 4.2-1　鄂尔多斯市近 10 年灌溉面积发展概况

2012年鄂尔多斯市统计口径的总灌溉面积516万亩，有效灌溉面积314万亩，占到总灌溉面积的61%，见表4.2-4。

节水灌溉建设在2006年之前发展缓慢，之后发展速度明显加快。2012年节水灌溉面积330万亩，占总灌溉面积的64%，远高于35%的全国平均水平。在各种节水措施中，渠道防渗措施占总节水灌溉面积的比例为46%，喷灌和低压管灌面积分别占总节水灌溉面积的26%，见表4.2-4。

表4.2-4　　　　　　　　　　2012年鄂尔多斯市统计灌溉面积　　　　　　　　单位：万亩

旗（区）	灌溉面积						节水灌溉面积				
	有效灌溉	林地	园地	牧草地	其他	总灌溉面积	喷灌	微灌	低压管灌	渠道防渗	节水灌溉总计
东胜	8.1	0.0	0.0	0.0	0.0	8.1	0.9	0.4	2.6	1.9	5.8
达拉特旗	145.9	40.1	0.5	0.0	0.0	186.4	22.9	0.7	18.1	48.2	89.9
准格尔旗	32.9	0.0	0.0	0.0	0.0	32.9	7.2	1.8	6.1	9.5	24.6
乌审旗	23.2	0.7	1.3	32.4	0.0	57.6	13.3	0.3	6.8	12.5	32.9
杭锦旗	61.2	5.0	0.0	31.6	0.0	97.8	9.3	0.2	11.7	57.5	78.7
鄂托克前旗	0.0	1.1	1.4	41.3	2.1	45.9	13.2	0	16.2	7.5	37.0
鄂托克旗	7.9	3.4	0.0	28.9	0.0	40.2	12.0	0	14.3	8.2	34.4
伊金霍洛旗	34.8	1.6	0.6	10.0	0.0	47.0	7.2	0.5	11.3	7.9	26.9
鄂尔多斯市	314.0	51.9	3.8	144.2	2.1	516.0	86.1	3.9	87.1	153.1	330.2

本次采用2010年0.25m和5m分辨率的遥感影像解译，用2012年的影像校正耕地，总的耕地面积676万亩，扣除退耕或轮歇地46万亩，总耕地面积为630万亩，与鄂尔多斯政府网站2012年公布耕地面积623万亩接近。

总耕地面积扣除非灌溉旱地与梯田，需要灌溉的耕地面积为528万亩（表4.2-5），比统计的灌溉面积大12万亩。其中，引黄灌溉面积164万亩，占总灌溉面积的31%。

表4.2-5　　　　　　　　　　2012年遥感影像解译耕地面积　　　　　　　　单位：km²

五级分区	引黄灌区	淤地坝田	牧草地	零散灌溉地	轮歇或退耕地	非灌溉旱地	梯田	合计
西北部沿黄区	291.2		3.3	4.4	10.3	13.3		323.7
毛不拉孔兑	8.7		2.2	20.1	1.7	0.7		33.4
色太沟	85.7		9.2	27.3	70.5	0.4		193.2
黑赖沟	13.2		17.4	66.5	14.6	1.3		113
西柳沟	162.8		16.8	39.6	18.2	1.5	49.1	288
罕台川	117.5	0.5	3.1	66.8	5.6	1.5	21.6	216.6
哈什拉川	139.6		6.1	127.1	27.7	0.4		300.8
母哈尔河	40.1		24.3	86.2	0.5	0.6	27.7	179.3
东柳沟	53.6		37.6	20.0		1.3		112.5
壕庆河	67.1		26.4	27.4	1.6	0.1		122.5
呼斯太河	66.8		1.1	46.2	0.7	0.8		115.6
塔哈拉川	49.2	9.3	21.7	23.6	1.1	2.3	52.6	159.8

续表

五级分区	引黄灌区	淤地坝田	牧草地	零散灌溉地	轮歇或退耕地	非灌溉旱地	梯田	合计
十里长沟			11.6	25.5	0.2	1.1	228.7	267.1
纳林川		0.1	12.9	68.7	0.8	0.4	86.2	169
悖牛川			15.3	47.1	6.5	4.4	12.7	86
乌兰木伦河			18.7	151.2	26.7	14.2	66.5	277.3
红柳河			76.0	146.2	5	1.3		228.5
海流兔河			6.1	72	2.8			80.8
都思兔河			3.1	129.3	5.5	4		141.9
都思兔河（南区）			11.8	12.8	9.2			33.8
摩林河			13	103.7	3.6	5.6		125.9
盐海子			12	112.5	33.6	10.8		168.9
泊江海子			3.7	20.9	5	4.3	32.3	66.1
木凯淖			0.1	17.5	0.8	0.1		18.4
红碱淖			10	48.3	0.1	1		59.3
胡同查汗淖（苏贝淖）			100.3	248.9	46.7	31.9		427.8
浩勒报吉淖			11.1	30.9	1.8	0.3		44
北大池（五湖都格淖）			63.7	82	8.1			153.7
合计	1095.4	9.8	538.5	1872.4	308.8	103.6	577.4	4507

4.2.3 工业企业及其用水

鄂尔多斯市自 2005 年以来工业发展迅速，工业园区已有一定规模，分布见图 4.2－2。鄂尔多斯工业产值中以煤矿开采为主，煤矿开采用水量小，用万元工业产值用水标准

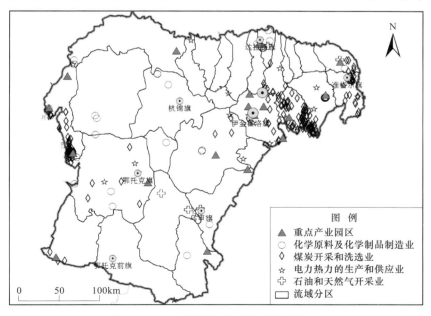

图 4.2－2　工业园区及主要企业分布图

推算工业用水，高于实际用水。因此，本次研究统计工业企业的设计用水，再结合实际调查，给出实际的工业供水量，见表 4.2 - 6。

表 4.2 - 6　　　　　　　　　　　　鄂尔多斯市工业项目设计用水　　　　　　　　单位：万 m³

项 目 名 称	建设地点	设计用水量	实际用水量
国家电网内蒙古东胜热电有限公司 2×300MW 机组工程	东胜区	310	
鄂尔多斯市昊华精煤有限责任公司高家梁煤矿工程项目 已建成	东胜区（铜川镇及塔拉壕乡）	9	
神华集团包头矿业有限责任公司李家壕煤矿建设项目	东胜区（罕台镇）	36	
鄂尔多斯市东胜区鑫源煤炭有限责任公司露天煤矿（60 万 t/a）整合建设项目	东胜区铜川镇	2	457
新奥集团股份有限公司王家塔矿井（500 万 t/a）环境影响报告书 已用水	东胜区万利矿区	50	
内蒙古双欣矿业有限公司杨家村矿井（500 万 t/a）及选煤厂（500 万 t/a）已用水	神东万利	50	
鄂尔多斯羊绒衫厂，20 世纪 90 年代初建成		1980	
小　计		2437	
新奥集团股份有限公司 60 万 t 甲醇、40 万 t 二甲醚项目	达拉特旗	648.8	
内蒙古亿利化学工业有限公司 40 万 t/a 聚氯乙烯、40 万 t/a 离子膜烧碱、4×200MW 资源综合利用自备电站及其配套工程	达拉特旗树林召镇	1704	
达拉特旗耳字壕乡燕家塔煤矿（露天 0.6Mt/a）整合项目	达拉特旗耳字壕乡	2	
鄂尔多斯市兴辉陶瓷有限公司 3100 万 m²/a 高档抛光砖项目	达拉特旗新型能源化工基地	10	4544
鄂尔多斯市亨坤煤化工有限责任公司 90 万 t 干馏煤项目-已用水	达拉特旗能源化工基地	45	
内蒙古北联电能开发有限责任公司高头窑矿井及选煤厂（800 万 t）已用水	达拉特旗	103.5	
达拉特电厂，1992 年始建，四期工程已建，总装机 318 万 kW		3953	
小　计		6466.3	
内蒙古准格尔大饭铺坑口电厂 2×300MW 空冷机组工程	准格尔旗薛家湾镇	221	
内蒙古伊泰煤炭股份有限公司酸刺沟矿井	准格尔旗薛家湾镇	36	
内蒙古鄂尔多斯市亿德资源有限公司黄玉川煤矿	准格尔旗薛家湾镇	30	
神华集团准格尔能源有限责任公司哈尔乌素露天煤矿	准格尔旗薛家湾镇	60	
内蒙古三维煤化科技有限公司年产 20 万 t 甲醇工程	大路煤化工基地	200	
内蒙古准能矸电坑口煤矸石电厂 2×300MW 空冷发电机组工程	准格尔旗薛家湾镇	4700	
内蒙古黑岱沟坑口电厂一期 2×600MW 空冷机组工程	准格尔旗薛家湾镇	9400	
内蒙古伊泰集团有限公司煤基合成油项目一期 16 万 t/a 建设项目	大路煤化工基地	132	17392
内蒙古东华能源公司甲醇项目一期工程（60 万 t/a）	大路煤化工基地	600	
内蒙古奈伦集团 30 万 t/a 合成氨、52 万 t/a 尿素工程	准格尔旗	240.9	
内蒙古伊东集团循环经济产业基地能源化工项目（兰炭）	准格尔旗沙圪堵	428.6	
内蒙古华能魏家峁煤电一体化一期工程电厂 2×600MW 发电机组	准格尔旗龙口镇	453.4	
伊东集团循环经济产业基地能源化项目（120 万 t/a 干馏煤及炭化煤气综合利用工程二期项目）	准格尔旗沙圪堵	485.6	

续表

项目名称	建设地点	设计用水量	实际用水量
内蒙古准格尔矿区酸刺沟（2×300MW）矸石电厂工程	准格尔旗	196	17392
小　计		17183.5	
鄂尔多斯联合化工有限公司年产60万t合成氨项目	鄂托克旗棋盘井镇	899.4	1784
鄂尔多斯联合化工有限公司年产104万t尿素项目	鄂托克旗棋盘井镇		
内蒙古双欣化工有限责任公司坑口矸石电厂2×200MW空冷机组工程	鄂托克旗棋盘井镇	123	
鄂托克旗隆达煤化有限责任公司SJ-Ⅲ清洁型炼焦热回收热电联产（60万t/a捣固焦-2×12MW发电机组）项目	鄂托克旗乌兰镇	69	
神华蒙西煤化有限公司扩建96万t捣固焦、联产10万t甲醇工程	蒙西工业园区	240	
鄂尔多斯市蒙西鑫源煤业有限公司（0.3Mt/a）整合建设项目	鄂托克旗碱柜乡	2	
内蒙古自治区鄂托克旗呼武煤矿（0.3Mt/a）露采整合建设项目	鄂托克旗棋盘井镇	2	
内蒙古自治区桌子山煤田白云乌素矿区福强煤矿（0.3Mt/a）露采整合保留项目	鄂托克旗棋盘井镇	2	
鄂托克旗棋盘井自来水厂罗卜图煤矿改扩建工程（0.15Mt/a露天矿）	鄂托克旗棋盘井镇	2	
鄂尔多斯市泰发祥工贸有限公司年产70万t捣固焦联产8万t甲醇项目	蒙西工业园区	171	
蒙西电厂2×300MW（CFB）空冷机组工程	鄂托克旗蒙西镇	194.1	
鄂托克旗金欧露天矿年产60万t煤炭（露天）改扩建项目	鄂托克旗阿尔巴斯苏木	1	
鄂托克旗勇创煤业有限责任公司180万t/a重介选煤厂改扩建项目	鄂托克旗棋盘井镇原厂区内	18	
小　计		1723.5	
神华集团塔然高勒矿井	杭锦旗	30	619
乌审旗世林化工有限公司年产30万t煤制甲醇项目	乌审旗乌兰陶劳盖	300	
内蒙古远兴天然碱股份有限公司与浙江江山化工股份有限公司合资建设10万t二甲基甲酰胺项目	乌审旗乌审召	229.3	
小　计		559.3	
神华集团有限责任公司神华煤直接液化项目（补充报告）	伊金霍洛旗乌兰木伦镇	1546.7	3184
中国神华能源股份有限公司神东煤炭分公司石圪台煤矿改扩建工程	伊金霍洛旗乌兰木伦镇	30	
中国神华能源股份有限公司布尔台井田开发项目	伊金霍洛旗乌兰木伦镇	60	
神华集团神东煤炭公司补连塔矿改扩建工程	伊金霍洛旗乌兰木伦镇	60	
神华集团神府东胜煤炭有限责任公司上湾热电厂三期2×135MW煤矸石发电机组工程	伊金霍洛旗乌兰木伦镇	104.2	
鄂尔多斯市泰鑫煤炭有限公司96万t/a热解炭连续可调清洁生产示范工程	伊金霍洛旗，纳林陶亥镇	175	
内蒙古汇能集团新联煤焦有限公司60万t干馏煤生产项目	伊金霍洛旗悖牛川	30	
小　计		2005.9	
合　计		30375.5	27976

2005 年之前建成的工业企业是乌拉特电厂、鄂尔多斯羊绒衫厂以及小型煤矿，小煤矿用水小，而且目前基本都已关闭。通过实际调查，达拉特电厂现状用水重复利用率达到 93％，耗水量 0.150 亿 m³，设计排水 2800m³/h[1]，年净用水量为 0.395 亿 m³；羊绒衫厂用水 0.20 亿 m³，重复利用率 45％，耗水量 0.053 亿 m³。

2005 年以后建成的工业项目，有严格的环保审批程序，设计工业用水有详细的记录。2005—2012 年环境保护部共审批涉水项目 18 个，设计年总用水量 1.71 亿 m³；自治区审批涉水项目 23 个，设计年总用水量 0.74 亿 m³。东部工业项目较多，其中工业用水量超过 4000 万 m³ 的企业有内蒙古黑岱沟坑口电厂一期 2×600MW 空冷机组工程项目，用水量 9400 万 m³，和内蒙古准能矸电坑口煤矸石电厂 2×300MW 空冷发电机组工程项目，用水量 4700 万 m³，均位于准格尔旗薛家湾镇。现状工业总供水量为 2.80 亿 m³。

将各工业企业用水分到各流域（表 4.2－7），并统计其设计水源与实际供水水源，设

表 4.2－7　　　　　　　　　　鄂尔多斯市各流域工业用水　　　　　　　　单位：万 m³

流域分区	地表水	黄河水	地下水	再生水	疏干水	总计
西北部沿黄区	2	411		194.1		607.1
毛不拉孔兑					30	30
色太沟						0
黑赖沟						0
西柳沟					103.5	103.5
罕台川	2	3953	1980	310	136	6381
哈什拉川		2407.8				2407.8
母哈尔河	2					2
东柳沟						0
壕庆河						0
呼斯太河						0
塔哈拉川		1323.9		0		1323.9
十里长沟		14774		196	126	15096.4
纳林川		971.2				971.2
悖牛川	1383					1383
乌兰木伦河			1546.7	104.2	159	1809.9
红柳河						0
海流兔河		360				360
都思兔河	5	977.42		69	123	1174.42
都思兔河（南区）						0
摩林河						0
盐海子						0
泊江海子						0
木凯淖						0
红碱淖						0
胡同查汗淖（苏贝淖）	229.3					229.3
浩勒报吉淖						0
北大池						0
合计	1623.3	25179（含地下取水方式 12021）	3527	873.3	677.5	31880

计用水与实际供水基本一致，唯有差异是一些企业为了避开黄河泥沙的影响，以地下水取水方式取黄河水，取水量大约有 1.20 亿 m³，接近总用黄水量的一半。

4.2.4 建筑业、第三产业及生活用水

鄂尔多斯市 2012 年建筑面积为 661.6 万 m³，单位建筑面积取水量按内蒙古自治区行业用水定额标准（DB15/T 385—2009）中的定额标准 2.50m³/m²，总取水量 0.20 亿 m³。

2012 年鄂尔多斯市第三产业万元增加值 854.23 亿元，万元产值用水量按内蒙古自治区行业用水定额标准（DB15/T 385—2009）中的定额标准 6.5m³ 计算，总用水量 0.56 亿 m³。鄂尔多斯市 2012 年总人口 149 万人，其中城镇人口 90 万人，乡村人口 59 万人。城镇生活用水定额按 0.12m³/d 人，乡村生活按 0.06m³/d 人计，城镇生活用水量 3459 万 m³，乡村生活用水量 1295 万 m³（表 4.2－8）。

表 4.2－8　　鄂尔多斯市 2012 年分流域建筑业、三产及生活用水表　　单位：万 m³

子流域分区	行业	建筑业	第三产业	生活						合计
				城镇生活	乡村生活	牛	大畜	羊	猪	
	定额	2.5m³/m²	6.5m³/万元	0.12m³/d	0.06m³/d	124 L/(d·头)	117 L/(d·头)	12 L/(d·只)	51 L/(d·头)	
西北部沿黄区		15.8	69.6	115.5	44.5	15.10	6.66	194.14	10.02	385.9
毛不拉孔兑		3.7	9.8	37.0	14.8	4.05	2.13	60.19	2.89	121.0
色太沟		11.3	57.3	137.9	54.9	45.68	13.38	131.77	19.56	403.3
黑赖沟		11.3	57.3	154.8	46.0	36.08	10.88	104.00	16.32	368.0
西柳沟		178.1	329.4	407.4	87.3	63.55	19.78	183.04	30.49	791.5
罕台川		181.0	311.3	255.0	55.1	39.63	12.23	114.17	18.72	494.9
哈什拉川		14.2	71.6	72.3	28.8	23.95	7.02	69.07	10.25	211.4
母哈尔河		514.6	758.0	289.1	60.7	43.01	13.53	123.84	21.04	551.2
东柳沟		14.2	71.6	46.5	18.5	15.40	4.51	44.42	6.59	136.0
壕庆河		11.3	57.3	59.1	23.5	19.56	5.73	56.42	8.38	172.7
呼斯太河		16.6	200.6	78.2	32.7	13.59	7.81	56.90	14.56	203.8
塔哈拉川		5.3	142.9	140.3	60.7	7.02	14.31	76.89	30.99	330.1
十里长沟		15.8	428.7	175.3	75.9	8.77	38.73	96.11	38.73	412.7
纳林川		15.8	428.7	210.4	91.0	10.53	21.46	115.33	46.48	495.2
悖牛川		35.4	301.8	152.3	41.4	8.08	6.99	55.07	18.79	282.6
乌兰木伦河		560.6	1030.1	539.1	119.8	21.11	9.14	110.07	32.63	831.9
红柳河		16.2	117.2	26.6	39.0	115.54	8.28	136.25	82.88	458.6
海流兔河		16.2	117.2	55.2	28.1	83.33	5.97	98.26	59.77	330.7
都思兔河		20.0	152.9	141.4	45.6	42.11	8.98	280.26	24.00	542.4
都思兔河（南区）		9.7	33.9	33.7	16.7	30.06	4.33	61.84	20.59	166.5
摩林河		18.9	69.6	124.8	47.2	17.28	7.16	211.41	11.20	418.4

续表

子流域分区	行业	建筑业	第三产业	生活							合计
				城镇生活	乡村生活	牛	大畜	羊	猪		
	定额	2.5m³/m²	6.5m³/万元	0.12m³/d	0.06m³/d	124 L/(d·头)	117 L/(d·头)	12 L/(d·只)	51 L/(d·头)		
盐海子		15.2	59.8	114.3	43.6	15.58	6.59	193.65	10.17		383.9
泊江海子		166.8	70.6	39.6	7.8	3.26	2.19	9.12	4.89		66.9
木凯淖		4.0	30.6	21.7	6.7	5.46	1.27	43.18	2.94		81.3
红碱淖		30.1	158.9	72.3	26.8	7.30	2.74	42.29	11.36		162.8
胡同查汗淖		60.2	317.7	231.6	96.1	134.09	15.01	277.75	104.91		859.5
浩勒报吉淖		13.7	64.5	73.7	32.0	63.51	7.15	138.79	43.67		358.8
北大池		9.7	33.3	99.2	50.0	90.17	12.98	185.52	61.77		499.6
合计		1985.6	5552.5	3953.2	1295.1	982.78	256.09	3269.74	764.62		10521.6

2009 年鄂尔多斯市牲畜总数达 844 万只，其中牛 21.85 万头，大畜 6.2 万头，羊 773.6 万只，猪 42.4 万头。牛用水定额 123.75L/(d·头)，大畜 116.875L/(d·头)，羊 11.75L/(d·只)，猪 50.625L/(d·头)，合计牲畜总用水量 5273 万 m³（表 4.2-8）。

4.3　用耗水指标与定额分析

4.3.1　农田耗水定额

引水中途损失水量主要用于沿渠系及农田周边的林地等非地带性植被耗水，本次研究采用 2.5m 分辨率的影像，渠系周边植被能够区别出来，这部分植被的耗水在生态耗水中计算。农田耗水定额的确定，主要参照作物需水量。

4.3.1.1　主要作物需水量与灌溉定额

作物需水量是指作物在适宜的土壤水分和肥力条件下，经过正常生长发育，获得高产时的植株蒸腾、棵间蒸发以及构成植株体的水量之和。春小麦是黄河河套灌区的主要作物，关于春小麦的需水量有比较多的研究成果。根据《中国主要作物需水量与灌溉》[2]，内蒙古春小麦的需水为水面蒸发的 0.3~0.4，宁夏的春小麦是水面蒸发能力的 0.4~0.5。鄂尔多斯东部降水量达到 320mm，西部 150mm，东部按照蒸发能力的 0.35 计算春小麦的需水为 525mm，西部按照蒸发能力的 0.42 计算春小麦的需水为 672mm。

李培德、尹敬等于 20 世纪 90 年代初在宁夏吴忠进行大田试验研究，试验地土质偏沙，具有一定代表性和典型性，证实栽培目标下灌水量以 220~230m³/亩为最优[3]。考虑到近 20 年气候变化的影响，华北地区 50 年平均增加 8.56%[4]，则现在合理的灌溉水量应该为 239~250m³/亩。

根据石贵余等对河套灌区主要作物需水的试验分析结果[5]（表 4.3-1），小麦需水 480mm，需水最大的是甜菜和玉米，全生育期需水超过 580mm，考虑降水的补给，春小麦的灌溉水量 286mm，不同灌溉制度下的腾发量见表 4.3-2。

表 4.3 - 1　　　　　　　河套灌区主要作物多年平均需水量　　　　　　　单位：mm

作　物	4 月	5 月	6 月	7 月	8 月	9 月	总计
小麦	28.20	107.94	213.40	130.45			479.99
玉米		44.96	117.52	203.20	166.73	51.47	583.88
向日葵	23.22	129.49	215.88	174.39	15.39		558.36
甜菜	17.49	142.92	221.28	200.87	3.42		585.98

表 4.3 - 2　　　　　　　河套灌区主要作物充分灌溉下的腾发量　　　　　　单位：mm

作　物	灌溉水量	降水量	腾发量	根层土壤供水
春小麦	285.7	102.9	462.8	32.3
春玉米	311.4	215.7	564.0	−3.5
向日葵	338.1	134.6	509.8	9.9
甜菜	349.7	116.0	533.5	28.2

注　"—"表示灌溉水量补给土壤水量。

4.3.1.2　间作作物需水量

河套灌区小麦玉米间作与小麦葵花间作比较多，戴佳信[6]在河套灌区的试验表明，间作模式下的作物在全生育期内均可迎来两次综合需水高峰，间作的 2 种作物全生育期内，双值作物系数法计算小麦间作覆膜玉米的蒸散发（综合 ET）为 750.38mm，小麦间作未覆膜玉米的蒸散发（综合 ET）为 765.97mm，小麦间作油料向日葵的综合 ET 为 661.98mm。

4.3.1.3　牧草需水与灌溉定额

根据梁占岐、何京丽等人在内蒙古锡林浩特用玉米、谷子和苜蓿进行试验研究[7]，结果表明，在一定的灌水定额范围内，总体趋势是喷灌水量越多，产草量越高，但单方水的增产幅度普遍降低。三种牧草全生育期的需水量见表 4.3 - 3。

表 4.3 - 3　　　　　　　　牧草全生育期需水量　　　　　　　　单位：m^3/hm^2

主要作物	需水量	丰产型喷灌需水	节水型喷灌需水	备　　注
饲料玉米	5205	3225	2475	多年平均降水 295mm，多年平均蒸发能力 1747mm
青谷子	4596	2400	1725	
苜蓿	4707	2475	1725	

4.3.1.4　坡耕地集雨补灌

鄂尔多斯东部属于水土流失区，近年来修建集雨蓄水工程进行集雨补灌有效缓解了水分供需错位的矛盾。勾芒芒、李兴等人[8]在鄂尔多斯市准格尔旗进行集雨补灌试验研究，探讨了集雨补灌条件下所采用的灌溉技术以及灌溉制度，研究结果表明，玉米平水年补灌 2 次，总补灌水量为 $15\sim20m^3/$亩；西瓜补灌水量为 $9.5m^3/$亩。

4.3.1.5　净灌溉定额综合分析

综合在河套灌区所开展的各种试验结果，确定各种作物的灌溉净消耗定额。其中，春小麦考虑 50％与玉米和向日葵间作，黄河南岸灌区净消耗定额为 435mm，田间水有效利用系数（没考虑输水损失）为 0.6。玉米和向日葵耗水分别为 323mm 和 348mm，不考虑输水损失的田间有效系数为 0.5～0.55，见表 4.3-4。

表 4.3-4　　　　　　　作物需水汇总、实际灌溉定额与水资源消耗定额　　　　　　单位：mm

作物种类	作物需水				扣除有效降水净灌溉消耗				实际灌溉定额		综合净灌溉定额	田间有效系数
	中国主要作物需水研究	张金宏计算	梁占岐锡林郭勒试验	史海滨间作试验	中国主要作物需水研究	张金宏计算	梁占岐锡林郭勒试验	史海滨间作试验	鄂尔多斯南岸灌区毛灌溉	李培德吴中试验优化结果		
春小麦	525～672	480	766		422～569	318	551		720	358～375	435#	0.60
玉米		584	521			308	322		630		323	0.53
向日葵		558	662			348	528		630		348	0.55
甜菜		586				378			750*		378	
青谷子			460				245		630*		245	
苜蓿		471				256			615		256	0.42

注　750*是蔬菜定额；630*是其他项灌溉定额；435#是小麦考虑 50％和玉米和向日葵套种。

4.3.1.6　2004 年鄂尔多斯实际灌溉用水定额调查

根据中国水科院牧区水利研究所 2004 年在鄂尔多斯市的实际调查结果，种植业综合灌溉定额约 365m³/亩，各旗县（区）各类作物灌溉定额调查统计结果见表 4.3-5。

表 4.3-5　　　　　　　鄂尔多斯市现状年种植业毛灌溉定额统计表　　　　　　单位：m³/亩

区　　域		饲料玉米	小麦	葵花	蔬菜	牧草	其他
东胜区		330		330	440	320	330
达拉特旗	南岸灌区	420	480	420	500	410	420
	其他	330	380	330	400	320	310
准格尔旗		320	360	310	380	300	310
鄂托克前旗		350	400	340	440	330	350
鄂托克旗		360		340	440	330	340
杭锦旗	南岸灌区	440	480	420	520	410	420
	其他	340	380	330	400	320	340
乌审旗		330	360	320	400	310	320
伊金霍洛旗		330	360	320	400	310	320

4.3.1.7　节水工程净灌溉定额

鄂尔多斯市灌溉工程的节水改造主要分布在黄河南岸灌区，近年来在内流区其他灌区也有发展。灌溉工程节水改造采取渠道衬砌的方式，对于地块集中的区域采用大型喷灌机，地块分散区域采用小型喷灌机或半固定式喷灌设备；井灌区采用低压管道输水灌溉或喷灌；城郊蔬菜以及经济作物以微、滴灌为主。鄂尔多斯目前代表性作物是饲料玉米、优质牧草和蔬菜，其中，饲料玉米、青贮玉米以地面灌溉、低压输水管道灌溉为主，牧草多以喷灌为主。参照《内蒙古自治区行业用水定额标准》（DB15/T 385—2009），各种节水工程条件下作物实施如下综合净灌溉定额（$P=50\%$），见表 4.3－6。

表 4.3－6 　　　　　　　　　　　综合净灌溉定额　　　　　　　　　　　单位：mm

节水工程	玉　　米		小　　麦	
	东胜区、达拉特旗、鄂托克前旗、鄂托克旗、杭锦旗、乌审旗	准格尔旗、伊金霍洛旗	东胜区、达拉特旗、鄂托克前旗、鄂托克旗、杭锦旗、乌审旗	准格尔旗、伊金霍洛旗
渠道衬砌	360	260	440	370
管灌	300	220	350	300
喷灌	270	200	330	280
土渠	440	320	510	430

4.3.1.8　本次研究采用的耗水定额

鄂尔多斯 2004 年有节水灌溉面积 151.2 万亩，2010 年节水灌溉面积已达到 330.2 万亩，占总灌溉面积的 64%。

当地大农业以畜牧业发展为主，自 2002 年实施"围封转移，生态置换"工程以来，种植结构发生了很大变化（图 4.3－1），以种植玉米为主，小麦：玉米：葵花比例为 2：73：25。

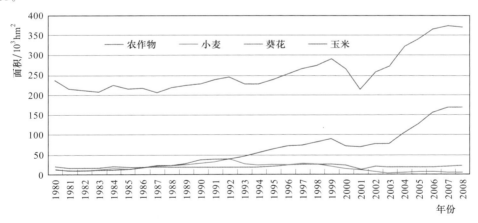

图 4.3－1　农作物种植历时变化

根据各种研究分析小麦、玉米、葵花和牧草的净定额作为最大灌区达旗的耗水定额，以现状各旗县实际灌溉的差异和降水条件，给出各旗县作物净需水值，与用水标准定额比较，姑且作为现状有 30% 节水面积的耗水定额。

根据节水灌溉定额标准，并按照降水差异给出节水净定额。

引黄灌区现状定额，为了保守起见，取小麦与玉米的比例 1：1，节水 30% 计算。

地下水灌区主要种植饲料玉米，取土渠耗水定额 20%、作物需水 50%、节水净定额 30%。

牧草的试验净需水与牧草喷灌的定额接近，目前鄂尔多斯大部分牧草灌区采用喷灌，耗水定额采用净需水定额。

坡地作物采用集雨灌溉定额，采用试验补灌水量 20m³/亩。

现状各种灌区耗水定额见表 4.3-7。

表 4.3-7　　　　　　　　　　　耗 水 定 额 分 析　　　　　　　　　　　单位：mm

区　域	东胜区	达拉特旗	准格尔旗	鄂托克前旗	鄂托克旗	杭锦旗	乌审旗	伊金霍洛旗
作物需水扣除当地有效降水								
小麦		435	410		450	435		
玉米葵花	320	348	323	360	360	348	320	320
牧草（节水状态）	240	256	256	270	270	256	240	240
节水净定额								
小麦（渠道衬砌）	390	400	370	440	440	400	390	370
玉米（渠道衬砌）	340	340	320	360	360	340	340	320
玉米（管灌）	240	260	220	300	300	260	240	220
玉米（喷灌）	220	230	200	270	270	230	220	200
玉米土渠	360	400	320	440	440	400	360	320
现状耗水定额								
引黄灌区		385	360		404	385		
地下水灌溉区	296	323.2	281.2	352	352	323.2	296	280
牧草	240	256	256	270	270	256	240	240
坡地集雨灌	30	30	30			30		30

4.3.2　植被耗水定额分析

4.3.2.1　植物蒸散

植物蒸散是指植物蒸腾、土壤蒸发、植物截留降水的蒸发、植物表面凝结水的蒸发以及植物同化过程需水量的总和。它反映了植物在生长发育过程中对水分的总消耗量；其中既包括植物生理过程中的需水，也包括土壤植物大气系统所消耗的水分。一般情况下，同化过程需水和凝结水的蒸发都很小，可以忽略不计。所以植物蒸散可以认为是植物蒸腾、植物截留降水的蒸发和土壤蒸发之和。在没有降水的时间里，蒸散只是植物蒸腾和土壤蒸发之和。植物蒸腾和土壤蒸发是植物需水的主要表现形式。对于植物的耗水测定，一种方法是直接测定，即利用微气象法，但微气象法在使用上受地形和下垫面均一性的限制。另一种方法是根据单株植物耗水量进行推导[9]。而单株植物耗水量大多由非连续的蒸腾速率测定值推算，即由公式蒸腾耗水量（W）＝蒸腾速率（E）×鲜叶生物量（b）×蒸腾时数（h）×10^{-3}计算得出[10]。

4.3.2.2　干旱半干旱区植物耗水量综述

1. 主要乔木树种耗水量及特性

同一种植物在不同季节不同时期耗水量不同，植物蒸腾与降水量及土壤含水量等关系密切。干旱黄土高原和北方沙（荒）漠地区，人工油松、刺槐林在晋西黄土区蒸腾占总耗水量的 57.7%～60.2%，4—6 月水分供需矛盾突出，雨季供水量大于耗水量；在宁夏西吉县，灌木蒸腾耗水量占同期降水量的 61.66%～66.1%，乔木一般占 107.9%～119.5%[10]，乔木因为耗水量大于同期降水量，还需要人工灌溉才能保持正常生长；对于内蒙古黄甫川流域油松蒸腾特点的分析表明，油松蒸腾强度与降水量和土壤含水量相关，水分条件好，则蒸腾强度大[11]。在干旱年份，油松通过降低蒸腾强度来减少水分消耗，当水分充足时，又可恢复正常蒸腾强度。

2. 主要灌木树种耗水量及特性

在宁夏固原沙棘、柠条林年蒸腾耗水量分别是 264.88mm、121.33mm，占同期降水量 76.1%、40.1%，在延安沙棘蒸腾耗水量是 257.6mm，占降水量的 63%，可以正常生长。油蒿等乡土乔灌木在甘肃荒漠地区蒸腾量 159～171.5mm，占降水量的 86%～91.6%；在内蒙古毛乌素沙地，黑沙蒿等灌木生长季节蒸腾耗水量是 106.28～434.788mm，树种间差异很大[9]。鄂尔多斯地区近年来植被建设中大量使用沙柳，对于沙柳的耗水特性需要重点研究和关注。王玉涛等[12]对不同种源的沙柳耗水量进行了研究，苗木的耗水速率为单位时间单位面积上的耗水量。在单位面积上比较苗木的耗水速率可以消除苗木大小差异对耗水的影响。在适宜水分条件下，苗木白天的平均耗水速率盐池＞乌审旗＞达拉特＞榆林＞民勤种源，分别为 134.37g/（m²·h），115.23g/（m²·h），107.40g/（m²·h），107.35g/（m²·h），101.37g/（m²·h）。沙柳白天最大耗水速率值介于招礼军等[13]人研究的油松和黄栌白天最大耗水速率之间。这也说明沙柳日最大耗水能力可能低于一般的阔叶树种，但大于油松等针叶树种。

3. 裸露地表及沙地蒸散

对于不同裸露地表的蒸散也有一些研究。陈云浩等[14]以我国西北 5 省（新疆、青海、甘肃、宁夏和陕西）以及内蒙古阿拉善盟、伊克昭盟和巴彦淖尔盟为研究区，利用遥感资料求取地表特征参数，建立了两种极端条件下（裸露地表和全植被覆盖）的裸土蒸发和全植被覆盖蒸散计算模型，然后结合植被覆盖度给出非均匀陆面条件下的区域蒸发散计算方法。该方法得到的区域蒸发散量变化梯度较大，研究区内最大日蒸发散量为 4.56mm，而最小的为 0.11mm，相差 40 余倍。伊金霍洛旗植被全覆盖 7 月实测日蒸发量 2.6mm。张国盛等[15]根据毛乌素沙地的自然条件和风沙土结构特征，采用土壤水分平衡法建立的水量平衡方程，求得的不同样地蒸散量结果：流沙的年蒸散量最小，2 年平均为191.382mm，并且 1997 年的蒸散量较 1998 年高约 32mm。

4. 植物蒸散的月季节变化过程研究

张国盛等[15]的研究表明，油蒿、沙柳、樟子松、臭柏样地的蒸散量均高于流沙，而且表现出 1998 年度大于 1997 年度的特征（樟子松除外）。四种植物中，以臭柏群落蒸散量最高，年均 285.25mm，其次是沙柳，年均值为 277.624mm，油蒿和樟子松年均蒸散量分别为 263.28mm 和 246.225mm。并且 4 种植物的年均蒸散量均小于同期降水量334.3mm（均值），基本能够维持土壤水量平衡。流动沙丘及不同植被类型的土壤蒸散量季节变化表现为，从春季 4 月土壤解冻植物复苏开始，蒸散量不断上升，直到 7 月末或 8月上旬达到蒸散高峰值，8 月以后，随着气温下降，蒸散量开始下降，到 10 月末或 11

月上旬降到与春季（4月上旬）大致相等的水平。全年各月的蒸散量虽然呈波状变动，但是，其总体趋势呈现抛物线形。四种植物蒸散量具有随着植物覆盖率增加而增加的趋势。

4.3.2.3 鄂尔多斯地区植物耗水定额及耗水规律

1. 耗水定额

根据前述文献中关于干旱半干旱区及鄂尔多斯地区植被耗水量的研究结果，对于鄂尔多斯地区主要物种的耗水定额如见表4.3-8。其中的月过程数据根据张国盛等人（2002）[15]的资料类推。

表4.3-8　　　　　　　　不同植被类型年耗水量　　　　　　　单位：mm

植被类型	1—4月	5月	6月	7月	8月	9月	10—12月	合计	参考资料
沙柳	10	48	62	83	42	28	24	297	苏建平等（2004）；王玉涛等（2008）。做适当调整
油松	8	45	56	84	42	27	18	280	郭孟霞等（2006）；苏建平等（2004）。做适当调整
油蒿	6	17	74	82	30	28	26	263	苏建平等（2004）
沙棘	5	35	57	80	35	28	25	265	郭孟霞等（2006）；招礼军等（2003）
柠条	4	19	24	36	18	13	7	121	郭孟霞等（2006）
百里香	10	22	35	66	40	27	20	220	招礼军等（2003），做适当调整
糙隐子草	1	4	6	8	3	2	1	25	招礼军等（2003）
流沙	8	32	42	57	25	15	12	191	王玉涛等（2008）

各植被类型的耗水量集中在生长季6—8月，其3个月的耗水量占到全年耗水量的60%以上，1—4月和10—12月是冬季非生长季，耗水量较小。根据资料，沙柳白天最大耗水速率值介于针叶树油松和阔叶树黄栌之间，据此，沙柳耗水量大于针叶树油松。柠条耗水量相对较小，在干旱半干旱区是人工造林的首选物种。糙隐子草是地带性草本，耗水量最小。

2. 植被盖度与耗水量关系

根据文献资料，表4.3-9中列出了几种主要植物的覆盖度与年均耗水量。

表4.3-9　　　　　　　　不同植被类型覆盖度与年耗水量

植物种类	覆盖度/%	年耗水量/mm	文献资料来源
油蒿	30~45	263.28	张国盛等（2002）
臭柏	40~70	285.25	张国盛等（2002）
沙柳	56.7	277.624	张国盛等（2002）
地带性草本	20~40	122.5	仝川等（2002）[16]，将百里香和糙隐子草的蒸散量平均而得
植被全覆盖	100	456	陈云浩等（2001），张国盛等（2002），根据7月植被全覆盖时最大蒸散量占全年的比例推算

根据上表中数据得到植被覆盖度与年耗水量关系图 4.3-2。随植被覆盖度增加，年耗水量增加，最大值约为 456mm。此图和数据适用于我国西北干旱及半干旱区。查相关系数检验表可知，5 对数据的相关系数值 0.892 已达到显著相关水平（$\alpha = 0.05$）。根据此关系图可以对任一盖度的植被估算出其年蒸散量。

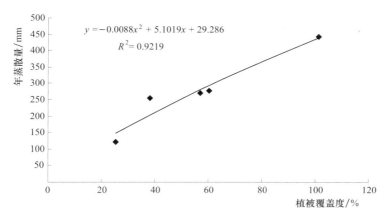

图 4.3-2　植被覆盖度与年蒸散量关系图

4.3.2.4　本次计算中的植物耗水定额

　　本次遥感解译时根据土地利用代码进行解译，其中高盖度草对应盖度为 60%，中盖度草对应盖度 40%，低盖度草对应盖度 28%，根据上图中植被覆盖度与年耗水量关系图，代入方程式，得到高盖度草耗水量为 301mm，中盖度草耗水量 212mm，低盖度草 164mm。

　　根据前述植被演变规律，植被在 10 年内发生了很大的变化，主要集中在沙漠转好为低盖度草，及低盖度草转化为中盖度草等。这部分植被盖度的变化，影响到产流量的变化，在现状年算水账时，这部分水量不容忽视。该部分水量在具体计算时，需要计算植被变化的面积及植被变化的蒸散定额差。经分析，植被变化主要是封育等措施使植被转好，即植被变化后的蒸散定额差为退化草地原地恢复后的定额差，因为植被类型基本没变，只是盖度变化，与前面不同植被覆盖度的植被直接耗水定额差不同。

　　宋炳煜等（1997）[17]的研究结果如图 4.3-3 所示，退化草原位于锡林河南岸山丘北坡的洪积扇，属于典型羊草草原群落，靠近居民点和放牧点，草层矮小稀疏，群落盖度不足 20%，地上生物量约 40g/m²，相当于植被解译中的低盖度草。在这片退化草场上建立了 26.6hm² 的围栏封育样地，经 8 年自然演替后发展成以羊草和大针茅占优势的草原群落，盖度达 50%，地上生物量达 150g/m²。虽然退化草原及其恢复群落在整个生长季蒸散发变化不大，但根据图中结果，恢复群落在生长季的蒸散发仍然略高于退化群落。从图 4.3-3 中按天数计算蒸散发差值，整个生长季恢复群落比退化群落的蒸散发约高 28mm。即低盖度退化群落与中盖度恢复群落的蒸散发定额差约 28mm。高盖度为大于 50% 的植被群落，按平均盖度 60% 计，根据低盖度与中盖度的盖度差及其定额差 28mm，可以计算中盖度和高盖度其定额差约 20mm。

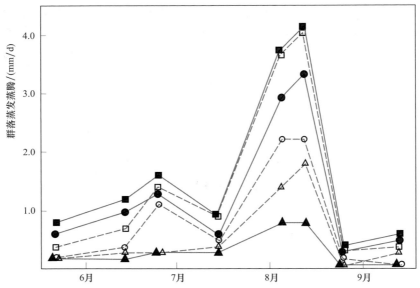

图 4.3-3　退化草原群落及其恢复群落的蒸发蒸腾（引自宋炳煜，1997[17]）

△、▲—蒸发；○、●—蒸腾；□、■—蒸散；空白表示退化群落；全黑表示恢复群落

4.3.3　其他土地利用类型耗水定额分析

4.3.3.1　沙地蒸散量

干旱半干旱区沙地蒸发量在水量平衡中是非常重要的环节，一些研究者对沙地全年累计蒸发量进行了测定和估算。

张国盛等（2002）[15]在乌审旗沙地根据自然条件和风沙土结构特征，采用土壤水分平衡法建立的水量平衡方程，测定 1997（枯水）年和 1998（丰水）年两年沙地平均蒸散量 191.38mm，并给出年蒸散量的月过程；刘峻杉等（2008）[18]利用生态系统模型中的土壤水分运动和蒸发模块计算了毛乌素裸沙丘从日到年际尺度的实际蒸发量，发展了一个以单次降水量和降水频率为驱动因素的降水-蒸发模型对年蒸发量进行计算，结果表明毛乌素裸沙丘的多年平均蒸发量为 166mm；李品芳和李保国（2000）[19]用干燥表层法模型求算的毛乌素沙地夏季蒸发速率平均约为 0.04mm/h，日蒸发量平均为 1mm，根据张国盛的研究结果，夏季三个月的蒸散量约占全年的 65%，据此推算李品芳的研究结果为沙地全年蒸散量 138mm；刘新平等（2009）[20]以水量平衡原理为依据对科尔沁沙地生长季（5—9 月）的总蒸发量计算结果为 167.42mm，依据张国盛的沙地蒸散月过程，生长季 5—9 月蒸散量约占全年蒸散量的 90%，据此推算沙地全年蒸散量为 186mm；Suzuki Masakazu（1992）[21]用小型筒称重法测量了毛乌素沙丘的短期蒸发量，按他的结论推算，毛乌素典型年份的全年蒸发量约为 160mm；Kobayashi Tatsuaki 等（1992）[22]用干燥表层法及室内称重实验测定了有干沙层情况下的蒸发量，估计毛乌素全年的蒸发量不高于 36mm；Dong 等[23]使用干燥表层法模型估算毛乌素沙丘在年降水 297.97mm 的年份里蒸发量为 32.7mm；Xiao 和 Zhou（2001）[24]通过浇水实验，测定在 315mm 降水条件下，蒸发量为 258.68mm。

各种方法不同，计算出的蒸散量也有差异。Kobayashi Tetsuo等（1992）的干燥表层法对于估算有干沙层情况下的蒸发量是有效的，但是如果忽略了雨后蒸发量和干层较厚时的蒸发量的巨大差异，采用干沙层覆盖情况下的计算结果作为全年的均值，则会大大低估全年蒸发量。Xiao和Zhou（2001）通过浇水实验测定在315mm降水条件下蒸发量为258.68mm，张国盛等[15]在计算模型中设置了相同的降水大小和频率，计算得到的蒸发量为268.6mm，这说明采用均一低强度的模拟降水所得到的结果并不能代表自然条件下的蒸发量，会产生高估的结果。

本次现状年水量平衡中沙地的定额去掉不合理的极低及极高值，取上述其余几个值的平均值，即170mm作为沙地蒸散量。其中在各流域计算时根据东中西的降水差异进行适当调整。

4.3.3.2　水面蒸发

本次收集到鄂尔多斯境内黄河巴彦高勒站、毛不拉孔兑图格日格站及罕台川响沙湾站三个站的水面蒸发资料，将20cm蒸发皿结果统一换算为E601，换算系数采取毛不拉孔兑图格日格站的换算方法，即1—3月E20转为E601的系数为0.53，4—12月转换系数为0.6。经转换后，黄河巴彦高勒站的水面蒸发量为1325mm，毛不拉孔兑图格日格站水面蒸发量为1697.8mm，罕台川响沙湾站水面蒸发量为1479.8mm。根据前述区域气候变化规律中的水面蒸发资料，东胜站1957—2004年的多年平均水面蒸发量为1428.9mm。因鄂尔多斯面积较大，东西部在降水、蒸发上差别较大，本次东部区以东胜为代表，水面蒸发量为1429mm；西部以水文年鉴上的三站平均值为代表，水面蒸发量为1500mm。

4.3.3.3　沼泽蒸散量

鄂尔多斯低湿地、河滩及湖盆低地分布有沼泽，地下水位高，水分充足，盐渍化程度较低。根据宋炳煜（1997）[17]的研究结果，河滩草甸在7月的蒸腾为9.2mm/d，蒸发量为0.4mm/d，蒸散量合计为9.6mm/d。据表4.2-8，各种植物在7月的蒸散量占年总蒸散量的28%～31%，平均为30%，据此推断，沼泽草甸的年蒸散量约为960mm。鄂尔多斯面积较大，沼泽分布在很大程度上受到气候的影响，呈现出从东至西水分不断减少，盐分不断增加的趋势，本次蒸散量以960mm为基础，根据流域情况进行小幅调整。

4.4　基于2000年耗水平衡分析水资源支撑的生态用地

4.4.1　国民经济用水项分析

鄂尔多斯市2000年工业不发达，主要是达拉特电厂等，根据水资源综合规划成果，工业耗水量0.20亿 m^3。建筑业、第三产业与生活耗水计算的基础数据都来自统计年鉴，这里不做详细说明。2000年农田面积数据无法区分灌溉与否，利用2010年数据进行分析，这里重点说明。通过转移矩阵分析，2000年农田转移到2010年的情况见表4.4-1。

表 4.4－1　　　　　　　　各流域 2000 年农田转为 2010 年的地类及面积　　　　　　　单位：km²

流　域	黄灌地	牧草地	零散灌溉地	轮歇地	非灌旱地	坡耕地	林地	灌木	高盖度草	中盖度草	低盖度草	河湖库水面面积	滩地	建设用地	沙漠	盐碱地	沼泽	盐沼植被	其他	总面积
西北部沿黄区	117	1	1	3	4		1	4	43	33	65	28	57	9	73	8	18	30	3	497
毛不拉孔兑	2	1	10	1	1		0	2	6	67	6	3	4	1	5	0	5	0	0	112
色太沟	9	3	12	6	0		0	1	3	36	0	3	2	0	1		0		0	75
黑赖沟	1	6	26	1	0		0	1	0	54	12	3	0	2	1					107
西柳沟	62	4	23	4	1	29	0	1	7	73	15	1	0	14	1					229
罕台川	72	1	33	2	0	3	0	0	2	22	2	1	0	14	1					153
哈什拉川	66	2	60	1	0		0	0	3	3	10		10	0	1		1	1	7	172
母哈尔河	25	13	35			6	0		8	50	11		1	10						161
东柳沟	36	17	10				0	1	14	15		0		3		0				96
壕庆河	46	13	9	1			0		3	2	18		7	1	1					113
呼斯太河	41	0	22		0		2	7	21	8	7	2	4	6	0		2	3	1	126
塔哈拉川	25	4	20	1	1	5	2	2	9	22	14	5	6	4	0		0	9	1	135
十里长沟		3	11						0	3	6		5	1	1	2				36
纳林川		8	37	0	0		0	1	41	2	10	42	7	1	5	0			1	175
悖牛川		1	12	2	1		0	1	20	17	1		1							58
乌兰木伦河		2	47	1	0	4	15	10	9	38	25	15	10		18	0				197
红柳河		13	35	0				1	5	3	15	18	0	1	2	1				95
海流兔河		0	16					1	3	34	14	0	1	2	4	0		1		78
都思兔河		0	29					1	5	23	3	0		1	0			1		67
都思兔河（南区）		2	2	0				1	0	2	2	0	0	0						9
摩林河		3	12	0	0				5	0	4									24
盐海子		2	10	13	6			0	47	6	24	9	0		6	5			0	129
泊江海子		1	7	2	1	18		2	5	3	24	18	0	2	0			1	0	84
木凯淖									0	0	0	0								0
红碱淖		3	23	0	1			0	2	0	45	10	1	5	2	1				95
胡同查汗淖		11	55	10	3			0	15	49	22	26	0		4	2	0		2	199
浩勒报吉淖									0											0
北大池		7	12	3			2	13	31	28	30	0		2	3	0		0	1	2	136
合计	501	123	571	64	23	90	25	130	290	691	365	71	87	119	104	13	38	38	16	3358

2000 年 1∶10 万土地利用数据，灌溉和非灌溉的平原旱地面积 503.6 万亩，丘陵旱地 171 万亩。该土地利用图的影像来源是 30m 分辨率的 TM 影像，解译的农田面积中含有村庄道路等细物，细物通常占农田面积的 5％～15％。2010 年影像分辨率 2.5～5.0m，通过 2000—2010 年土地利用图的农田转移矩阵（表 4.4－1），较高精度的灌溉面积、退耕地以及细物可以全部反映。其中，退耕地面积由转移的中、低盖度草地计算，见表 4.4－2。

表 4.4-2　　　　　　　　各流域2000年农田计算面积及耗水量

子流域	2000年农田面积/km²	其中：灌溉面积	退耕地面积/km²	细物面积/km²	农田计算面积/km²	耗水量/万 m³
西北部沿黄区	497	118	65	85	347	12326
毛不拉孔兑	112	12	6	5	101	3478
色太沟	75	21	0	2	73	2499
黑赖沟	107	27	12	2	93	3192
西柳沟	229	85	15	5	209	7204
罕台川	153	105	2	15	137	4703
哈什拉川	172	126	3	10	159	5464
母哈尔河	161	59	11	10	140	4799
东柳沟	96	46	15	3	79	2709
壕庆河	113	55	7	6	101	3464
呼斯太河	126	62	7	12	107	3689
塔哈拉川	135	45	36	8	91	2951
十里长沟	36	11	11	2	23	754
纳林川	175	37	63	7	106	3414
悖牛川	58	12	38	1	19	621
乌兰木伦河	197	47	40	19	137	4390
红柳河	95	35	33	3	59	1879
海流兔河	78	16	48	6	25	797
都思兔河	67	29	26	3	37	1310
都思兔河（南区）	9	2	4	0	5	181
摩林河	24	12	4	0	21	712
盐海子	129	10	33	11	85	2912
泊江海子	84	7	42	2	39	1256
木凯淖	0	0	0	0	0	8
红碱淖	95	23	55	7	33	1045
胡同查汗淖（苏贝淖）	199	55	48	6	145	4656
浩勒报吉淖	0	0	0	0	0	0
北大池（五湖都格淖）	136	12	57	7	71	2527
合计	3358	1070	679	237	2442	82942

4.4.2　河流-含水层出流量匡算

　　为了在流域水平衡分析中准确计算外流区河流-含水层出流量，先局部在有资料的地区进行匡算。地下水出流量分四段考虑，十大孔兑西北部，典型第四纪沉积物风化为沙土，由于黄河水位的顶托，侧向排泄量需要计算；东部黄土丘陵区地下水仅赋存于沟谷中，地表水与地下水转化频繁，地下水不重复量除了利用之外，变化不大；东南部有沙地-黄土分布区，地下水主要赋存于沙地中，地下水部分支撑生态和国民经济利用；西部含水层厚度不好确定，后三段有一定的不确定因素，在后一节的水平衡分析中确定。

　　地下水的出流量计算公式：　$Q_{侧补} = K \cdot L \cdot H \cdot I$

式中：K 为含水层渗透系数，m/d，取中沙占 50％的土壤经验值 10～25m；L 为计算断面长度，十大孔兑西段和中段长 527km；H 为含水层厚度，北部因为黄河水顶托，去掉地下水埋深 1m，黄河凌汛与其他时间的水位差约为 2m，平均厚度取 1.0m，地下水补给黄河的时间大约为 3 个季度；I 为地下水天然水力坡度，按地形高程计算，十大孔兑中西部为 3.5‰。

经计算，西北部地下水排泄 1.03 亿 m^3，地表水出流量为 2.85 亿 m^3，占外流区 95％枯水年地表水资源量的 56％。

4.4.3 现状耗水平衡与生态耗水的土地利用类型

2000 年的降水频率为 94％的特枯水年，采用 95％年的水资源量进行耗水平衡分析。计算结果见表 4.4-3。

表 4.4-3 　　　　　　　　　　2000 年 耗 水 平 衡 表 　　　　　　　　单位：万 m^3

子 流 域	水资源总量	农业耗水	工业耗水	建筑业和第三产业	生活耗水	生态耗水	地表水出流量	地下水出流量	耗黄水量	流域间水资源补给
西北部沿黄区	15194	12326	0	26	280	3787	810	2769	4804	0
毛不拉孔兑	3429	3478	0	4	87	813	844	879	2676	0
色太沟	5381	2499	0	21	282	1402	1467	915	1205	0
黑赖沟	3915	3192	0	21	241	665	1340	835	2379	0
西柳沟	6851	7204	0	152	459	1789	1746	1000	5500	0
罕台川	4129	4703	2030	148	280	712	165	832	4741	0
哈什拉川	4330	5464	0	26	148	707	794	771	3579	0
母哈尔河	3070	4799	0	382	319	729	934	851	4945	0
东柳沟	1591	2709	0	26	95	197	909	275	2621	0
壕庆河	1907	3464	0	21	121	266	553	200	2718	0
呼斯太河	2338	3689	0	65	137	2778	708	161	5200	0
塔哈拉川	2283	2951	0	44	213	1538	858	211	3533	0
十里长沟	4638	754	0	133	267	1268	906	1310	0	0
纳林川	5463	3414	0	133	320	584	844	167	0	0
悖牛川	5695	621	0	101	165	1329	3403	76	0	0
乌兰木伦河	10625	4390	0	477	358	3065	976	1359	0	0
红柳河	19055	1879	0	40	364	6468	2647	7657	0	0
海流兔河	22294	797	0	40	263	6548	8508	9080	0	−2676
都思兔河	9503	1310	0	52	407	5776	64	1893	0	0
都思兔河（南区）	6384	181	0	13	131	449	0	5607	0	0
摩林河	10148	712	0	27	304	9105	0	0	0	0
盐海子	12653	2912	0	23	279	9440	0	0	0	0
泊江海子	2598	1256	0	71	91	1180	0	0	0	0
木凯淖	2802	8	0	10	61	2722	0	0	0	0
红碱淖	3130	1045	0	57	105	1182	0	1954	0	−1213
胡同查汗淖（苏贝淖）	31901	4656	0	113	636	22341	0	0	0	4155
浩勒报吉淖	10241	0	0	23	279	9939	0	0	0	0
北大池	10148	2527	0	13	393	6938	0	277	0	0
合计	221698	82942	2030	2261	7088	103717	28477	39079	43901	

通过流域综合平衡分析，2000年鄂尔多斯面上生态耗水10.4亿 m³，河流-含水层的出流量6.8亿 m³。出流量属于河川现状生态用水，总的生态水量17.1亿 m³，占95%枯水年水资源量的77%，见表4.4-4。扣除耗黄水量4.4亿 m³，鄂尔多斯市2000年总的生态水量12.7亿 m³，占95%枯水年水资源量的57%。

表 4.4-4 　　　　　　　　　　生 态 耗 水 量 表 　　　　　　　　　单位：万 m³

子流域	河流耗水	湖泊耗水	滩地耗水	沼泽耗水	盐碱地耗水	高盖度草耗水	林地耗水	生态系统耗水量	河流含水层出流	总生态水量
西北部沿黄区		1002	1976	441	369			3787	3579	7366
毛不拉孔兑	156	322	151	126	58			813	1723	2536
色太沟	167	462	170	415	188			1402	2382	3783
黑赖沟	69	66	149	116	265			665	2176	2841
西柳沟		741	471	215	362			1789	2746	4535
罕台川	1	312	250	26	124			712	997	1709
哈什拉川		316	42	49	300			707	1565	2272
母哈尔河	12	90	533	49	46			729	1786	2515
东柳沟	4	26	167					197	1184	1382
壕庆河	29	199	24		13			266	753	1019
呼斯太河	18	2257	61	260	182			2778	869	3647
塔哈拉川	16	397	48	261	816			1538	1069	2607
十里长沟	18	1188	62					1268	2216	3484
纳林川		276	233		75			584	1011	1595
悖牛川			288			124	917	1329	3479	4808
乌兰木伦河	656	890	796	26	697			3065	2335	5400
红柳河	186	113	41	4388	1741			6468	10304	16772
海流兔河		670	0	3273	2605			6548	17588	24136
都思兔河		1752	707	1411	1906			5776	1958	7734
都思兔河（南区）		129		141	179			449	5607	6055
摩林河		1111	4326	1271	1941	183	272	9105		9105
盐海子	98	3777	241	756	2886	1681		9440		9440
泊江海子		694	147	91	249			1180		1180
木凯淖		1024		712	986			2722		2722
红碱淖		716	195	89	182			1182	1954	3137
胡同查汗淖（苏贝淖）	53	11030	712	2890	7051	604		22341		22341
浩勒报吉淖	8	5705	4	1938	2283			9939		9939
北大池	125	3222		1666	1926			6938	277	7215
合计	1597	38487	11793	20610	27429	2592	1189	103717	67556	171272

生态耗水的土地利用类型主要是河流滩地、湖泊沼泽、林地与盐碱地。个别流域有高盖度草地耗水，是因为从遥感影像核对，这部分草地也可以解译成沼泽。总之，生态耗水主要是汇水洼地的非地带性植被，以及沙地人工造林。

4.5　典型流域基于分布式与集中式水文模拟分析比较

以泊江海子流域为例，根据项目组之前完成的泊江海子流域分布式水文模拟结果[25]，模拟时段为 1996—2005 年，进行水平衡分析，以分析不同水文年植被耗水情况。本次研究以集中式方法，计算 2005 年泊江海子流域耗水平衡，并比较两种方法的计算结果，给出不同水文年植被耗水的差异。同时，分布式水文模型的计算为湿地生态需水计算及其恢复方案的提出奠定基础。

4.5.1　SWAT 模型数据输入

4.5.1.1　数字高程模型（DEM）及河网模拟

主要用来划分子流域和寻找出流路径。由于研究范围比较小，需要更为详细的 DEM，本次以国家基础地理信息中心的 1980 年版 1∶5 万纸质地形图，进行高程线和高程点的数字化。经过 ArcGIS 处理，模型生成 100m×100m 网格的 DEM。

把 DEM 输入界面后，输入 1∶25 万的河网矢量图以提高河网的模拟精度，得到模拟河网。然后根据已有的出流点位置文件手动添加出流点位置，生成子流域，在模拟的对应于湖泊面积的子流域中添加水库，结果见图 4.5－1。

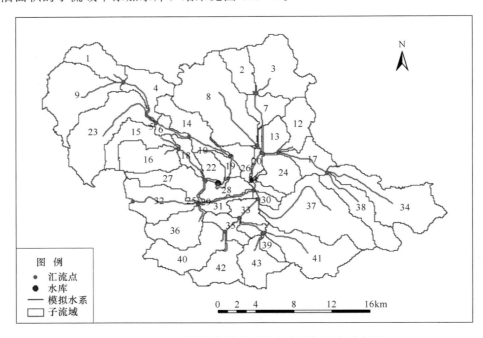

图 4.5－1　子流域划分结果（数字表示各子流域序号）

4.5.1.2　土地利用类型及各种植物生理特征参数

以 1996 年 TM 影像、2000 年中科院遥感所完成的 1∶10 万土地利用图、2002 年 ETM 影像和 2005 年的 ETM 影像为数据源，结合实地调查，对 2005 年的遥感影像进行解译。另据调查，当地 20 世纪 60 年代开始植被建设，80 年代为主要建设时期，近 10 年植被基本没有变化，只在退耕地上栽植柠条，由此对其他几期遥感影像和土地利用进行解译和修正。模拟期土地利用情况见表 4.5-1。

表 4.5-1　　　　　　　　流域内各年份土地利用及植被类型　　　　　　　　单位：hm²

土地利用类型		1996—1998 年	1999—2001 年	2002—2003 年	2004—2005 年
名称	代码				
水域	WATR	1359.32	1212.10	698.96	443.71
水浇地	IRLD	531.91	795.74	1009.78	1083.44
干涸湖面	DRLK	8.50	127.77	640.84	896.16
盐碱地	SALE	800.47	789.81	789.77	789.50
草甸	MEDW	1303.54	1303.55	1283.80	1283.80
柽柳	TAMX	2038.91	2038.27	2038.27	2037.64
沼泽	MASD	3290.43	3308.17	3271.01	3265.57
柠条	CAGN	6649.95	6685.62	6574.17	6596.97
河道	DRRE	2732.35	2730.72	2730.72	2729.09
柠条、油蒿混交	HUNJ	2312.95	2312.89	2312.89	2312.82
乔木	ARBR	1623.87	1623.38	1623.38	1622.89
荒化草原	DEGA	3310.98	3272.75	3246.66	3251.44
沙柳	SAPL	5037.68	5037.12	5036.65	5036.06
低覆盖度柠条	LCCG	2201.59	2105.22	2201.59	2201.59
低覆盖度油蒿	LCAS	6335.55	6306.07	6329.55	6329.54
退耕地	AGNG	10077.56	9994.56	9864.91	9772.82
油蒿	ATMS	15489.45	15453.30	15443.05	15434.93
总计		65105	65097	65096	65088

模型中需要的植被参数主要是各种植物和作物的光合作用和水分代谢的特征参数，属于植物生理学范畴。各种类型植被的参数主要靠查阅文献资料和调查结果综合比较给出，在数据中添加该植被类型，按照植被名称修改植被数据库中该植被的各相应参数。下面分别说明这些参数的含义、确定方法以及在本项目中的最终取值。

1. 光能利用效率

光能利用效率（RUE），是和植物生长及其生物量多少有关的参数。计算光能利用效率首先需要确定光合有效辐射（PAR）和同时期植被的地上部分生物量（kg/hm²），利用植被地面生物量及该植被所截获的总 PRA（MJ/m²）的线性回归法确定，直线的斜率即是 RUE。根据梅福生等人的研究[26]中给出的各地区光合有效辐射值，结合李晓兵等人的研究成果[27]中给出的油蒿群落地上部分生物量资料，得到曲线斜率0.451（图4.5－2）。

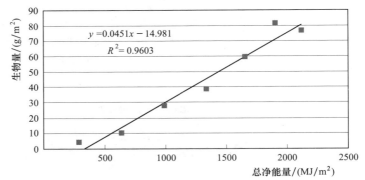

图 4.5 - 2　油蒿的光能利用效率

柠条、沙柳、荒漠化草原、草甸等主要植被的生物量靠查阅植被水分生态相关文献[28,29]并适当调整计算出其光能利用效率，结果见表4.5－2。

表 4.5 - 2　　　　　　　　　　主要植物群落的特征数据

植物群落	分类/m	光能利用效率/m	衰落时生长季百分数	最大冠层高/m	最大根系深/m	叶面积指数	植被生长最小温度/℃	土地利用C因子	收获指数			
									1996—1999年	2000—2002年	2003年	2004—2005年
草甸	perinnal	6.55	0.89	0.80	1	1.90	6	0.003	0.1	0.1	0.1	0
沙柳	perennial	0.25	0.95	2.50	2	4.5	8	0.05	0.95	0.95	0.95	0.95
红柳	perennial	0.58	0.95	5.00	10	4.5	8	0.05	0.05	0.05	0.03	0
油蒿	perennial	0.45	0.57	1.00	2	1.15	8	0.003	0.4	0.4	0.2	0
柠条	perennial	0.13	0.70	3.00	6	0.95	10	0.003	0.4	0.4	0.2	0
杨树	trees	1.60	0.99	7.00	3	5.00	6	0.001	0	0	0	0
水浇地	perinnal	1.39	0.81	2.00	1	5.14	10	0.05	0.99	0.99	0.99	0.99

注　杨树的生物量包括地上和地下部分，其他植物群落的生物量是指地上部分。

2. 叶面积指数

叶面积指数（LAI），与植物群落蒸腾作用和光合作用相关，根据叶面积指数及叶面积生长曲线求出的4个参数都是模型需要的，4个参数为相应于最佳叶面积生长曲线上第一、第二点的热量分别占总潜在热量的百分数（FRGRW1、FRGRW2），最佳叶面积生长曲线上第一、第二点的叶面积指数分别占最大叶面积指数的百分数（LAIMX1、LAIMX2），这里所指的"第一点"和"第二点"是最佳叶面积生长曲线的叶面积迅速上升和下降的两个拐点。油蒿、柠条和玉米的叶面积指数根据人工植被蒸腾量[30,31]给出，红柳、沙柳依照乔木的各参数给出，草甸、地带性植被、退耕地等根据大针茅、禾草、杂类草群落及典型草原叶面积指数[32]的叶面积指数曲线确定。

3. 植物生长的最佳温度和最小温度

植物生长的最佳温度和最小温度，是计算植被蒸散发的重要参数。SWAT模型利用基温计算植被每天积累的热量，并默认生长季内基温不变。某种植被生长的基本温度和最佳温度基本稳定，但其值直接测量比较困难，根据当地的气候条件，设定所有植被的最佳生长温度都为 25℃，最小生长温度为 6~8℃。

4.5.1.3　土壤数据

土壤图不仅为模型划分水文响应单元提供依据，而且决定了流域的径流状况。根据中国科学院土壤研究所完成的 1:100 万土壤数字图及参照《美国土壤分类系统》给出的相关数据。研究区域有 20 个土壤斑块，共 12 种土壤类型，见表 4.5-3。

表 4.5-3　　　　　　　　　　　　　研究区域内土壤类型（土属）

土壤类型	面积/hm²	百分比/%	土壤类型	面积/hm²	百分比/%
栗钙土（亚类1）	7367.40	11.318	淡栗钙土（亚类）	2074.48	3.187
沙化淡栗钙土	3108.08	4.775	盐化潮土（亚类2）	21086.95	32.394
盐化潮土（亚类1）	552.14	0.848	流动草甸风沙土	7389.15	11.351
钙质粗骨土	2670.93	4.103	栗钙土（亚类2）	4230.79	6.499
洪积砂砾质栗钙土	2.03	0.003	固定草原风沙土	8063.13	12.387
流动草原风沙土	2489.73	3.825	半固定草原风沙土	6061.19	9.311

主要土壤参数为土壤水文分组、渗透性、空隙率、反照率等，除数据库本身自带的参数外，其他参数的取值如下。

1. 土壤渗透率和土壤孔隙率

土壤渗透率参考 USDA 土壤调查局分类标准一般值和已有研究成果[33-35]给出，同时各层土壤的饱和水力传导度参考这些成果计算。各类土壤的孔隙率参照土壤普查结果[36]，土壤剖面最大孔隙率由每层的田间持水率和土壤容重计算。

2. 土壤反照率

土壤反照率即地面反射的辐射与投射在地面上的辐射之比，在一定程度上决定了土壤的蒸发量。土壤的反照率不仅和含水量的多少有关，还和土壤的颜色、粗糙度等有关。土壤数据库中设定水面的反照率为 0.9，根据以往研究成果[37-39]给出的土壤湿度与土壤反射率的关系以及范围，结合潮土反射模型[40]，得到各类土壤的反射率。

4.5.1.4　气象数据及农业管理措施

气象数据包括日降雨资料、日最高最低气温、风速、气温站位置高程、雨量站位置高程等。研究所用气象数据来自东胜气象站 1996—2005 年的日降雨和日最高、最低气温数据，其他数据由气象发生器自动生成。

研究区作物种类比较单一，灌溉地主要是玉米，灌溉方式粗放，几乎是漫灌式。截伏流和大口井工程都是通过管道供水，另外有一部分直接抽取地下水灌溉，模型统一取地下水灌溉措施。根据日降雨量和当地实际的灌溉情况，为灌溉地制定了灌溉制度。

4.5.2　模拟过程的关键技术处理

4.5.2.1　水文模拟中关键问题处理

1. 根深植被的处理

SWAT 模型处理土壤层为 1m 深，即土壤水含量只计算 1m 深的范围，对能够直接汲取地下水的深根植被的蒸腾量计算不精确。本研究增加了植被蒸发补偿系数 EPCO，使土壤中有足够多的水分供根深植被吸收。

2. 湖泊处理

将研究区尾闾湖泊当作不泄水或调度的水库，库容及其相应的参数由湖容曲线[41]给出，取最大库容为最大的水面面积（11.70km²）对应的水体体积，保证模拟期间不发生泄水；默认水库底部不发生渗漏。

4.5.2.2 基于尾闾湖泊湖容曲线的模型校核

SWAT 模型常采用河道断面洪水过程线进行拟合校正，但当地缺乏实测资料，本次提出了基于尾闾湖泊湖容曲线的模型校核方法，即将 1996—2012 年模拟的尾闾湖泊水量代入湖容-面积曲线计算出湖泊面积[42]，与同期遥感实测的面积比较，误差控制在 10% 以内，拟合情况如图 4.5-3 所示。

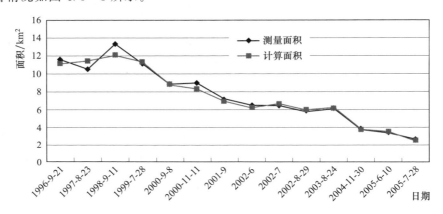

图 4.5-3 模拟值与实测值的比较

4.5.3 分布式模拟结果与集中式计算结果的比较

1. 集水区水资源的比较分析

分布式模型模拟集水区模拟期间年平均降水总量为 23435 万 m³，水资源量 2648 万 m³，占降水量的 11.3%，其中由降水直接形成的径流量以及由壤中流和地下水转化而来的地表水资源量 1080 万 m³，土壤水资源量 1172 万 m³，模拟期间的地下水动态变化较大，但模拟期的始末总体上减少 3675 万 m³，即总体上水位呈下降趋势。各年份集水区内的水资源量见表 4.5-4。

根据 1957—2005 年的降水频率分析，模拟系列 1996—2005 年中 2004 年属于丰水年，1996 年接近平水年，2000 年和 2005 年属于接近 95% 枯水年。各年份集水区内的水资源量见表 4.5-4。

从上述结果来看，接近平水年的地表水资源量 729 万～891 万 m³，加上土壤水资源量，不考虑地下水动态变化，总资源量为 1278 万～3046 万 m³。而在水资源综合规划的水资源评价结果中（表 1.2-4），泊江海子流域地表水资源量 1534 万 m³ 相比，地下水资源 2138 万 m³，重复量 460 万 m³，总水资源量 3212 万 m³。

表 4.5-4 　　　　　　　　　　　　　　流 域 内 水 资 源 量 　　　　　　　　　　　　单位：万 m³

年份	降水量	直接形成地表径流量	壤中流转化量	地下水转化量	地表水资源总量	土壤水资源量	地下水资源动态变化量	实际蒸发量	长系列降水频率/%
1996	24821	272	618	1	891	2155	4071	17704	46
1997	21378	264	458	4	725	553	−2067	22166	60
1998	35920	2696	996	469	4160	2239	2272	27249	6
1999	18032	233	417	0	649	413	573	16397	84
2000	12075	33	162	1	195	667	−3204	14417	96
2001	21098	83	443	4	529	1820	−18	18767	64
2002	25830	152	573	0	725	703	3089	21313	42
2003	33414	1049	741	3	1792	1799	166	29657	14
2004	27444	233	653	1	883	785	3673	22103	32
2005	14341	62	190	0	251	581	−4598	18107	92
平均	23435	508	525	48	1080	1172	396	20788	

两次计算结果的差异，说明以下几个方面的问题：

（1）半干旱区沙地，水资源动态变化差异大，相近的水文年土壤含水量的变化相差一倍以上。

（2）因为降水垂直入渗量大，产汇流与径流耗散同区，生态耗水界定结果差异很大，模型是基于降水计算，非地带性生态耗水全部计入面源消耗，计算出的水资源量是净水资源量；而水资源评价结果中，除了尾闾湖泊，仍然有一部分非地带性植被消耗水资源。

（3）模型计算的水资源量小于水资源评价结果。

2. 植被耗水动态和耗水量

分布式水文模型计算各种植被的耗水结果见表 4.5-5，可以看出不同年份之间植被蒸发量具有波动性，降水量大的年份植被蒸发随之增加，集中式模型只能反映不同植被类型的多年平均水平，以及植被类型之间耗水的相对差。

表 4.5-5 　　　　　　　　　　　　　　植 被 腾 发 量 ET 　　　　　　　　　　　　单位：mm

植被　　年份	1996	1997	1998	1999	2000	2001	2002	2003	2004	2005	平均	集中式计算
退耕地	238	325	397	240	200	270	287	424	334	273	299	
乔木	372	324	527	271	183	313	382	506	406	220	351	301
油蒿	213	332	380	221	205	255	299	446	314	283	295	263
柠条	263	329	418	231	205	269	309	452	319	272	307	121
荒漠化草原	211	287	338	196	204	226	272	380	262	270	265	212
干涸湖面	287	352	434	269	183	312	380	500	400	219	334	100
河道	278	332	409	265	183	313	382	498	400	220	328	
柠条、油蒿混交	209	264	314	243	202	272	288	419	280	267	276	
水浇地	783	868	806	713	671	691	766	830	779	728	763	407
低覆盖度油蒿	213	304	358	213	205	250	276	403	293	283	280	
低覆盖度柠条	208	227	276	200	209	245	259	393	275	245	254	

续表

植被\年份	1996	1997	1998	1999	2000	2001	2002	2003	2004	2005	平均	集中式计算
沼泽	361	318	457	243	182	308	372	470	377	220	331	270
草甸	371	321	499	266	182	312	380	498	399	219	345	450
盐碱地	205	229	276	174	176	219	246	325	238	209	230	150
沙柳	371	324	528	270	183	313	382	505	406	220	350	297
柽柳	242	353	408	244	202	271	313	460	341	276	311	
水域	1037	1107	1099	1144	1067	1170	1127	1051	1113	1157	1107	1400

从分布式模型模拟结果看不同植被类型的耗水量，10 年平均蒸发量最大的植被是乔木，达到 350.5mm（降水量最大时达到 527mm）；其次是沙柳，耗水量 10 年平均为 350mm。沙柳因为具有萌蘖能力，是草原区防治流动和半固定沙丘的优良树种，但是其高耗水特性，使沙柳生长区几乎不产流，而且水分袭夺导致林下不生长其他植物，这对生态恢复不利，因此沙柳对固定沙地来说，不是适合的物种。这种不适合的植被，与同面积的油蒿相比，多消耗水分将近 20%。

4.6　现状耗水平衡分析

4.6.1　各流域水资源平衡分析

鄂尔多斯市现状水平衡计算结果见表 4.6 - 1。

表 4.6 - 1　　　　　　　　　　全市水资源平衡表　　　　　　　　单位：万 m³

流域	水资源总量	植被建设减少水资源量	气候变化减少水资源量	农业耗水	工业耗水	建筑业和第三产业	生活耗水	生态耗水	地表水出流量	地下水出流量	耗黄水量	流域间水资源补给
西北部沿黄区	16094	7	428	11724	455	85	317	3518	1408	9950	11799	0
毛不拉孔兑	3775	348	69	1051	23	13	99	959	844	702	333	0
色太沟	6041	875	72	4419	0	69	321	335	1397	1856	3301	0
黑赖沟	4843	266	56	3030	0	69	275	340	361	903	457	0
西柳沟	8480	134	95	6821	78	508	547	430	3173	1687	4992	0
罕台川	5379	370	60	5421	2366	492	342	204	1976	426	6277	0
哈什拉川	5030	281	38	9635	1806	86	168	711	663	921	9279	0
母哈尔河	4466	723	64	4487	2	1273	378	241	891	500	4091	0
东柳沟	2334	81	24	3672	0	86	108	22	968	283	2909	0
壕庆河	2615	939	31	4140	0	69	137	171	652	1172	4696	0
呼斯太河	3368	1046	45	3894	0	217	157	555	643	918	4108	0
塔哈拉川	4422	1723	70	3221	993	148	246	300	792	339	3409	0
十里长沟	7460	1102	93	1700	11322	445	307	355	2942	275	11081	0

续表

流 域	水资源总量	植被建设减少水资源量	气候变化减少水资源量	农业耗水	工业耗水	建筑业和第三产业	生活耗水	生态耗水	地表水出流量	地下水出流量	耗黄水量	流域间水资源补给
纳林川	13226	448	129	2512	728	445	369	3189	5776	358	728	0
悖牛川	11313	1056	78	1750	1037	337	191	2551	3092	683	0	0
乌兰木伦河	19892	4739	149	4824	1357	1591	508	4813	849	1061	0	0
红柳河	21810	2523	174	6140	0	133	413	3920	3646	4860	0	0
海流兔河	25017	4927	164	2962	270	133	298	1731	8508	10209	270	−3915
都思兔河	10097	1362	453	4634	881	173	458	3506	8	972	734	−1615
都思兔河（南区）	6384	2807	195	767	0	44	147	120	0	689	0	2304
摩林河	10865	826	425	3828	0	89	344	5354	0	0	0	0
盐海子	13195	2687	273	4044	0	75	315	5801	0	0	0	0
泊江海子	3212	1115	33	801	0	237	43	982	0	0	0	0
木凯淖	2804	−374	73	618	0	35	68	2384	0	0	0	0
红碱淖	4305	433	45	1585	0	189	119	1285	1292	1954	0	−2597
胡同查汗淖（苏贝淖）	34585	5398	366	9628	172	378	721	11411	0	0	0	6511
浩勒报吉淖	10768	3033	265	1325	0	78	315	5753	0	0	0	0
北大池	10969	2399	290	4605	0	44	440	3190	0	0	0	0
合计	272751	41273	4257	113235	21490	7538	8150	64132	39880	40719	68465	

结果表明，鄂尔多斯市 2000 年评价的自产水资源量 27.3 亿 m³，近 10 年气候变化减少水资源 0.4 亿 m³，生态建设直接和间接消耗水资源 4.1 亿 m³。

现状国民经济总耗水 15.0 亿 m³，消耗本流域水资源量 8.2 亿 m³，消耗黄河干流水资源 6.8 亿 m³。其中，农业总耗水 11.3 亿 m³，占总耗水量的 75%；工业耗水 2.1 亿 m³，占总耗水量的 14%。本流域生态系统消耗的水资源量为 6.4 亿 m³，占水资源量的 23.4%。同时以地表和地下径流出境的水资源，与生态系统消耗的水量共同构成总生态水量 14.5 亿 m³，生态水量占流域水资源的 53%。

4.6.2 植被建设减少水资源量的分析

利用 ArcGIS，计算 2000 年和 2010 年的土地利用转移矩阵，根据转移面积，与前述不同土地利用类型耗水定额差，计算土地利用变化引起的水资源量变化，见表 4.6-2。

植被建设增加消耗的水资源量 4.1 亿 m³，其中，从差到好的转变增加消耗 6.5 亿 m³，从好变差减少水资源消耗量 2.4 亿 m³。但是，近 10 年植被建设种植了大量沙柳，增加消耗水资源量 1.1 亿 m³，占总增加消耗水资源量的 27%。目前，沙柳的发展已经形成生产刨花板的"沙产业"。单纯从改善生态植被建设来看，不需要如此建设，这部分水应该归到工业耗水上。

表 4.6-2　　　　　　　　植被各主要项变化引起的水资源变化量　　　　　　单位：万 m³

流域	低盖度转为中盖度和沙漠转为低盖度增加消耗水资源量	转成乔木和高草增加消耗水资源量			沙柳人工植被建设增加消耗水资源量	高盖度、中盖度和湖泊三项退化减少水资源量总和		滩地退化减少水资源量	沼泽退化减少水资源量	其余各项转化引起水资源的变化量	合计
		转成乔木的量	转成高盖度草的量	小计			其中：湖泊尾间退化减少水资源量				
西北部沿黄区	298	0	196	196	6	−610	−5	−200	−15	332	7
毛不拉孔兑	175	2	128	130	140	464	−3	−72	−1	−489	348
色太沟	261	7	253	260	84	58	−18	−100	−73	384	875
黑赖沟	313	1	73	74	72	−4	−4	−107	−43	−38	266
西柳沟	316	1513	32	1546	79	−20	−20	−259	−23	−1506	134
罕台川	139	7	111	119	37	−9	−9	−183	−0	267	370
哈什拉川	42	5	264	270	87	−21	−21	−159	−5	66	281
母哈尔河	178	11	376	387	138	0	0	−164	−2	186	723
东柳沟	32	4	176	180	91	−1	−1	−171	0	−50	81
壕庆河	189	3	87	90	326	−29	−29	−8	0	371	939
呼斯太河	277	56	311	367	497	−315	−315	−219	−206	644	1046
塔哈拉川	335	105	325	430	347	7	−39	−27	−71	703	1723
十里长沟	167	26	262	288	24	158	−44	−26	−5	491	1102
纳林川	771	31	−24	8	27	−405	−17	−233	0	280	448
悖牛川	360	30	174	204	15	464	0	−608	0	620	1056
乌兰木伦河	137	1675	392	2067	1879	1910	−51	−265	−6	−983	4739
红柳河	741	344	1202	1546	427	−80	−1	−35	−525	448	2523
海流兔河	2063	313	3116	3429	245	877	−18	0	−403	−1284	4927
都思兔河	895	1	1754	1755	38	−1480	−52	−175	−86	414	1362
都思兔河（南区）	246	67	1120	1187	255	1142	−3	−9		−14	2807
摩林河	3355	0	1297	1297	9	−4450	−17	−520	−10	1144	826
盐海子	2777	59	162	221	1106	−731	−130	−63	−25	−598	2687
桃林川 阿拉泊江海子	109	158	68	226	887	75	−88	−102	−20	−60	1115
木凯淖	234	0	630	630	1	−1110	−17	0	−149	21	−374
红碱淖	296	74	95	169	323	−25	−10	−200	−10	−121	433
胡同查汗淖（苏贝淖）	2049	733	−593	140	3576	−3239	−446	−684	−474	4032	5398
浩勒报吉淖	1828	188	3898	4086	208	−5058	−161	−1	−126	2096	3033
北大池	744	191	6263	6454	372	−5058	−45	0	−11	−101	2399
合计	19329	5605	22151	27756	11294	−17489	−1561	−4580	−2293	7256	41273

注　"−"号均表示退化减少水资源消耗量。

4.6.3　国民经济消耗本流域和黄河干流水量分析

现状水平衡分析中，农业总耗水 11.3 亿 m³，占总耗水量 15 亿 m³ 的 75%；工业耗水 2.1 亿 m³，占总耗水量的 14%。农业耗水量仍是国民经济中最主要的耗水项（表 4.6-3）。

表 4.6-3　　　　　　　　各流域国民经济耗水量及水源分析　　　　　　　　单位：万 m³

流　域	水资源总量	国民经济耗水总量	农业耗水			工业耗水			建筑业和第三产业	生活耗水量	生态耗黄河沿岸地下水量
			耗本流域水量	耗黄水量	小计	耗本流域水量	耗黄水量	小计			
西北部沿黄区	16094	12581	233	11491	11724	147	308	455	85	317	
毛不拉孔兑	3775	1185	717	333	1051	23	0	23	13	99	
色太沟	6041	4808	1118	3301	4419	0	0	0	69	321	
黑赖沟	4843	3374	2573	457	3030	0	0	0	69	275	
西柳沟	8480	7953	1829	4992	6821	78	0	78	508	547	
罕台川	5379	8621	2254	3166	5421	866	1500	2366	492	342	1611
哈什拉川	5030	11694	4262	5373	9635	0	1806	1806	86	168	2100
母哈尔河	4466	6139	3407	1080	4487	2	0	2	1273	378	3011
东柳沟	2334	3866	1610	2062	3672	0	0	0	86	108	847
壕庆河	2615	4346	1558	2582	4140	0	0	0	69	137	2114
呼斯太河	3368	4268	1404	2490	3894	0	0	0	217	157	1618
塔哈拉川	4422	4608	1543	1678	3221	0	993	993	148	246	738
十里长沟	7460	13774	1700	0	1700	242	11081	11322	445	307	
纳林川	13226	4054	2512	0	2512	0	728	728	445	369	
悖牛川	11313	3315	1750	0	1750	1037	0	1037	337	191	
乌兰木伦河	19892	8281	4824	0	4824	1357	0	1357	1591	508	
红柳河	21810	6686	6140	0	6140	0			133	413	
海流兔河	25017	3663	2962	0	2962	0		270	133	298	
都思兔河	10097	6145	4634	1	4634	148		881	173	458	
都思兔河（南区）	6384	958	767		767	0		0	44	147	
摩林河	10865	4260	3828		3828			0	89	344	
盐海子	13195	4434	4044		4044			0	75	315	
泊江海子	3212	1081	801		801			0	237	43	
木凯淖	2804	721	618		618			0	35	68	
红碱淖	4305	1893	1585		1585	0		0	189	119	
胡同查汗淖（苏贝淖）	34585	10898	9628		9628	172		172	378	721	
浩勒报吉淖	10768	1718	1325		1325	0		0	78	315	
北大池	10969	5089	4605		4605	0		0	44	440	
合计	272751	150413	74230	39007	113235	4070	17419	21490	7538	8150	12039

农业耗黄水量计算采用各流域中遥感影像解译沿黄灌区（土地利用代码 121）的面积乘以定额计算，耗本流域水量由解译的淤地坝耕地（土地利用代码 122）、灌溉牧草地（土地利用代码 123）、零散灌溉耕地（土地利用代码 124）直接乘以定额而得到。

因 2010 年影像分辨率高，解译时将细物等解出另算，所以农田耗水量计算时不再扣除细物系数同时用 2012 年的影像进行校核。工业耗水量按现状工业用水量乘以耗水系数 0.75 得到，水源类型直接采用各工业企业用水水源类型。

从水源类型来看，农业总耗水 11.3 亿 m³ 中，耗本流域水资源量 7.4 亿 m³，占农业总耗水量的 65%，耗黄水量 3.9 亿 m³，占农业总耗水量的 35%。工业总耗水 2.1 亿 m³，耗本流域水资源量 0.4 亿 m³，占工业总耗水的 19%，耗黄水量 1.7 亿 m³，占工业总耗水量的 81%。

农业工业耗黄区域主要分布于沿黄外流区域，工业用水水源主要依靠引黄水。在罕台川、哈什拉川、母哈尔河、东柳沟、壕庆河、呼斯太河及塔哈拉川等北部流域，本地水资源量不能满足国民经济用水量，因靠近黄河，在沿岸以取地下水的形式消耗黄河水量，该部分水量共计 1.2 亿 m³。

与 2000 年相比，2000 年灌溉面积 2442km²，灌溉耗水量 8.3 亿 m³，平均每亩灌溉耗水量 226m³；现状年年灌溉面积（去掉轮歇地及非灌溉地）为 4034km²，灌溉耗水量 11.3 亿 m³，平均每亩灌溉水量 187m³。10 年间灌溉用水效率提高 17.3%。

参 考 文 献

[1] 王芬. 达拉特电厂永久排水工程设计. 内蒙古水利，2004，96（1）：102-104.

[2] 中国主要作物需水量与灌溉. 北京：中国水利水电出版社，1995.

[3] 李培德，尹敬其，马文敏，田军仓. 春小麦节水灌溉制度的田间试验研究. 西北水资源与水工程，1992，2（3）：33-41.

[4] 丛振涛，姚本智，倪广恒. SRA1B 情景下中国主要作物需水预测. 水科学进展，2011，22（1）：38-43.

[5] 石贵余，张金宏，姜谋余. 河套灌区灌溉制度研究. 灌溉排水学报，2003，22（5）：72-76.

[6] 戴佳信. 内蒙古河套灌区间作物需水量与生理生态效应研究. 内蒙古农业大学. 2011，6.

[7] 梁占岐，何京丽，荣浩，崔崴. 干旱半干旱草原区饲草料喷灌灌溉制度试验研究. 节水灌溉，2008，12.

[8] 勾芒芒，李兴，程满金，马兰忠. 北方半干旱区集雨补灌技术与灌溉制度研究. 中国农村水利水电，2011，6，95-98.

[9] 郭孟霞，毕华兴，刘鑫，李俊，郭超颖，林靓靓. 树木蒸腾耗水研究进展. 中国水土保持科学，2006，4（4）：114-120.

[10] 苏建平，康博文. 我国树木蒸腾耗水研究进展. 水土保持研究，2004，11（2）：177-186.

[11] 李国强，杨劼. 内蒙古黄甫川流域油松蒸腾特点分析. 内蒙古大学学报（自然科学版），2001，32（3）：301-305.

[12] 王玉涛，李吉跃，刘平，张雪海. 不同种源沙柳苗木蒸腾耗水特性的研究. 干旱区资源与环境，2008，22（10）：183-187.

[13] 招礼军，李吉跃，于界芬，等. 干旱胁迫对苗木蒸腾耗水日变化的影响. 北京林业大学学报，2003，25（3）：42-47.

[14]　陈云浩，李晓兵，史培军．中国西北地区蒸发散量计算的遥感研究．地理学报，2001，56（3）：261－268．

[15]　张国盛，王林和，董智，等．毛乌素沙地主要固沙灌（乔）木林地水分平衡研究．内蒙古农业大学学报，2002，23（3）：1－9．

[16]　仝川，姜庆宏，吴雅琼，等．准格尔丘陵区植物群落、人工草地和灌木林地水分生态特征比较．水土保持学报，2002，16（2）：96－102．

[17]　宋炳煜．草原群落蒸发蒸腾的研究．气候与环境研究，1997，2（3）：222－235．

[18]　刘峻杉，高琼，郭柯，等．毛乌素裸沙丘斑块的实际蒸发量及其结降雨格局的响应．植物生态学报，2008，32（1）：123－132．

[19]　李品芳，李保国．毛乌素沙地水分蒸发和草地蒸散特征的比较研究．水利学报，2000，（3）：24－28．

[20]　刘新平，赵哈林，何玉惠，等．生长季流动沙地水量平衡研究．中国沙漠，2009，29（4）：663－667．

[21]　Suzuki Masakazu．毛乌素沙地地下水水位波动与蒸散发 Fluctuation of groundwater level and evapotranspiration in the Maowusu Sands．毛乌素沙地开发整治研究中心研究文集．呼和浩特：内蒙古大学出版社，1992，120－126．

[22]　Kobayashi Tatsuaki，李树青，金常元，Yoshikawa Ken. Structure and habitats of Artemisia ordosicacommunities．毛乌素沙地开发整治研究中心研究文集．呼和浩特：内蒙古大学出版社，1992，80－83．

[23]　Dong X J，Zhang X S，Yang B Z. A preliminary study on the water balance for some sandland shrubs based on transpiration measurements in field conditions. Acta Phytecologica Sinica，1997，21：208－225．

[24]　Xiao C W，Zhou G S. Study on the water balance in three dominant plants with simulated precipitation change in Maowusu sandland. Acta Botanic Sinica，2001，43，82－88．

[25]　梁犁丽，王芳．鄂尔多斯遗鸥保护区植被－水资源模拟及其调控．生态学报，2010，1：109－119．

[26]　梅福生．榆林地区光能利用率和光合生产潜力的分析．陕西农业科学，1986，6：34－36．

[27]　李晓兵，田青松，李博．沙地油蒿群落生产力动态的能量生态学研究．生态学报，1998，18（3）：315－319．

[28]　杨劼，高清竹，李国强，等．皇甫川流域主要人工灌木水分生态的研究．自然资源学报，2002，17（1）：87－94．

[29]　张娜，于贵瑞，于振良，等．基于3S的自然植被光能利用率的时空分布特征的模拟．植物生态学报，2003，27（3）：325－336．

[30]　张志山，李新荣，王新平，等．沙漠人工植被区蒸腾测定．中国沙漠，2005，25（3）：374－379．

[31]　张旭东，蔡焕杰，付玉娟，等．黄土区夏玉米叶面积指数变化规律的研究．干旱地区用也研究，2006，24（2）：25－29．

[32]　杜占池，杨宗贵，崔骁勇．内蒙古典型草原地区5类植物群落叶面积指数的比较研究．中国草地，2001，23（5）：13－18．

[33]　Zhu Yuanjun，Shao Ming'an. Estimating Saturated Hydraulic Conductivity of Soil Containing Rock Fragment with Disc Infiltrometer. Transactions of the CSAE，2006，22（11）：1－5．

[34]　韩翠平．土壤渗透试验初步讨论．山西科技，2005，（3）：91－92．

[35]　王康，张仁铎，王富庆．基于连续分形理论的土壤非饱和水力传导度的研究．水科学进展，2005，15（2）：206－210．

［36］ 伊克昭盟土壤普查办公室 . 伊克昭盟土壤 . 内蒙古：内蒙古人民出版社，1989.

［37］ 唐世浩，朱启疆，周宇宇，等 . 一种简单的估算植被覆盖和恢复背景信息的方法 . 中国图像图形学报，2003，8（A 版）（11）：1304 - 1309.

［38］ 范文义，杜华强，刘哲 . 科尔沁沙地地物光谱数据分析 . 东北林业大学学报，2004，32（2）：35 - 38.

［39］ 冯晓明，赵英时 . 内蒙古半干旱草场遥感反射率模型研究 . 中山大学学报（自然科学版），2005，44（增刊）：309 - 313.

［40］ 孙建英，李民赞，郑立华，等 . 基于近红外光谱的北方潮土土壤参数实时分析 . 光谱学与光谱分析，2006，26（3）：426 - 429.

［41］ 梁犁丽，王芳 . 鄂尔多斯遗鸥保护区植被 - 水资源模拟及其调控 . 生态学报，2010，1：109 - 119.

［42］ Wang Fang，Liang Lili，Zhang Yinsun，Gao Runhong. Eco - hydrological model and critical conditions of hydrology of the wetland of Erdos Larus Relictus Nature Reserve. Acta Ecologica Sinica，2009，29：307 - 313.

第 5 章　水　环　境　质　量

5.1　现状排污

5.1.1　废水排放量

根据环境统计数据，2012 年鄂尔多斯市废水排放总量为 8083 万 t，其中工业废水排放量 1780 万 t，生活及其他污水排放量 6302 万 t，分别占总量的 22%、78%。废水中化学需氧量（COD）为 21111t（其中工业排放 1930t，生活排放 19182t），氨氮排放量 2644t（其中工业排放 4t，生活排放 2640t）。

1. 分旗区、分行业工业废水排放量

准格尔旗、达拉特旗工业废水排放量较大，分别为 796.9 万 t 和 674.4 万 t。各旗区行业差异与处理能力的差异，乌审旗和达拉特旗的 COD 排放量较大，分别为 1102t 和 504t，氨氮排放量东胜区 2.9t，鄂托克旗 1.07t。

工业废水按行业分类，煤炭开采和洗选业以及电力、热力生产和供应业排放废水量较大，分别占总量的 35.6% 和 34.6%，其次为石油和天然气开采业，占总量的 15.4%，化学原料及化学制品制造业排放废水量，占总量的 12%（表 5.1-1）。COD 排放量中，化学原料及化学制品制造业最大为 1157.3t，其中，煤化工业占 77%；氨氮排放量中，纺织业最大为 3.9t。

表 5.1-1　　　　　　　　　工业源废水量排放按行业分类　　　　　　　　　单位：万 t

项　目		电力热力的生产和供应业	纺织业	机械制造业	煤炭开采和洗选业	农副食品加工业	食品制造业	饮料制造业	非金属矿采选及矿物制品业	化学原料及化学制品制造业	石油和天然气开采业	通用设备制造业	合计
旗区	东胜区	0.0	1.8	0.2			0.1					3.5	5.6
	达拉特旗	516.9	3.0			0.0	15.0		12.5	18.9	103.9		670.2
	鄂托克旗	83.4	1.8				3.0						88.2
	杭锦旗									0.3			0.3
	乌审旗									190.0			190.0
	伊金霍洛旗												0.0
	准格尔旗	4.6			621.9			0.3		0.7	165.2		792.7
	鄂托克前旗												
小计		616.5	6.6	0.2	633.8	0.0	18.4	0.0	13.4	213.2	274.3	3.5	1780.2
各行业所占比例/%		34.6	0.4	0.0	35.6	0.0	1.0	0.0	0.8	12.0	15.4	0.2	100.0
COD 排放量/t		299.5	82.8	0.6		0.1	287.3		50.9	1157.3	50.7	0.8	1930.0
氨氮排放量/t			3.9										3.9

2. 生活废水排放量

生活废水排放量在东胜区最大，为 2482 万 t，占总量的 40%，其次为准旗 1071 万 t，占总量的 17%；东胜区 COD 排放量和氨氮排放量与废水排放量一致，最大值均在东胜区，分别为 7556.4t 和 1040t（表 5.1-2），均与东胜区人口较多有关，准格尔旗 COD 和氨氮排放量第二，而鄂托克前旗排放量最小。

表 5.1-2　　　　　　　　　各旗区生活污水及污染物排放量

区域	生活污水 /万 t	COD /t	氨氮 /t	区域	生活污水 /万 t	COD /t	氨氮 /t
东胜区	2482.3	7556.4	1040.0	杭锦旗	257.4	783.7	107.9
达拉特旗	779.8	2373.7	326.7	乌审旗	322.8	982.6	135.2
准格尔旗	1071.0	3260.2	448.7	伊金霍洛旗	711.3	2165.4	298.0
鄂托克前旗	171.0	520.7	71.7	小计	6301.3	19182.0	2640.1
鄂托克旗	505.7	1539.3	211.9				

5.1.2　城镇排水系统

5.1.2.1　污水管网

鄂尔多斯市随社会经济发展，工业和生活废水排放量逐年增加，但鄂尔多斯市水资源量不丰富，为满足工业发展用水需求和水资源保护需求，需大力开展节水减污，实现水资源可持续利用。2012 年鄂尔多斯市已配套污水管网铺设 1940km，工业废水和城镇生活污水收集率平均达到 78%（表 5.1-3）。

表 5.1-3　　　　　　　　鄂尔多斯市各旗区管网铺设及废水收集率

区域	城区面积 /km²	城区人口 /万人	污水处理厂	配套污水管网长度 /km	污水收集率 /%
东胜区	76	53.8	北郊水质净化厂	1200	96
			康巴什污水处理厂	84.9	
达拉特旗	29.2	18.6	内蒙古东源水净化有限责任公司	55	90
			鄂尔多斯市国中水务有限公司	3.75	
鄂托克旗	135	13.6	鄂旗再生水务有限责任公司	60	60
			蒙西镇生活污水处理厂	23	
杭锦旗	8	4	棋盘井污水处理厂	96.7	60
			杭锦旗污水处理厂	86.6	
乌审旗	20	5.1	九鹜污水处理厂	67.2	75
			内蒙古博源水务有限责任公司乌审召工业园区污水处理厂	31.6	
伊金霍洛旗	295	5	阿镇污水处理厂	12.34	88
			神华准能污水处理厂	3.55	
准格尔旗	2961	19.90	准格尔经济开发区污水处理厂	49.2	87
			内蒙古天河水务有限公司大路综合污水处理厂	74	
鄂托克前旗	8.15	2.6	敖镇污水处理厂	43.9	70

5.1.2.2 污水处理厂

截至 2012 年鄂尔多斯市建成并运行污水处理厂 18 座，其中以处理生活污水为主的污水处理厂 14 座，处理工业废水的污水处理厂 4 座。

各污水处理厂概况见表 5.1-4。现状 18 座污水处理厂设计处理能力为日处理污水量 31.42 万 t，实际处理污水量 5951.9 万 t，经污水处理厂处理后的中水回用量 3420.5 万 t，中水回用率为 57%，远高于全国平均水平，实际排放量 2307 万 t。

城镇污水处理厂中东胜区北郊水质净化厂所产生的中水主要用于城区景观用水，国电内蒙古东胜热电有限责任公司冷却和工艺用水，内蒙古蒙泰热电有限公司冷却用水，东胜城区、城郊所有园林绿化用水，森林公园用水，植物园用水以及吉劳庆景观湿地用水、昆都仑景观湿用水等。城区配套中水供水管网 100 多 km，已建成并运行的中水供水泵站 6 座。中水回用率达 99%。其余乌兰镇污水处理厂和大路新区污水处理厂中水回用率均为 100%。

大路新区综合污水处理厂由内蒙古准格尔黄河水务公司投资建立，污水处理一期规模 2.5 万 m³/d，高盐水处理 5000m³/d。生产废水经过企业本厂污水处理站生物处理后，50% 经过本厂中水系统超滤反渗透处理后回用，50% 外排至基地污水管网进入大路综合污水处理厂。

各污水处理厂分布见图 5.1-1。

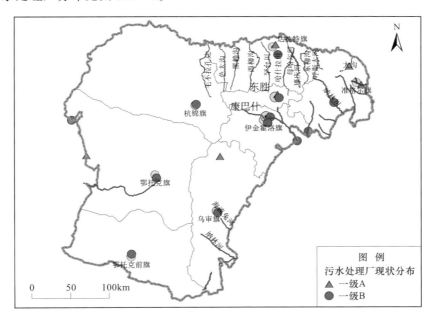

图 5.1-1 污水处理厂分布

2012 年，18 个污水处理厂 COD 去除量共计 1.9 万 t，除鄂尔多斯热电污水处理厂外，其余污水处理厂的 COD 经处理后出口浓度均达到相应排放标准值；氨氮去除量共计 2243t，除鄂尔多斯热电污水处理厂外，其余污水处理厂的氨氮经处理后出口浓度均达到相应排放标准值。

表 5.1-4　现状污水处理厂分布及概况

编号	项目名称	旗区	污水类型	设计能力/(万 t/日)	实际处理量/万 t	出水标准	排入流域分区	中水利用量/万 t	中水利用占实际处理量的比例率/%	实际排放量/万 t	COD去除量/t	COD出口浓度/(mg/L)	氨氮去除量/t	氨氮出口浓度/(mg/L)
1	东胜区北郊水质净化厂	东胜区	生活污水	6	2013	一级 A	回用	1970	98	0	7432.6	36.15	964.8	3.29
2	康巴什新区污水处理厂	康巴什新区	生活污水	3	272.2	一级 B	一部分回用，一部分排入乌兰木伦河	30.48	11	202.9	837.5	24.82	86.5	2.28
3	鄂尔多斯热电污水处理厂	东胜区	工业废水	0.25	34	一级 B	哈什拉川	0	0	34	121.7	92	0.5	20
4	鄂尔多斯市国中水务有限公司	达拉特旗	工业废水	2	419.75	一级 B	黄河	0	0	419.75	442.6	44.56	94.4	2.51
5	树林召东源水净化有限责任公司污水处理厂	达拉特旗	生活污水	1.63	594.95	一级 A	排放到毛连忽卜，最终至黄河	0	0	589.11	1933.6	45	201.0	4.21
6	内蒙古科源污水处理有限公司	准格尔旗	生活污水	3	25	一级 B	进入非集中武污水处理厂	0	0	0	79.4	52.6	9.7	9.39
7	神华准格尔能源有限责任公司污水处理厂	准格尔旗	生活污水	2	696	一级 A	十里长川	450	65	244	2516.9	23.69	255.9	2
8	大路新区污水处理厂	准格尔旗	工业废水	3	697	一级 A	进入城市下水道	687	99	0	952.5	23.5	173.9	3.92
9	鄂托克前旗敖镇污水处理厂	鄂托克前旗	生活污水	1.5	21.9	一级 B	内流区南二	0	0	21.9	67.0	59	11.7	19

续表

编号	项目名称	旗区	污水类型	设计能力/（万 t/日）	实际处理量/万 t	出水标准	排入流域分区	中水利用量/万 t	中水利用占实际处理量的比例率/%	实际排放量/万 t	COD去除量/t	COD出口浓度/（mg/L）	氨氮去除量/t	氨氮出口浓度/（mg/L）
10	鄂托克旗乌兰镇污水处理厂	鄂托克旗	生活污水	1	73	一级 B	排入乌兰镇生态园	73	100	0	268.4	46.36	45.4	3.02
11	棋盘井工业园区污水处理厂	鄂托克旗	生活污水	4	195	一级 A	双欣电厂和非集中式污水处理厂	153.4	79	0	609.7	27.8	77.8	2
12	蒙西镇工业园区生活污水处理厂	鄂托克旗	生活污水	1	62.67	一级 B	综合利用	56.6	90	0	216.3	50	27.3	15
13	杭锦旗锡尼镇污水处理厂	杭锦旗	生活污水	0.5	100.5	一级 B	盐海子	0	0	84.3	292.5	49	35.9	9.3
14	乌审旗嘎鲁图镇污水处理厂	乌审旗	生活污水	0.39	140.7	一级 B	海流兔河	0	0	140.7	505.7	40.55	92.2	2
15	内蒙古博源水务有限责任公司厂	乌审旗	工业废水	0.5	97	一级 A	胡同查汗淖尔	0	0	97	1167.2	32.7	3.9	1.4
16	伊金霍洛旗内蒙古李家塔煤矿生活污水处理厂	伊金霍洛旗	生活污水	0.1	15.55	一级 B	㭎牛川	0	0	15.55	75.9	48	10.4	7.13
17	伊金霍洛旗阿镇污水处理厂	伊金霍洛旗	生活污水	1	329.45	一级 B	乌兰木伦河	0	0	329.45	1049.2	40.99	116.0	8.85
18	神东公司黑炭沟生活污水处理厂	伊金霍洛旗	生活污水	0.55	164.25	一级 B	乌兰木伦河	0	0	128.37	515.7	26	35.8	3.2
	总计			31.42	5951.9			3420.5	57	2307	19084		2243	

注 一级 A 和一级 B 排放标准均指《城镇污水处理厂污染物排放标准》（GB 18918—2002）中的标准。

5.1.2.3 排污口分析

1. 重点监测企业及污水处理厂达标分析

2012 年鄂尔多斯市共重点监测 24 个重点企业及污水处理厂，各监测站点监测月份基本为 4 月、7 月、10 月，覆盖丰、平、枯各不同水期。24 个有监测的排污口中年所有监测次数都达标排放的有 14 个，占 58%，个别排污口个别次数个别指标有超标现象。主要超标项目为粪大肠菌群、COD、总磷和悬浮物。主要超标项目及各监测排污口达标情况具体见表 5.1-5。重点监测排污口分布如图 5.1-2 所示。

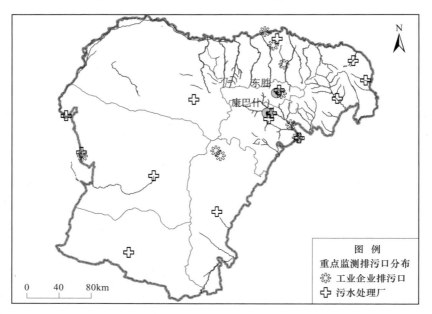

图 5.1-2 重点监测排污口分布

2. 2012 年实际排污口分布

2012 年有统计的 392 家工矿企业中，大部分工矿企业或实现全部回用零排放，或排水进入污水处理厂进行处理，实际排污口仅 8 家。18 家污水处理厂中有 6 家实现零排放或中水全部回用，实际排污口 12 家。2012 年鄂尔多斯市实际排污口共 20 个，其分布如图 5.1-3 所示。

5.1.3 面源污染

流域面源是许多分散的排放量较小的多点源集合，源于流域地表径流、小型乡镇工业中随地排放的废水、化肥农药使用、农村生活污水及分散式畜禽养殖等。面源地表污染物经雨水冲刷后可进入附近水体，造成水体面源污染问题。根据鄂尔多斯市实际，面源污染主要考虑农田化肥和农药使用、农村生活污水及分散式畜禽养殖废水。

5.1.3.1 农村生活污染

根据资料，2012 年末鄂尔多斯市城镇人口 144.3 万人，占总人口比重为 72%。根据《全市农牧业经济"三区"发展规划》，鄂尔多斯将农牧业向沿黄河、无定河农牧业经济优

表 5.1－5 排污口达标分析表

序号	旗区	排污口名称	排入流域	废污水量/万 m³	污水分类	监测次数	达标标准	达标分析	超标项目
1	达拉特旗	达拉特旗电厂排污口	黄河	476.55	工业废水	3	《污水综合排放标准》Ⅰ类	达标	
2	东胜	康巴什新区污水处理厂	乌兰木伦河	221.1	生活污水	3	《城镇污水处理厂污染物排放标准》一级 B	达标	
3	东胜	北郊水质净化厂排污口	哈什拉川	2080.5	生活污水	3	《城镇污水处理厂污染物排放标准》一级 A	1 次悬浮物（SS）不达标，1 次粪大肠菌不达标	悬浮物（SS）和粪大肠菌群数
4	鄂托克旗	棋盘井工业污水处理厂排污口	石嘴山至河口镇	109.5	工业废水	3	《城镇污水处理厂污染物排放标准》一级 B	1 次 Cd 不达标	Cd
		棋盘井污水处理厂生活污水出口		154.28	生活污水	3	《城镇污水处理厂污染物排放标准》一级 B	1 次 TP 不达标	TP
5	杭锦旗	杭锦旗污水处理厂排污口	盐海子	100.5	生活污水	3	《城镇污水处理厂污染物排放标准》一级 B	达标	
6	伊金霍洛旗	神华神东黑岱沟生活污水处理厂排污口	乌兰木伦河	164.25	生活污水	1	《城镇污水处理厂污染物排放标准》一级 A	达标	
7	伊金霍洛旗	伊金霍洛旗布连塔煤矿排污口	哈什拉川	0	工业废水	1	《污水综合排放标准》Ⅰ类	达标	
	伊金霍洛旗	伊金霍洛旗布连塔煤矿生活排污口		0	生活污水	1	《污水综合排放标准》Ⅰ类	达标	
8	伊金霍洛旗	伊金霍洛旗上湾煤矿排污口	乌兰木伦河	177.4	工业废水	3	《煤炭工业污染物排放标准》	达标	

续表

序号	旗区	排污口名称	排入流域	废污水量/万 m³	污水分类	监测次数	达标标准	达标分析	超标项目
9	伊金霍洛旗	伊金霍洛旗阿腾席热镇污水处理厂排污口	乌兰木伦河	238.2	生活污水	3	《城镇污水处理厂污染物排放标准》一级 B	达标	
10	伊金霍洛旗	乌兰木伦煤矿排污口井未出口	乌兰木伦河	98.48	工业废水	3	《煤炭工业污染物排放标准》	达标	
		乌兰木伦煤矿矿生活污水出口			生活污水	3	《污水综合排放标准》I 类	达标	
11	准格尔旗	神华准格尔能源有限公司污水处理厂排污口	十里长川	675.25	生活污水	3	《城镇污水处理厂污染物排放标准》一级 A	7 月 SS、氨氮、TN、TP 超标，4 月粪大肠菌数超标	SS、氨氮、TN、TP、粪大肠菌
12	东胜	东源水净化有限责任公司生活污水	壕庆河	594.95	生活污水	3	《城镇污水处理厂污染物排放标准》一级 B	达标	
13	东胜	东达羊绒制品有限责任公司重点源生产废水	罕台川	4.068	工业废水	2	《污水排入城市下水道水质标准》I 类	达标	
		东达羊绒制品有限责任公司重点源生活废水		1.095	生活污水	2	《污水综合排放标准》I 类	超标	SS、BOD、COD、氨氮
14	东胜	鄂尔多斯市热电厂	哈什拉川	30.186	工业废水	2	《城镇建设行业标准污水排入城市下水道水质标准》	1 次矿化度超标	矿化度
15	鄂托克旗	蒙西工业园区污水处理厂	石嘴山至河口镇	97.747	生活污水	3	《城镇污水处理厂污染物排放标准》一级 A	2 次 COD 超标	COD

续表

序号	旗区	排污口名称	排入流域	废污水量/万m³	污水分类	监测次数	达标标准	达标分析	超标项目
16	鄂托克旗	联合化工有限公司	石嘴山至河口镇	316.8	工业废水	3	《污水综合排标标准》I类	达标	
17	鄂托克前旗	鄂托克前旗（散镇）污水处理厂	内流区南二	21.9	生活污水	3	《城镇污水处理厂污染物排放标准》一级B	1次COD超标	
18	乌审旗	乌审旗（嘎鲁图镇）污水处理厂	海流兔河	82.42	生活污水	3	《城镇污水处理厂污染物排放标准》一级B	达标	
19	乌审旗	苏里格天然气甲醇厂35t	胡同查汗淖	108.65	工业废水	3	《污水综合排放标准》I类	达标	
20	乌审旗	内蒙古博源联合化工有限公司	胡同查汗淖	109.6344	工业废水	3	《污水综合排放标准》I类	达标	
21	鄂托克旗	鄂托克旗（乌兰）污水处理厂	都思兔河	95.28	生活污水	2	《城镇污水处理厂污染物排放标准》一级B	1次TP超标	TP
22	伊金霍洛旗	神东上湾污水处理厂	乌兰木伦河	133.16	工业废水	2	《城镇污水处理厂污染物排放标准》一级A	1次粪大肠菌超标	粪大肠菌
23	准格尔旗	大路新区污水处理厂	塔哈拉川	584.1	生活污水	2	《城镇污水处理厂污染物排放标准》一级B	1次COD、TN、粪大肠菌超标	COD、TN、粪大肠菌
24	准格尔旗	内蒙古科源污水处理厂	纳林川	173.05	生活污水	2	《城镇污水处理厂污染物排放标准》一级B	1次BOD超标	COD、TN、粪大肠菌、BOD

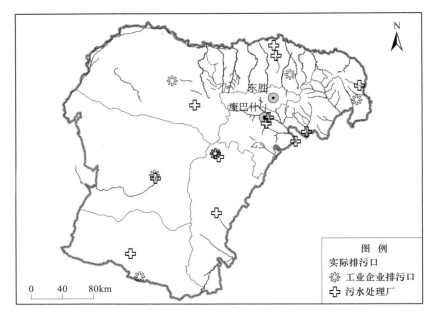

图 5.1-3 实际排污口分布图

化开发区集中，实施规模经营，发展现代牧业，建设沿河高效农牧业经济带；以可持续发展原则为基础，以生态建设为核心，围绕水资源合理开发利用农牧业资源，促进经济、社会、人口、资源和环境之间的可持续协调发展，逐步实现农牧业禁采区农村人口转移和安置工作。根据规划，2020 年农牧区居住人口控制在 25 万人，其中，直接从事一产的人口降至 15 万人，城镇化率达 80% 以上。

农村生活污染源及源强参考国家环保部《全国饮用水水源地环境保护规划》中推荐的污染源产污系数，结合本地区实际，以农村人口数、人均用水量及人均产污系数测算农村生活污水及污染物产生量（表 5.1-6）。

表 5.1-6　　　　　　　　　　鄂尔多斯市农村生活污水及污染物排放量表

农村人口 /万人	生活污水量标准 /[L/(人·d)]	COD 排放标准 /[g/(人·d)]	氨氮排放标准 /[g/(人·d)]	污水量 /(万 m³/a)	COD 产生量 /(t/a)	氨氮产生量 /(t/a)
45	80	16.4	4	1314	2693.7	657

5.1.3.2 种植业面源污染

种植业面源污染物是因农业种植活动施用肥料、农药并随地表径流流失进入河（库）。一般情况下，旱地坡地在旱季基本无污染物进入水体，雨季随地表径流入库。

农业面源污染根据实际土地坡度、土壤类型、农作物类型、化肥施用量、降水量等情况，采用标准农田源强系数进行计算。标准农田为平原、种植作物为小麦、土壤类型为壤土、化肥施用量为 25~35kg/(亩·a)、降水量在 400~800mm 范围内。标准农田源强系数为化学需氧量 10kg/(亩·a)，氨氮 2kg/(亩·a)，总氮 4kg/(亩·a)，总磷 0.28kg/(亩·a)，再根据实际土地坡度、土壤类型、农作物种类、化肥施用量、降水量进行修正。鄂尔多斯市只有黄灌区属集中的耕地，会产生面源污染；黄土丘陵沟壑区因坡度大，也会产生面源污染；其余旱地及牧草地施用化肥的量较少，且产流小，不进行面源污染计算。鄂尔多斯市农田分布如图 5.1-4 所示。

图 5.1-4　农田分布图

根据鄂尔多斯市实际情况进行系数修正，计算鄂尔多斯市农业面源污染共计产生化学需氧量 1500t/a，氨氮产生量 300t/a（表 5.1-7）。

表 5.1-7　　　　　　　　　农业面源污染相关参数及污染物排放量

农田类型	面积 /km²	坡度修正系数	土壤类型修正系数	作物类型修正系数	化肥施用量修正系数	降水量修正系数	COD 产生量 /(t/a)	氨氮产生量 /(t/a)
黄灌区农田	388	1	0.85	1	0.8	0.4	1396	280
黄土丘陵沟壑区	31.52	1.2	0.85	1	0.6	0.4	102	20.4

5.1.3.3　畜禽养殖污染

1. 规模化畜禽养殖场和养殖专业户

按照《规模化畜禽养殖场的适用规模》的标准，规模化畜禽养殖场指标是猪出栏数大于或等于 500 头，奶牛存栏数大于或等于 100 头，肉牛出栏数大于或等于 200 头，蛋鸡存栏大于或等于 20000 羽，肉鸡出栏大于或等于 50000 羽。2012 年规模化畜禽养殖场中约有一半数量的畜禽养殖过程中实行了减排措施，其中猪（出栏）12.2 万头，奶牛（存栏）8645 头，肉牛（出栏）1 万头，蛋鸡（存栏）11 万只，肉鸡 2.2 万只。

2012 年，鄂尔多斯市 44 家规模化畜禽养殖场大多数实施了干清粪的污染物处理措施，2012 年共排放 COD 4554.7t，氨氮排放量 108.9t，COD 平均去除率达到 85%，氨氮平均去除率达到 36%。规模化畜禽养殖场乌审旗最多有 15 家。各旗区规模化畜禽养殖场污染物排放量见表 5.1-8。2012 年养殖专业户 COD 总排放量 5412.5t，氨氮排放量 80t。

表 5.1-8　规模化畜禽养殖污染物排放量

旗（区）	饲养量/头（羽）猪	奶牛	肉牛	蛋鸡	肉鸡	合计	COD/t 猪	奶牛	肉牛	蛋鸡	肉鸡	合计	氨氮/t 猪	奶牛	肉牛	蛋鸡	肉鸡	合计
东胜	9000					9000	16.8					16.8	3.2					3.2
达拉特旗		20521	500			21021		3546.9				3546.9		44.9				44.9
准格尔旗	3235					3235		18.2				18.2	3.5					3.5
鄂托克前旗	4200		700	15833		20733	23.6		73.3	5.7		102.6	4.6		1.2	0.5		6.3
鄂托克旗	500	630	300			1430	2.8	107.3	31.4			141.5	0.6	1.4	0.5			2.4
杭锦旗	11180	400	100			11680	62.9	61.0	10.5			134.4	12.2	0.9	0.2			13.2
乌审旗	28764	710	660			30134	161.9	107.8	69.1			338.7	29.5	1.4	1.2			32.1
伊金霍洛旗		1500				1500		255.4				255.4		3.2				3.2
小计	56879	23761	2260	15833	0	98733	268.0	4096.6	184.3	5.7	0.0	4554.6	53.6	51.7	3.1	0.5		108.9
养殖专业户	63466	15803	13322	85862	91749	270202	1565.7	2118.7	1391.9	285.1	51.1	5412.5	23.3	45.0	4.2	5.6	1.8	80.0

注：表中"东胜"至"伊金霍洛旗"各行为"规模化畜禽养殖场污染物排放量"。

2. 分散式畜禽养殖

分散式畜禽养殖中产生的主要污染物包括粪、尿、五日生化需氧量（BOD$_5$）、COD、氨氮、总氮、总磷等。养殖污染物化学需氧量和氨氮排放量计算采用畜禽养殖数量和排污强度计算，其中排污系数见表5.1-9。

表5.1-9 　　　　　　　　　　畜禽养殖排污系数 　　　　　　　单位：kg/[头（只）·a]

项目	奶牛	肉牛	猪	肉鸡	蛋鸡
COD	202.35	121.04	8.64	0.12	0.5
氨氮	1.5675	0.4284	0.756	0.0024	0.015

各旗区畜禽污染物排放量见表5.1-10。鄂尔多斯市分散式畜禽养殖COD产生量共计6021.84t，氨氮114.15万t。其中大牲畜奶牛、肉牛COD排放量较大，而小牲畜猪的氨氮排放量较大。鄂托克前旗、乌审旗和达拉特旗COD排放量较大，鄂托克前旗和达拉特旗氨氮排放量较大。分散式畜禽养殖污染物主要随地表径流进入河湖，在枯水季基本无分散式畜禽养殖污染，在丰水季污染物随径流进入河湖。

表5.1-10 　　　　　　　各旗区分散式畜禽养殖污染物产生量 　　　　　　单位：t/a

旗区	化学需氧量						氨　氮					
	猪	奶牛	肉牛	蛋鸡	肉鸡	合计	猪	奶牛	肉牛	蛋鸡	肉鸡	合计
东胜	6.51	34.79	14.98	0.00	0.00	56.28	0.57	0.27	0.05	0.00	0.00	0.89
达拉特旗	260.69	731.64	315.13	5.15	0.74	1313.35	22.81	5.67	1.12	0.15	0.01	29.76
准格尔旗	83.40	142.92	61.56	9.13	1.31	298.32	7.30	1.11	0.22	0.27	0.03	8.93
鄂托克前旗	197.51	1229.16	529.41	0.98	0.14	1957.20	17.28	9.52	1.87	0.01		28.70
鄂托克旗	102.17	244.37	105.25	0.00	0.00	451.79	8.94	1.89	0.37	0.00	0.00	11.21
杭锦旗	121.34	192.08	82.73	6.20	0.89	403.24	10.62	1.49	0.29	0.19	0.02	12.60
乌审旗	94.73	853.59	367.65	16.52	2.37	1334.86	8.29	6.61	1.30	0.50	0.05	16.75
伊金霍洛旗	47.30	107.31	46.22	4.24	0.61	205.68	4.14	0.83	0.16	0.13	0.01	5.27
小计	913.65	3535.86	1522.93	42.22	6.06	6020.86	79.95	27.39	5.38	1.27	0.12	114.11

5.2 　地表水环境质量

5.2.1 　地表水监测站点

鄂尔多斯市长期监测河流2条4个断面，分别为乌兰木伦河和龙王沟（表5.2-1），各监测断面布设见图5.2-1；收集到2012年河流监测断面水质资料共计36个。2013年4月，项目组于春汛时期进行河流补充断面水样采集和分析，共涉及21个河流断面，取水样13个（其余断面无水）。

鄂尔多斯市重点监测湖库3个，分别为东胜乌兰木伦水库、伊旗札萨克水库、东胜三台基水库。旗区监测湖库8个，分别为杭锦旗七星湖、鄂托克旗包苏木水库、乌审旗巴图湾水库、准格尔旗大南沟水库、伊旗公捏尔盖水库、鄂托克前旗大沟湾水库、杭锦旗摩林河水库、伊金霍洛旗宝勒高水库等（表5.2-2）。湖库监测点如图5.2-1所示。

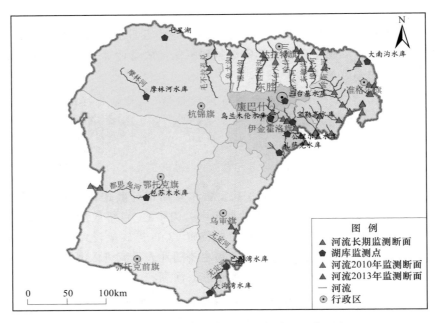

图 5.2 - 1　河流监测断面和主要湖库监测点分布

5.2.2　地表水体质量评价指标及方法

1. 评价方法

采用国家环境保护总局 2011 年制定的《地表水环境质量评价办法（试行）》作为水质定性评价方法，评价标准执行国家《地表水环境质量标准》（GB 3838—2002）。水环境功能区达标评价方法众多，为使城市（地区）之间的评价具有可比性，对水环境功能区达标评价方法做统一规定：每次每个监测断面的所有监测项目达标则该次该断面达标；年度评价时，断面达标频次大于等于 80% 时，该断面达标；每个功能区中全部监测断面（点位）达标则该功能区达标；城市（地区）所有地表水功能区全部达标，该城市（地区）地表水功能区达标。

表 5.2 - 1　　　　　　　　　　　鄂尔多斯市河流长期监测断面及采样情况

水系	河流	类别	监测断面					采样情况			
			名称	所在地	类型	级别	功能	采样点数	周期	监测频次	采样时间
黄河水系	乌兰木伦河	例行监测	补连滩	伊金霍洛旗	控制断面	市控	农田灌溉	1	单数月	6 次/a	每月上旬
			转龙湾	伊金霍洛旗	对照断面	市控	农田灌溉	1	单数月	6 次/a	每月上旬
	乌兰木伦河	出境断面	大柳塔	伊金霍洛旗	控制断面	省控	地表水Ⅲ类	1	全年	12 次/a	每月上旬
	龙王沟	出境断面	龙王沟	准格尔旗	控制断面	省控	地表水Ⅲ类	1	全年	12 次/a	每月上旬

表 5.2-2   鄂尔多斯市湖库水质监测情况

水库名称	所属行政区	经度/(°)	纬度/(°)	监测频次
乌兰木伦水库	伊金霍洛旗	109.7594	39.5847	每月监测 1 次
扎萨克水库	伊金霍洛旗	109.8046	39.1952	每月监测 1 次
三台基水库	东胜	109.9976	39.7746	每年 3 次，4 月、7 月、11 月监测
大南沟水库	准格尔旗	111.3336	40.0925	2011 年 4 月、7 月、11 月监测
公捏尔盖水库	伊金霍洛旗	109.9662	39.3952	2011 年 4 月、7 月、11 月监测
巴图湾水库	乌审旗	108.7823	37.9774	2011 年 4 月、7 月、11 月监测
大沟湾水库	鄂托克前旗	108.4864	37.6953	2011 年 4 月、7 月、11 月监测
包苏木水库	鄂托克旗	107.7231	38.8756	2011 年 4 月、7 月、11 月监测
七星湖	杭锦旗	108.3048	40.6754	2011 年 4 月、7 月、11 月监测
摩林河水库	杭锦旗	107.9056	40.0239	2011 年 4 月、7 月、11 月监测
宝勒高水库	伊金霍洛旗	110.0725	39.5238	2011 年 3 月、9 月监测

断面水质类别评价采用单因子评价法，即根据评价时段内该断面参评的指标中类别最高的一项来确定。河流、流域的断面总数少于 5 个时，计算河流、流域所有断面各评价指标浓度算术平均值，然后按断面水质评价方法评价。

2. 水质评价指标

河流水质评价指标为《地表水环境质量标准》（GB 3838—2002）表 1 中 24 项指标加表 Ⅱ 中的硝酸盐和氯化物共计 26 项指标。其中水温、总氮和粪大肠菌群作为参考指标单独评价（河流总氮除外）。

湖泊、水库水质评价除《地表水环境质量标准》（GB 3838—2002）中的 26 项指标外，还包括了营养状态指标叶绿素 a 和透明度。湖库营养状态评价指标包括叶绿素 a、总磷、总氮、透明度和高锰酸盐指数五项，评价方法采用综合营养状态指数法[$TLI(\sum)$]。

集中式饮用地表水源地水质监测指标除《地表水环境质量标准》（GB 3838—2002）表 Ⅰ 中 24 项指标外，还包括表 Ⅱ 中 5 项补充项目指标，以及湖库的补充营养状态指标等共计 30 项指标。部分时段监测指标还包括特定指标约 40 项，共计指标 70 项。

3. 湖库营养状态评价方法

采用 0～100 的一系列连续数字对湖泊（水库）营养状态进行分级：

$TLI(\sum) < 30$ 贫营养

$30 \leqslant TLI(\sum) \leqslant 50$ 中营养

$TLI(\sum) > 50$ 富营养

$50 < TLI(\sum) \leqslant 60$ 轻度富营养

$60 < TLI(\sum) \leqslant 70$ 中度富营养

$TLI(\sum) > 70$ 重度富营养

综合营养状态指数计算公式如下：

$$TLI(\sum) = \sum_{j=1}^{m} W_j \cdot TLI(j)$$

式中：$TLI(\sum)$ 为综合营养状态指数；W_j 为第 j 种参数的营养状态指数的相关权重；

$TLI(j)$ 为代表第 j 种参数的营养状态指数。

以叶绿素 a 作为基准参数，则第 j 种参数的归一化的相关权重计算公式为

$$W_j = \frac{r_{ij}^2}{\sum\limits_{j=1}^{m} r_{ij}^2}$$

式中：r_{ij} 为第 j 种参数与基准参数叶绿素 a 的相关系数；m 为评价参数的个数。

中国湖泊（水库）的叶绿素 a 与其他参数之间的相关关系 r_{ij} 及 r_{ij}^2 见表 5.2 - 3。

表 5.2 - 3　　　　　中国湖泊（水库）叶绿素 a 与其他参数相关关系表

参数	叶绿素 a	总磷	总氮	透明度	高锰酸盐指数
r_{ij}	1	0.84	0.82	-0.83	0.83
r_{ij}^2	1	0.7056	0.6724	0.6889	0.6889

各项目营养状态指数计算：

TLI（叶绿素 a）$=10\times(2.5+1.086\ln$ 叶绿素 a$)$

TLI（总磷）$=10\times(9.436+1.624\ln$ 总磷$)$

TLI（总氮）$=10\times(5.453+1.694\ln$ 总氮$)$

TLI（透明度）$=10\times(5.118-1.94\ln$ 透明度$)$

TLI（高锰酸盐指数）$=10\times(0.109+2.661\ln$ 高锰酸盐指数$)$

式中，叶绿素 a 单位为 mg/m^3，透明度单位为 m；其他指标单位均为 mg/L。

5.2.3　河流水环境质量评价

5.2.3.1　河流长期监测断面水环境质量评价及趋势分析

河流长期监测断面 2012 年监测结果见表 5.2 - 4，大柳塔、龙王沟断面全年整体评价为符合地表水环境质量标准Ⅲ类水质，均属良好。转龙湾断面全年整体评价为Ⅳ类，属轻微污染。补连滩断面全年整体评价为Ⅳ类。

表 5.2 - 4　　　　　　　　鄂尔多斯市内河流监测断面水质评价

河流	断面	2012 年断面水质类别	2013 年 4 月	
			断面水质类别	超标项目
毛不拉孔兑	图格日格	Ⅳ		
	过三梁		无水	
色太沟	乌兰水库坝址	Ⅴ		
黑赖沟	东方红	劣Ⅴ	Ⅳ	总氮
西柳沟	龙头拐水文站	Ⅳ	Ⅲ	
罕台川	响沙湾	Ⅳ	无水	
哈什拉川	黑土崖	Ⅳ	无水	
母哈尔河	白泥井	Ⅲ		
	王家圪卜		劣Ⅴ	氟化物、硝酸盐
东柳沟	石拉塔	Ⅴ	无水	
呼斯太河	呼斯太	Ⅴ		
	杨三湾南断面		Ⅳ	总氮

续表

河流	断面	2012年断面水质类别	2013年4月	
			断面水质类别	超标项目
大沟	大沟门	IV	IV	总氮
龙王沟	陈家沟门	IV	劣V	COD、高锰酸盐指数、BOD₅、TP、TN、氨氮、石油类
黑岱沟	李家圪堵	III	劣V	COD$_{Cr}$、BOD₅、TN、氨氮
十里长川	长滩	IV	IV	TP、TN
	碾子湾	IV		
	纳林	IV		
纳林川	沙圪堵水文站	劣V	无水	
	车路塔	劣V	无水	
清水川	五字湾	III	无水	
	赵家圪堵	III	无水	
孤山川	羊市塔	III	无水	
	头道柳	III	III	
悖牛川	新庙	IV		
	三界塔	IV	劣V	TN
	阿勒腾席热水文站	IV		
乌兰木伦河	桑盖	IV		
	高家塔	IV		
	乌兰木伦河大柳塔断面	III	III	
东乌兰木伦河	王家塔	III		
	金鸡沙水库	IV		
	河套人遗址		III	
无定河	巴图湾水库坝址	IV		
	蘑菇台	IV	IV	TP
	河南畔	III		
纳林河	苏利图芒哈	III		
	大草湾	IV	IV	COD
海流兔河	深水台	V	劣V	TP
	海流兔河出省处	V		
都思兔河	包尔浩晓	劣V		
	苦水沟	劣V		
	陶斯图	劣V		

5.2.3.2 非重点监测河流断面水环境质量评价

长期资料仅限于2条河4个断面,无法反映市内整个河流的水环境质量。根据2012年资料以及2013年4月项目组采样调查(表5.2-4),除西柳沟、清水川、孤山川以及悖牛川上游水质达到地表水III类标准以外,其余河流水质均差于IV类,部分达到劣V类。2013年监测中超标项目主要为TN、TP以及COD$_{Cr}$。各断面水质评价如图5.2-2所示。

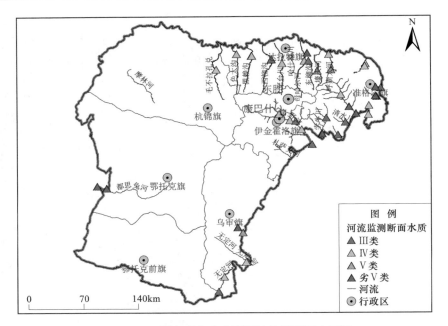

图 5.2-2 鄂尔多斯市主要河流监测断面水质图

5.2.4 湖泊水库水环境质量评价

5.2.4.1 重点监测水库

乌兰木伦水库和札萨克水库为全市重点监测水库，监测频次为每月一次。两水库2013年监测结果见表 5.2-5。

表 5.2-5　　　　　　重点监测水库 2013 年监测结果及水质评价　　　　　单位：mg/L

指标	乌兰木伦水库		札萨克水库	
pH 值	8.03	I	8.04	I
溶解氧	7.62	II	7.67	II
氰化物	<0.001	I	<0.001	I
氨氮	0.21	II	0.197	II
挥发酚	<0.002	I	<0.002	I
氯化物	45.1	不超标	23.128	不超标
氟化物	0.65	I	0.67	I
硝酸盐氮	0.33	不超标	0.53	不超标
高锰酸盐指数	3.65	II	3.93	II
BOD_5	2.83	III	2.55	I
六价铬	<0.004	I	0.0045	I
总氮	0.68	III	0.74	III
总磷	0.027	III	0.05	III
砷	<0.001	I	<0.05	I
汞	0.0000153	I	<0.00005	I

续表

指标	乌兰木伦水库		札萨克水库	
铜	0.0037	I	0.007	I
铅	0.021	II	0.032	II
锌	0.012	I	0.011	I
镉	0.0018	II	0.004	II
铁	0.027	不超标	0.023	不超标
锰	0.0045	不超标	0.009	不超标
硒	<0.01	I	0.0002	I
硫化物	0.0115	I	0.009	I
硫酸盐	98.03	不超标	107.1	不超标
石油类	<0.05	I	<0.05	I
阴离子洗涤剂	<0.2	I	0.109	I
粪大肠菌群	<200	I	941.7	II
叶绿素a	2.36	II	2.19	II
COD	11.5	I	11.5	I
补充项目及特定项目	达标			

以年均值统计,两库水质监测项目、补充项目及特定项目均达到地表水III类标准。与2011年、2012年水质相比较,保持稳定。

5.2.4.2　旗区水库

除乌兰木伦水库和札萨克水库外,大部分湖库在2011年进行了一次集中监测。2011年全市重点监测10个湖库,各湖库监测月份见表5.2-6,各湖库监测基本都包含了丰、枯季节。

表5.2-6　　　　　各湖库监测月份

湖库	大沟湾水库	大南沟水库	包勒高水库	公捏尔盖水库	七星湖大刀图湖	巴图湾水库	包苏木水库	摩林河水库	三台吉水库景观河	乌兰木伦景观河
监测月份	4、7、10	4、7、10	3、9	1、3、4、7、11	4、7	4、7、10	4、7、11	4、7、11	11	7、11

各湖库营养状态及水质趋势性评价见表5.2-7。

表5.2-7　　　2011年度旗区重点监测湖库水质、营养状态及趋势性评价

湖、库名称	2010年水质类别	2011年				
		水质类别	主要超标项目、超标率及年均值超标倍数（pH值为超出限制的量）	趋势评价	营养状态评价	
					TLI(∑)	水质营养状态评价
东胜三台基景观河	V	V	TP（100%,1.6）	无明显变化	47.3	中营养
包苏木水库	劣V	劣V	Cd（33.3%,4.4） TP（100%,1.36） COD（100%,0.9）	无明显变化	49.1	中营养

续表

湖、库名称	2010 年水质类别	2011 年				
		水质类别	主要超标项目、超标率及年均值超标倍数（pH 值为超出限制的量）	趋势评价	营养状态评价	
					TLI(Σ)	水质营养状态评价
巴图湾水库	劣 V	IV	TP（50%，0.66）	明显转好	42.5	中营养
大南沟水库	III	IV	TP（33.3%，0.58） BOD$_5$（66.6%，0.32） TN（66.6%，0.14）	转差	指标不足未计算	—
公捏尔盖水库	I	IV	TP（66.7%，0.94）	明显转差	38.4	中营养
大沟湾水库	劣 V	IV	TP（100%，0.88） COD（66.7%，0.66）	明显转好	40.4	中营养
七星湖	劣 V	劣 V	COD（100%，5.63） 高锰酸盐指数（100%，0.775） BOD$_5$（100%，0.71）	无明显变化	55.6	轻度富营养化
包勒高水库		劣 V	TP（50%，8.62） COD（50%，3.85）		42.6	中营养
摩林河水库		劣 V	TP（100%，7.52） COD（100%，0.53） BOD$_5$（33.3%，0.065）		54.9	轻度富营养化
乌兰木伦景观河		V	TP（100%，0.03）		43.4	中营养

　　旗区湖库监测数量为 10 个，其中大沟湾水库、大南沟水库、公捏尔盖水库和巴图湾水库 4 个湖库为 IV 类（占 40%），乌兰木伦河景观河和三台基景观河两个为 V 类（占 20%），包勒高水库、七星湖、包苏木水库和摩林河水库 4 个为劣 V 类（占 40%）。10 个湖库中除七星湖外总磷均为主要污染指标之一，说明鄂尔多斯市水库主要污染指标是磷，其余主要污染指标还有 COD、BOD$_5$ 和高锰酸盐指数，主要原因是水库周边部分生活污染和面源污染所致。

5.3　地下水环境质量

5.3.1　地下含水层质量评价标准及指标

5.3.1.1　饮用水水源地评价标准

　　地下饮用水源地评价标准采用国家标准《地下水质量标准》（GB/T 14848—93），评价项目包括 8 项必测指标 pH 值、总硬度、硫酸盐、氯化物、高锰酸钾指数、氨氮、氟化物和总大肠杆菌群，以及 15 项选测指标挥发酚、硝酸盐氮、亚硝酸盐氮、铁、锰、铜、锌、阴离子合成洗涤剂、氰化物、汞、砷、硒、镉、六价铬和铅，部分还包括 12 个水源地水质补充项目测定指标。地下水水源地按《城市集中式饮用水源地水质监测、评价与公布方案》《地下水质量标准》（GB/T 14848—93）III 类水质标准执行，采用超标率、超标倍数，以综合评价法对地下饮用水源地水质进行综合评价。首先进行单因子评价，划分其所属质量类别，根据表5.3-1的规定分别确定单项组分评价分值 F_i，采用综合评价分值划分地下水质量级别（表5.3-2）。

表5.3-1　　　　　　　　　　　　地下水单项指标评价分值

类别	Ⅰ	Ⅱ	Ⅲ	Ⅳ	Ⅴ
F_i	0	1	3	6	10

$$F = \sqrt{(\overline{F}^2 + F_{\max}^2)/2}$$

$$\overline{F} = \frac{1}{n}\sum_{i=1}^{n} F_i$$

式中：$\overline{F}$ 为各单项组分评分值 F_i 的平均值；$F_{\max}$ 为单项组分评价分值 F_i 中的最大值；n 为项数。

表5.3-2　　　　　　　　　　综合评价指标对应地下水质量级别

级别	优良	良好	较好	较差	极差
F	<0.8	0.8（含）～2.5	2.5（含）～4.25	4.25（含）～7.2	≥7.2

5.3.1.2 农业灌溉水质评价

鄂尔多斯市灌区的农田灌溉用水评价依据《农田灌溉水质标准》（GB 5084—2005），具体标准值见表5.3-3。

表5.3-3　　　　　　　农田灌溉用水水质基本控制项目（部分）标准值

项 目 类 别	作 物 种 类		
	水作	旱作	蔬菜
COD/(mg/L)	≤150	≤200	≤100[a]，≤60[b]
悬浮物/(mg/L)	≤80	≤100	≤60[a]，≤15[b]
阴离子表面活性剂/(mg/L)	≤5	≤8	≤5
水温/℃	≤35		
pH 值	5.5～8.5		
全盐量/(mg/L)	≤1000[c]（非盐碱土地区），≤2000[c]（盐碱土地区）		
氯化物/(mg/L)	≤350		
硫化物/(mg/L)	≤1		
总汞/(mg/L)	≤0.001		
总镉/(mg/L)	≤0.01		
总砷/(mg/L)	≤0.05	≤0.1	≤0.05
铬（六价）/(mg/L)	≤0.1		
总铅/(mg/L)	≤0.2		

a　加工、烹调及去皮蔬菜；

b　生食类蔬菜、瓜类和草本水果；

c　具有一定的水利灌排设施，能保证一定的排水和地下水径流条件的地区，或有一定淡水资源能满足冲洗土体中盐分的地区，农田灌溉水质全盐量指标可以适当放宽。

5.3.2　地下水质量评价

地下水质量评价主要针对饮用水源区、农业灌区和工业园区附近的潜水。

5.3.2.1　饮用水源地地下水监测点分布

自"十一五"以来，全市地下水监测力度呈逐年加强趋势，除中心城区地下水西柳沟有连续监测数据外，2009 年起，增加了旗（区）地下水水源地监测。2011 年 5月 25 日，自治区人民政府批复了鄂尔多斯市 13 个城镇集中式饮用水源地水源保护区划定方案（内政字〔2011〕145 号），由于一些水源地的水源长期位于城区内难以整治和监管，且影响城市规划发展；水源水量不足已丧失饮用水水源地服务能力；城市发展需求增加了新的饮用水水源；原《鄂尔多斯市中心城区饮用水水源保护区划定方案》（2011）中部分饮用水水源调查数据及保护区划分图与实际不符等原因，为了适应经济社会与城市发展需求，对鄂尔多斯市城镇集中式饮用水水源保护区进行重新划定或调整。目前全市共划城镇饮用水源地 11 个，乡镇饮用水源地 35 个，城镇水源地监测点 9 个，乡镇水源地监测点 28 个（其余 9 个水源地为规划水源地，未监测）。

农田灌溉地下水水质监测点主要位于黄河南岸的杭锦旗建设灌域、独贵塔拉镇灌区、中和西镇灌区以及达旗灌区和无定河流域灌区。

工业园区地下水水质监测点位于独贵塔拉工业园区、树林召三晌梁工业园区、大路新区、沙圪堵工业园区、汇能工业园区、纳林河工业园区等。

各监测点分布见图 5.3－1。

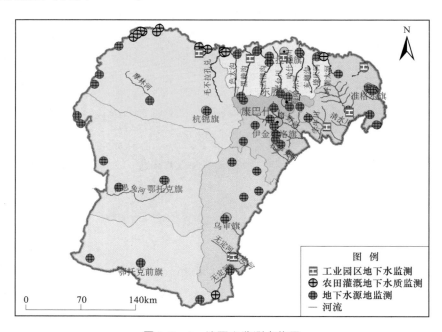

图 5.3－1　地下水监测点位图

5.3.2.2　地下水水质状况

1. 水源地水质现状分析

37个有监测的饮用水源地地下水质量评价时，监测指标23项，部分还包括12项水源地水质补充项目测定指标。37个地下饮用水水质监测点中共有9个属城镇饮用水源地，包括中心城区西柳沟、展旦召和察干淖3个水源地，供旗政府所在城镇的6个地下水源地（准旗苏计沟水源地、陈家沟门水源地，鄂托克旗乌兰镇水源地，杭锦旗锡尼镇饮用镇水源地，乌审旗嘎鲁图镇饮用水水源地，鄂托克前旗敖勒召旗镇水源地）。9个城镇饮用水源地地水质均为良好，饮用水源地达标率100%，能够保证城镇饮用水安全。37个地下饮用水水质监测点中共有28个属乡镇饮用水源地（7个规划乡镇水源地未进行水质监测），监测结果显示，总体状况良好，20个水源地水质达到《地下水质量标准》（GB/T 14848—93）饮用水Ⅲ类水质标准，达标水源地占监测水源地总数的71.43%。8个超标水源地情况为：达拉特旗王爱召镇杨家圪堵村水源地、昭君镇和胜村饮用水水源地氨氮超标，为Ⅴ类水质，超标原因为农田面源污染；杭锦旗巴拉贡镇饮用水水源地、呼和木独镇饮用水水源地、吉日嘎郎图镇饮用水水源地氟化物超标，为Ⅳ类水质，超标原因为地质原因，本底值较高；鄂托克旗棋盘井镇棋盘井水源地、鄂托克旗蒙西镇蒙西社区水源地、鄂托克旗蒙西镇碱柜水源地氯化物和氟化物超标，为Ⅳ类水质，超标原因为地质原因，本底值较高。地下饮用水源地水质综合评价及分布见图5.3-2。水质评价结果为较差的均位于西部，氟离子和氯离子超标，大多为地质原因，本底超标；北部达拉特旗有部分水质评价结果较差的多为氨氮超标，由农田面源污染引起。

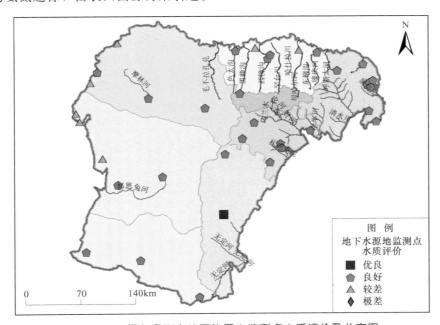

图例

地下水源地监测点水质评价

■ 优良
⬠ 良好
▲ 较差
◆ 极差

图 5.3-2　鄂尔多斯市地下饮用水监测点水质评价及分布图

2. 农田灌溉区水质评价

水质分析检测结果见表5.3-4。

表 5.3－4

农田水质监测结果

所属灌域	采样点	矿化度 /(mg/L)	COD /(mg/L)	悬浮物 /(mg/L)	阴离子表面活性剂 /(mg/L)	pH值	全盐量 /(mg/L)	氯化物 /(mg/L)	硫化物 /(mg/L)	总汞 /(mg/L)	总镉 /(mg/L)	总砷 /(mg/L)	铬(六价) /(mg/L)	总铅 /(mg/L)
建设灌域	麻迷图	3418.9	3.4	63	<0.02	8.10	2997.30	818.54	—	<0.0001	0.001	0.008	<0.001	0.016
	三苗树三社	6335.5	2.64	45	<0.02	8.10	5848.82	1854.04	—	<0.0001	0.001	0.001	<0.001	0.028
	杨树二队	2124.6	1.29	26	<0.02	8.10	1858.58	457.66	—	<0.0001	<0.001	0.004	<0.001	0.012
	白音六队	1079.0	1.77	106	0.023	7.91	1252.26	403.99	—	—	0.0109	0.0002	0.01	0.081
	光永大队	1647.2	2.42	86	0.036	7.86	1925.22	529.91	0.01	—	0.0099	—	0.01	0.095
	苏卜尔盖	5880.9	3.47	79	<0.02	7.70	5432.09	1878.14	—	<0.0001	0.001	0.001	<0.001	0.008
	马福义圪旦	1187.0	3.13	26	0.04	8.30	984.45	158.11	—	<0.0001	<0.001	0.029	<0.001	<0.005
独贵杭锦灌域	二十顷地	1556.4	1.25	89	0.025	7.64	1913.87	321.6	0.05	<0.0001	0.0048	—	0.07	0.097
	杭锦淖	259.7	0.48	35	0.04	7.7	199.25	7.80	—	0.0001	0.001	0.002	0.006	<0.005
中和西灌域	东薛海	1972.0	2.11	74	<0.02	7.85	1666.64	313.02	—	0.0001	0.001	0.001	<0.001	0.007
	蔡籍圪旦	342.3	1.29	98	<0.02	7.77	263.57	5.67	—	0.0001	<0.001	0.004	0.001	<0.005
	南伙房	376.1	1.02	62	<0.02	8.50	355.09	32.61	—	0.0001	<0.001	0.008	<0.001	<0.005
达拉特旗白泥井灌域	梁家圪堵	—	—	—	<0.02	8.10	764	77.9	—	0.0017	<0.001	0.006	<0.001	<0.005
无定河上游灌域	河南乡大沟湾村	475	—	—	0.11	8.1	475	6.05	—	0.0018	<0.001	0.00049	<0.001	<0.005

表 5.3－5 工业园区地下水监测结果（除 pH 值外，其余指标单位为 mg/L）

工业园区	监测点	pH值	总硬度	氰化物	氨氮	挥发酚	氯化物	氟化物	硝酸盐	亚硝酸盐	高锰酸盐指数	铬(六价)	总砷	总汞	铜	铅	锌	镉	铁	锰	硒	硫酸盐	总大肠菌群/(个/L)	阴离子洗涤剂	全盐量
树林召工业园区	王二窑子村	8.1	**548**	<0.05	0.125	<0.002	47.8	0.88	4.49	<0.02	0.8	<0.05	6.05×10^{-4}	4.34×10^{-5}	<1.0	<0.05	<1.0	<0.001	0.037	<0.1	<0.01	59.2	7	<0.3	611
	恩格贝	8.2	124	<0.05	**0.532**	<0.002	77.9	**2.32**	0.164	<0.02	0.8	<0.05	6.24×10^{-4}	4.42×10^{-5}	<1.0	<0.05	<1.0	<0.01	<0.3	<0.1	<0.01	8.17	3	<0.3	265
独贵工业园区	独贵塔拉新村	8.3	107	<0.05	0.079	<0.002	9.75	0.484	4.45	<0.02	0.7	<0.05	6.13×10^{-4}	4.7×10^{-5}	<1.0	<0.05	<1.0	<0.01	<0.3	<0.1	<0.01	23.6	3	<0.3	152
纳林河工业园区	无定河村	8.2	101	<0.05	0.025	<0.002	15	0.5	10.5	0.007	1.55	0.009	<0.05	0.0001	<1.0	<0.05	<1.0	**0.011**	0.051	0.022	<0.01	19.5	2	<0.3	—
	纳林河乡排子湾村	8.2	55	<0.05	0.02	<0.002	16.5	0.5	10	0.012	1.45	0.012	<0.05	0.0001	0.04	<0.05	0.125	**0.012**	0.052	0.022	<0.01	18.5	2	<0.3	—
大路新区	大沟村	8.1	394	<0.05	**0.268**	<0.002	32.4	0.656	3.4	—	0.8	<0.05	<0.05	<0.001	<1.0	<0.05	<1.0	<0.01	<0.3	0.05	<0.01	50.6	3	—	558
沙圪堵工业园区	沙圪堵镇	7.8	**548**	<0.05	**0.264**	<0.002	**1710**	0.693	**24.6**	—	2.0	<0.05	<0.05	<0.001	<1.0	<0.05	<1.0	<0.01	<0.3	0.01	<0.01	88.8	3	—	**2758**
汇能工业园区	纳日松	7.9	266	<0.05	**1.302**	<0.002	212	0.702	2.41	—	1.0	<0.05	<0.05	<0.001	<1.0	<0.05	<1.0	<0.01	0.08	0.05	<0.01	**268**	3	—	895

注 粗体表示超标项目。

黄河南岸灌区地下水全盐量（矿化度）的总体趋势为由北向南，越来越低。北部沿黄一带矿化度偏高，一般为 2～3g/L，局部为 3～5g/L；向南逐渐降低，为 1～2g/L，灌区以南的广大地区矿化度均小于 1g/L。杭锦旗建设灌区矿化度整体偏高，吉日嘎郎图镇三苗树大队以北黄河以南地区矿化度为 3～5g/L；独贵塔拉镇和中和西灌区矿化度较小。

灌溉用水氯化物含量总体趋势与全盐量含量总体趋势基本一致，在全盐量大于 2g/L的地区，地下水氯化物含量普遍超标，在全盐量小于 2g/L 的地区，地下水氯化物含量均符合标准。三苗树大队和苏卜尔盖大队一带地下水中氯化物含量达到 1854mg/L 和1878mg/L，超过标准限值 350mg/L 达 4 倍之多。

灌溉用水悬浮物、COD、硫化物以及重金属离子等水质基本控制项目指标均满足标准要求。达拉特旗和无定河灌区水质均较好，各项指标均不超标。

综合评价，灌区农田灌溉用水基本满足了《农田灌溉水质标准》（GB 5084—2005）对农田灌溉用水水质的要求。

3. 工业园区地下水水质评价

8 个工业园区的监测点水质结果表明（表 5.3 - 5），独贵工业园区地下水质较好，符合地下水环境质量Ⅲ类标准，树林召工业园区地下水总硬度和氨氮超地下水Ⅲ类标准，乌审旗纳林河工业园区镉超地下Ⅲ类标准，准旗三个工业园区氨氮均超标，沙圪堵工业园区除氨氮外，总硬度、氯化物、硝酸盐均超地下水Ⅲ类标准。几大工业园区地下水水质评价结果表明除部分指标是由于地质原因外，不同地区存在不同程度不同指标的超标情况，需加强对工业园区排污控制，以防对地下水的污染和破坏。

5.4　水环境质量演变趋势

5.4.1　河流重点监测断面水环境质量演变

鄂尔多斯市重点监测乌兰木伦河和龙王沟 2 条河流的 4 个断面，其中大柳塔断面、龙王沟断面两个省控断面每月监测一次，共计 12 次，断面以地表水环境质量标准Ⅲ类控制。转龙湾断面 5 月、6 月、7 月、11 月 4 个月监测，补连滩断面 5 月、6 月、7 月、9 月、11月 5 个月监测，分布于丰水、枯水时期。将各断面各月值平均值进行水环境质量评价，结果见表 5.4 - 1。

表 5.4 - 1　　　　2012 年全市重点监测河流断面水质评价　　除 pH 值外，单位为 mg/L

指　　标		转龙湾		补连滩		大柳塔		龙王沟	
		指标值	对应标准	指标值	对应标准	指标值	对应标准	指标值	对应标准
水质评价指标	pH 值	8.02	Ⅰ	7.9	Ⅰ	8.1	Ⅰ	7.9	Ⅰ
	溶解氧	7.48	Ⅱ	7.6	Ⅱ	7.4	Ⅱ	7.8	Ⅱ
	氰化物	<0.001	Ⅰ	<0.001	Ⅰ	<0.001	Ⅰ	<0.001	Ⅰ
	氨氮	0.51	Ⅲ	0.2	Ⅱ	0.3	Ⅱ	0.4	Ⅱ
	挥发酚	<0.002	Ⅰ	<0.002	Ⅰ	<0.002	Ⅰ	<0.002	Ⅰ
	氯化物	66.93	不超标	46.5	不超标	75.0	不超标	178.0	不超标

续表

指　　标		转龙湾		补连滩		大柳塔		龙王沟	
		指标值	对应标准	指标值	对应标准	指标值	对应标准	指标值	对应标准
水质评价指标	氟化物	0.59	I	0.9	I	0.9	I	0.8	I
	硝酸盐氮	0.61	不超标	1.1	不超标	1.1	不超标	2.5	不超标
	高锰酸盐指数	4.67	III	4.4	III	4.1	III	5.4	III
	COD	26.72	IV	21.0	IV	16.5	III	18.4	III
	BOD_5	5.37	IV	5.1	I	3.4	III	3.4	III
	铬（六价）	<0.004	I	<0.004	I	<0.004	I	<0.004	I
	总磷	0.109	III	0.09	II	0.11	III	0.9	III
	总氮	0.91	III	0.7	III	0.8	III	0.134	III
	总砷	3.28×10^{-3}	I	2.87×10^{-3}	I	1.74×10^{-3}	I	1.27×10^{-3}	I
	总汞	4.01×10^{-5}	I	3.57×10^{-5}	I	4.95×10^{-5}	I	5.16×10^{-5}	I
	铜	<0.01	I	<0.01	I	<0.01	I	<0.01	I
	铅	<0.01	I	<0.01	I	<0.01	I	<0.01	I
	锌	0.051	I	<0.006	I	0.02	I	<0.006	I
	镉	<0.003	I	<0.003	I	<0.003	I	<0.003	I
	硒	1.3×10^{-4}	I	1.54×10^{-4}	I	4.636×10^{-4}	I	1.64×10^{-4}	I
	硫化物	0.01	I	0.013	I	0.049	I	0.02	I
	石油类	0.02	I	0.1	IV	0.03	I	0.041	I
	阴离子洗涤剂	<0.1	I	<0.1	I	0.1	I	<0.1	I
水质评价参考指标	粪大肠菌群	3017	III	5966.7	III	3950	III	7000	III
	温度	14.75		15.6		11.4		13.4	
全年			IV		IV		III		III

大柳塔、龙王沟断面全年整体评价为符合地表水环境质量标准III类水质，均属良好。

转龙湾断面全年整体评价为IV类，属轻微污染。其中 BOD_5 和 COD 为地表水环境质量标准IV类，其余指标均满足地表水环境质量标准III类。转龙湾断面超标项目为 COD 和 BOD_5，其中 COD 超标率为 67%，平均超标倍数为 0.58；BOD_5 超标率为 67%，平均超标倍数为 0.79。补连滩断面全年整体评价为IV类，其中 COD 和石油类为地表水环境质量标准IV类。主要超标项目 COD 超标率为 33%，超标倍数为 0.85；石油类超标率为 33%，超标倍数为 0.6。

该重点监测断面有长期监测资料，根据 2010—2012 年河流重点监测断面水质评价结果，各监测断面均无明显变化。2012 年与 2011 年监测结果比较见表 5.4 - 2。

表 5.4 - 2　　　　　　　**2012 年全市重点监测河流断面水质趋势性评价**

水系	河流	监测断面	2012 年水质类别	2011 年		
				水质类别	水质状况	趋势评价
黄河支流	乌兰木伦河	补连滩	IV	IV	轻度污染	无变化
		转龙湾	IV	IV	轻度污染	无变化
		大柳塔	III	III	良好	无变化
	龙王沟	龙王沟	III	III	良好	无变化

表 5.4－3　西柳沟饮用水水源地历年监测指标值　　　　　除 pH 值外，单位为 mg/L

年份	pH值	高锰酸盐指数	总硬度	硫酸盐	氟化物	氯化物	氨氮	总大肠菌群	镉	铜	锌	铝	铁	锰	硒	总汞	亚硝酸盐	硝酸盐氮	总砷	阴离子洗涤剂	氰化物	铬（六价）	挥发酚	水质综合评价
2008	7.47	1.88	207.2	94.5	0.41	77.4	0	<3	<0.004	<0.006	<0.004	<0.01	<0.009	<0.006	<0.01	<0.0005	<0.001	4.063	<0.005	<0.05	<0.001	<0.004	<0.002	良好
	I	II	II	II	I	II	I	I	III	I	I		I	I	I	I	I	II	I	I	I	I	III	
2009	7.6	1.34	225.8	100.0	0.79	51.6	0.07	<3	<0.004	<0.006	<0.004	<0.01	<0.009	0.006	<0.01	0.0001	0.006	3.318	0.017	0.09	7×10^{-4}	0.005	<0.002	良好
	I	II	II	II	I	II	II	I	III	I	I		I	I	I	I	I	I	I	I	I	I	III	
2010	7.8	0.96	228.4	97.3	0.32	89.7	0.14	<3	<0.004	<0.006	<0.004	<0.01	<0.009	<0.006	<0.01	<0.0005	0.003	4.599	0	0.028	<0.001	0.004	<0.002	良好
	I	II	II	II	I	II	II	I	III	I	I		I	I	I	I	I	II	I	I	I	I	III	
2011	7.7	2.08	359.1	54.0	0.38	95.3	0.19	<3	<0.004	<0.006	<0.004	<0.01	<0.009	<0.006	<0.01	0.00011	0.001	3.687	<0.005	<0.05	<0.001	0.003	<0.002	良好
	I	II	II	II	I	II	II	I	III	I	I		I	I	I	I	I	I	I	I	I	I	III	
2012	8.2	0.9	122.0	55.1	0.448	30.6	0.040	<3	<0.004	<0.006	<0.004	<0.01	<0.009	<0.006	0.000249	0.0000769	<0.001	0.13	0.000836	0.05	<0.001	<0.004	<0.002	良好
	I	I	I	II	I	I	II	I	III	I	I		I	I	I	I	I	I	I	I	I	I	III	

5.4.2 饮用水源地水环境质量演变

鄂尔多斯市饮用水水源地大多为地下水水源地，供水水量稳定且水质较好。随社会经济发展，目前饮用水水源地由 11 个城镇水源地和 35 个乡镇饮用水源地构成。鄂尔多斯市大部分饮用水源地仅有 1～2 年监测数据，只有城镇饮用水源地西柳沟饮用水源地有近期连续监测数据，其中 2008 年监测 7 月、9 月、11 月，自 2009 年始，每月采样监测。根据西柳沟水源地 2008—2012 年监测结果，地下水 23 项监测指标均达到地下水质量标准 Ⅲ 类，水质评价结果均为良好，水源地水质保持稳定（表 5.4－3）。

第6章 生态与环境保护目标分析

鄂尔多斯因毛乌素沙地与库布其沙漠的分布，水循环的显著特点是产汇流与耗散同区大部分沙漠转为中低盖度草地，水资源衰减 4.1 亿 m^3，加上国民经济用水，导致湖泊滩地退化，包括遗鸥保护区国家级湿地的退化。鉴于部分区域植被生态建设采用高耗水的沙柳，甚至发展沙柳刨花板产业，用水量大，产出效益小，以及区域周边种植大量人工乔木林，需要确定植被建设的合理标准，如地带性植被经过 10 年的封育等措施，以恢复至顶级群落。因此，未来应确定怎样的植被建设措施，以既满足生态要求，又可以更合理利用水资源。

鄂尔多斯河流分散，水土资源利用引起的生态问题以流域为单元表现，在前述河流水沙演变分析中，十大孔兑现状 2006 年汛期 10~20mm 降水就有增沙现象，反映了十大孔兑普遍淤地坝建设标准低或已建淤地坝已经淤满。而鄂尔多斯多数属季节性河流，泥沙含量高，水生生物贫乏，污染较严重，未能充分发河流生态功能。在水土保持与河流生态的相互博弈中，应确定采取什么样的措施维持水土保持的成果，并保护河流生态。

鄂尔多斯历史上湖泊众多，大多为咸水湖和盐湖，目前植被建设消耗水资源已使部分湖泊滩地消失。在现状情况下，是继续维持植被建设增长趋势，还是控制植被耗水量增长，恢复湖泊湿地生态功能，需要在全面了解区域湖泊湿地的生态功能及现状开发利用情况下最终确定湖泊湿地保护目标。

6.1 植被建设标准

鄂尔多斯市自 2000 年以来提出"建设绿色大市、畜牧业强市"的发展思路，率先在全区推行禁牧、休牧制度，大面积推广牲畜舍饲圈养，从变革生产方式上促进生态恢复。同时，国家天然林保护、退耕还林、退牧还草、黄河中游治理等生态建设重点工程开始全面实施。10 年来，植被建设成就明显，植被覆盖度增加，沙地面积显著减少，沙漠治理效果明显，生态环境明显好转。根据最新发布的鄂尔多斯市城市总体规划，2011—2030 年，仍要大力推进生态建设，建设城乡生态保护统筹发展机制，完善落实"三区"规划，加强草原生态保护与建设，坚定不移实施禁牧、休牧和划区轮牧政策，建立和完善公益林、草原生态补偿机制；加大沙地沙漠和水土流失治理力度。

从前述流域水平衡分析可看出，流域内水资源量主要消耗项为国民经济耗水、10 年间气候变化导致的水资源消减量，生态耗水量以及 10 年来植被建设变好而多消耗的水资源量。即植被生态建设在改善生态环境的同时，也消耗一部分水资源量。随 10 年来植被生态建设大面积持续开展，植被耗水量也不断增加。对于鄂尔多斯半干旱区，水资源量十分短缺的情况下，有限的水资源能支撑多少生态建设，在半干旱区植被生态建设的标准是什么，植被生态恢复与建设达到什么程度是最优的，生态建设与水资源量之间的博弈与平衡等都需要做深入的解答。

6.1.1　西北部库布其沙漠流动沙丘恢复目标

通过土地利用图可看出，目前仍有 1.5 万 km² 的沙漠面积，占鄂尔多斯市国土面积的17.3%，主要分布于西北部库布其沙漠西段及十大孔兑的坡地。此区域沙漠特点是多为流动沙丘，沙地坡度大，沙粒细于毛乌素沙地，多为中细砂。流动性强使沙地不易固定，沙粒较细使降水入渗较慢，再加上坡度大，使降水多形成地表或地下浅层径流流走或蒸发而损失，使本地地下水缺乏。此区域沙地治理难度大，仍需加大工程固沙措施，增加先锋种的固定率。在先锋种固定后演替到低盖度沙地植被，由于地下水分缺乏，很难形成大面积的由地下深层水分支撑的中盖度沙地植被，所以本区域植被建设目标是低盖度沙地植被。

6.1.2　固定半固定沙地油蒿植被恢复目标

在鄂尔多斯中南部的大部分毛乌素沙地中，植被建设遵循沙地的一般循环演替规律。根据郭柯[1]的研究成果，毛乌素沙地植被自发演替的基本过程是流动沙地-半流动沙地白沙蒿群落-半固定沙地油蒿＋白沙蒿群落-固定沙地油蒿群落-固定沙地油蒿＋本氏针茅＋苔藓群落-地带性本氏针茅草原。目前毛乌素沙地大部分已处于固定沙地油蒿群落阶段，油蒿的侧根极其发达，主要分布在 20～45cm 深的土层中，定居后群落中的植丛密度和总盖度都有明显增加，对土壤水分吸收增多。沙丘在植被固定后，由于近地面风速下降，从空气中飘落的尘土就在地表开始了明显的积累过程，为流沙上的成土过程和结皮形成过程提供了细土基质。中国风沙土[2]指出，流动风沙土栽植固沙植物 10 年可使沙面形成 3cm 左右的结皮和粉沙层。生物结皮层的形成加速浅层土壤剖面发育，增加表层持水量，有利于表层植被生长与沙丘固定。根据郭柯的研究，油蒿在进一步演替后地下苔藓及地带性本氏针茅开始出现，但由于表层结皮阻挡和沙粒变细，沙地下渗水分减少，加速了土壤水分的蒸发，导致油蒿根系层土壤水分匮乏，影响到油蒿的生活力。此时油蒿也基本达到寿命周期 10 年，更新也比较困难，随一些株丛的渐渐衰亡，其优势地位消失，发展到气候顶极本氏针茅草原，在没有过度放牧等人为破坏的情况下，比较稳定。以上可分析出，毛乌素沙地植被在进入油蒿固定阶段后，由低盖度增加到中盖度时，群落达到较稳定状态，具备较强的抗干扰能力。油蒿具有耐沙埋、抗风蚀、耐旱、耐土壤贫瘠等特性，同时又是重要牧草。可维持油蒿群落中盖度 40%～60%，对于高盖度的群落可以进行适当轮牧，但一定防止过牧发生逆行演替的现象。

6.1.3　地带性植被恢复目标

对于地带性植被，在典型草原、荒漠草原及草原化荒漠区分别为本氏针茅、小针茅和藏锦鸡儿以及戈壁针茅等，地带性植被本氏针茅由于人类活动干扰，原始植被由以百里香为主的小半灌木群落代替。根据前述降水量分析，鄂尔多斯市多年平均降水量 294.2mm，由东至西逐渐降低，东部东胜站 2000—2012 年平均约为 340mm，西部鄂旗平均约为252mm。根据鄂尔多斯市准旗皇甫川流域植被蒸散量研究[3]，本氏针茅群落（盖度 35%）

蒸散量生长季为 157mm，退化群落百里香（盖度 25%）生长季为 207mm，结合降雨量分析，东部典型草原区域百里香群落维持中盖度 40%～60% 较好，中部荒漠草原及西部草原化荒漠因降雨量限制均维持低盖度 20%～40% 较好。随退牧还草及封育等生态措施，鄂尔多斯市地带性植被近 10 年来逐渐恢复，植被覆盖度不断增加，目前大部分已恢复到顶级群落，可以在草地生长较好的地方进行适当轮牧。

6.1.4　沙柳植被建设措施

沙柳是耐贫瘠、萌蘖性强的治沙先锋植物，生态建设种植了大量的沙柳及柠条等灌木，既起到防风固沙的生态作用，又产生经济效益，如进行沙柳板加工及柠条纺织等产业建设，但同时灌木种类消耗水量较草本植被高。对于干旱半干旱地区水资源十分有限的区域，应慎重选择灌木生态建设种类，可以选择耗水量少，且具有防风固沙效果的柠条为首选植被建设种类（柠条年耗水量 121mm，沙柳年耗水量 297mm）。人工沙柳植被，其耗水量比较大，可达 297mm，属于超大型灌木或乔木，靠雨养几乎不能维持其生长。柠条群落主要建群种为锦鸡儿，可长至 120～160mm 高，具有防风固沙等生态效应，但耗水量远小于沙柳，仅有 120mm 左右。所在以水资源不充分的地区，考虑整个水资源利用需求与平衡，应限制耗水量大的沙柳的种植，其生态效应可由相似的灌木柠条代替。如在东胜梁地及黄土侵蚀沟壑区，为防止水土流失，种植了大量沙柳和油松，这两种植被耗水量都较大，基本靠人工浇灌生长。为减少半干旱区用水矛盾，该部分水保林仍采用梯田、鱼鳞坑等水保措施，但植被可改为耗水量较小的物种，以节省水资源利用。

6.2　内流区湖淖湿地保护

6.2.1　内流区湖淖湿地的分类特点

鄂尔多斯高原的湖泊多为盐碱类湖泊，这些盐湖是我国盐湖带的重要组成部分，盐湖数量多、面积小、类型全，盐湖成盐期短，以碱湖多为特征，是我国苏打与天然碱资源的主要产地[4]。

鄂尔多斯盐湖可分为盐湖、碱湖和淡水湖（咸水湖），碱湖多分布在中部高地（鄂托克旗北部，乌审旗北部），盐湖多靠近西北部和西南部低地。潜水东南部为 $HCO_3 - Na$ 型，西部为 $SO_3 - Na$ 型，湖泊依次为碳酸盐型、硫酸盐型到氯化物型。

内陆区的湖泊是具有不同盐度的湖泊，生物种类差异较大，根据以往内陆半干旱与干旱区的调查成果，从湖泊生态与其矿产资源效应进行湖泊生态的重要性确认。主要湖泊性质见表 6.2-1，分布见图 6.2-1。

6.2.2　咸水湖及其对第三纪子遗种遗鸥的支撑

6.2.2.1　湿地生物组成

在 20 世纪 80—90 年代，中科院动物所的张萌荪、何芬奇在鄂尔多斯高原进行了遗鸥及其食物链的调查，本世纪初内蒙古农业大学也进行了相关调查，本次综合历次调查成果进行分析。

表 6.2-1　主要湖泊水体矿化性质

序号	湿地名称	1995年面积/km²	矿化度/(g/L)	pH 值	Cl⁻/(g/L)	盐湖类型	水位年变幅/m	卤虫	藻类	矿床规模
1	红碱淖	45.5	2.23				0.5~1			
2	胡同（浩通）察汗淖	22	>50			碳酸盐	0~1		无螺旋藻	盐田
3	巴彦（音）察汗淖（巴音淖，巴覆淖）	21.6	5~74	9.7	1.7~31.2		0.5~1	有	鄂尔多斯螺旋藻、巴彦淖尔节旋藻、钝顶螺旋藻、方胞节旋藻	
4	泊江海子	10								
5	北大池	3				硫酸盐				盐田
6	乌兰淖	8.27	21.21			碳酸盐	1~2			
7	苏贝淖	~4	>50			碳酸盐	1~2			
8	查汗淖	5.93	61~92	9.7	12.1~18.7	碳酸盐	1~2	有		矿点
9	盐海子		329	9.48①	131	硫酸盐		有	无螺旋藻	已开采
10	哈达图（兔）淖	6.15	8.23			碳酸盐	1~2	有		
11	巴音淖	5.27	62~309	9.9~10.5	9.0~76.7	碳酸盐	1~2	有	钝顶螺旋藻	小型
12	大克泊湖	4.7	209	9.9	40.0	碳酸盐				
13	东西红海子	4	1.61			碳酸盐	1~2			
14	桃日木海子	4								
15	布尔汗达布淖	3.22								
16	沙日布都音淖	2.24								
17	小碱湖							有	无螺旋藻	

注　资料来源（孙大鹏，1990[5]）。
① 表示晶间卤水。

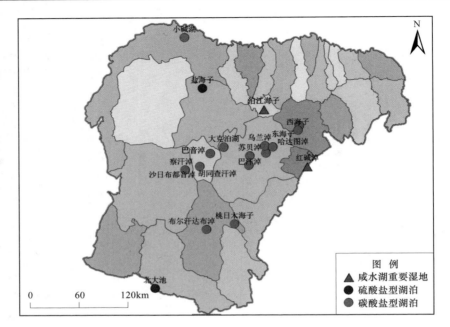

图 6.2-1　鄂尔多斯主要湖泊分布图

1. 浮游生物

2006 年监测红碱淖有浮游植物 14 种，桃阿海子 4 种。红碱淖硅藻生物量最高，蓝藻与绿藻在数量上占优势[6]；泊江海子蓝藻占绝对优势[6]；在红碱淖共检出浮游动物 8 种，轮虫密度比例最大，轮虫和枝角类的生物量占绝对优势；泊江海子湖泊共检出 9 种浮游动物，原生动物密度最大，枝角类生物量最大。

2. 底栖生物

红碱淖有底栖动物 10 种，全部为水生昆虫，其中摇蚊科 3 种，螅科 1 种，该亚目成虫统称为豆娘，蜓科 1 种，划蝽科 1 种，蚊科 2 种，水蝇科 1 种。红碱淖底栖动物少，优势种突出。摇蚊科和螅科的生物量分别占底栖动物总生物量的 51.3% 和 48.7%。

3. 湖滨植物

泊江海子湖泊湖面开阔，无芦苇、蒲草等挺水植物。水生植物有眼子菜（Potmogetom）、刚毛藻（Cladophora）和丝藻（UlothrIx）等。湖滨滩地主要植物是寸苔草（Carex durIuscula）。

4. 遗鸥及鸟类群落

遗鸥为荒漠和草原化荒漠区以湿地为繁殖生境的典型鸟种，其繁殖分布环蒙古高原，世界 3 个典型繁殖地是原苏联阿拉湖和托瑞湖区，以及我国鄂尔多斯高原湖泊群。人类真正认识遗鸥还不到 30 年，遗鸥的标本最早见于 1927 年内蒙古阿拉善盟额济纳旗的弱水下游，但鸟类学界直到 1971 年才确定其为独立的种。动物学家带着些许相识恨晚的愧意为它取名"遗鸥"（Relict Gull），遗落之鸥[7]。遗鸥被国际自然保护联盟列为濒危物种，属于中国国家一级重点保护动物。近年来，多种因素的影响，致使遗鸥由 20 世纪 90 年代的 10000 多只减少到不足 2000 只。

湿地鸟类有 83 种，属国家一级保护动物有遗鸥、东方白鹳、白尾海雕 3 种，属国家二级保护的动物有角䴙䴘、赤颈䴙䴘、白琵鹭、大天鹅、鸢、大䴥、红脚隼、蓑羽鹤、仓鹰、黑浮鸥等 10 多种。

遗鸥是该湿地鸟类的优势种。在繁殖季节，其数量远远超过任何一种湿地鸟类。鸢、仓鹰等猛禽以及艾鼬、黄鼬、赤狐、兔狲等草原食肉动物可能是其天敌，因在近 10 年不同专家的调查中，曾两次见鸢（Milvus korschun）掠捕遗鸥雏鸟，并在岛上发现一具遗鸥成体的残骸[8]。

5. 其他动物

其他动物以草原动物以及爬行类动物为主。典型的草原动物主要有蒙古野兔、艾虎（Mustela eversmanni）、黄鼬（Mustela sibirica）、沙狐（Vulpes corsac）、兔狲、刺猬、五趾跳鼠、田鼠和草原沙蜥等。

6.2.2.2 遗鸥繁殖地变迁

自遗鸥被确认为独立物种以来的 30 余年，鄂尔多斯是其相对稳定的繁殖地，已知的确切繁殖点是泊江海子、敖拜淖（38°55′N，108°48′E）、奥肯淖（39°06′N，109°35′E）、红碱淖（39°03′N，109°54′E）。夏季则遍布于鄂尔多斯毛乌素和库布齐沙漠中的湖泊群。

鄂尔多斯遗鸥种群的繁殖地从最初的敖拜淖、奥肯淖到 20 世纪 90 年代的泊江海子直到现在的红碱淖，不断变迁（表 6.2-2）。

表 6.2-2　　　　　　遗鸥在泊江海子及鄂尔多斯高原其他湖泊的繁殖巢数　　　　　单位：个

年份	1990	1991	1992	1993	1994	1995	1996	1997	1998
敖拜淖		628							
泊江海子	581	491	1028	1510	1931	1832	2048	1732	3574
红碱淖									
年份	1999	2000	2001	2002	2003	2004	2005	2006	2007
敖拜淖						100			
泊江海子	709	3587	2887	2269	326		5~6		
红碱淖			87	231	1696	2409	2460	2985	5036

注　表中数据来源于刘文盈等人的文献[9]。

敖拜淖、奥肯淖在 1992—2002 年干涸无水。2004 年敖拜淖有繁殖遗鸥百余巢左右[10]。泊江海子自 20 世纪 90 年代发现遗鸥繁殖种群以来，从发现初期的 1000 余巢稳步上升至 1998 年的 3594 巢。2001 年、2002 年、2003 年数量连年下滑，分别为 2887 巢、2269 巢、326 巢。2004 年，为零繁殖记录[11,12]。2005 年泊江海子湖水面积已降至约 2km²，仅观察到遗鸥十几只 5 巢[13]。而同期 2001—2003 年红碱淖湿地遗鸥繁殖种群稳步增长，2003—2008 年遗鸥完成了繁殖地由泊江海子至红碱淖的转移，繁殖种群数量由 2001 年的 87 巢增长到 2007 年的 5036 巢，成为全球最大的遗鸥种群繁殖地，占全球遗鸥数量的 80%。2008 年下降为 3785 巢[14]。主要繁殖地泊江海子种类变化见图 6.2-2。

遗鸥夏季在鄂尔多斯沙漠的湖泊湿地，迁徙时经停于陕西北部、内蒙古商都、河北康保和渤海湾沿海一线。遗鸥主要越冬地最近的调查研究表明在渤海西海岸[15]，少量个体作为冬候鸟见于香港[16]。

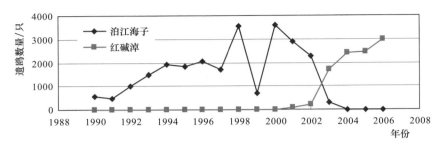

图 6.2－2 遗鸥在泊江海子和陕西境内红碱淖的繁殖巢数

（数据来源于刘文盈等文献资料）

6.2.2.3 遗鸥国家级自然保护区

1998 年以泊江海子（东经 109°6′30″～109°32′50″，北纬 39°41′40″～39°56′2″）为主要区域建立遗鸥保护区，2001 年经国务院批准晋升为国家级自然保护区，是我国荒漠、半荒漠地区唯一列入"世界湿地名录"的湿地，成为我国第 21 块国际重要湿地之一。遗鸥保护区湿地位于毛乌素沙漠与乌兰布和沙漠接壤处，是以保护遗鸥及其栖息繁殖地为目标的湖泊湿地，属于高原内陆湿地生态类型的自然保护区。

保护区面积 147.7km²，其中以湿地为重心的核心区面积 47.53km²。核心区以泊江海子为主要区域，湖面面积约 10km²。保护区内有湖泊、岛屿、沼泽和沙地，属于典型的荒漠、半荒漠湿地生态系统。保护区以沙地人工植被为主，植被盖度大部分在 30％以上。保护区的遗鸥占世界遗鸥繁殖群体的 60％，成为迄今为止全球唯一一处以保护遗鸥及其栖息地生态与环境为宗旨的国际重要湿地。

遗鸥保护区湿地是由内陆湖泊与湖畔苔草为主的滩地组成（图 6.2－3）。泊江海子水深一般为 1.0～1.2m，最深处 4.0m，pH 值为 8.5～9.0，湖面海拔 1360m。

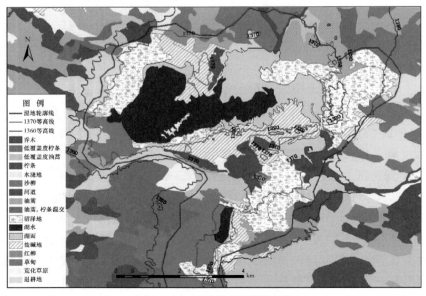

图 6.2－3 遗鸥保护区湿地范围

6.2.2.4 红碱淖遗鸥省级自然保护区

红碱淖地处陕西和内蒙古交界的神府、东胜煤田腹地和毛乌素沙漠之中，是我国最大、最年轻的沙漠淡水湖，盛产 17 种淡水鱼类。沿湖有国家一级野生保护鸟类遗鸥，国家二级野生保护鸟类白天鹅等 53 种野生保护鸟类。红碱淖独特的地形地貌，在涵养水源、防风固沙、保持水土以及为周边居民提供生产生活用水等方面发挥着巨大的作用。

2003 年 12 月 21 日，陕西省确定红碱淖市县级自然保护区晋升为省级自然保护区，2008 年红碱淖被陕西省政府列入重要湿地保护名录，同年被国家林业局列入了国家重要湿地名录。红碱淖保护区分南北两部分，总面积 10768hm^2，其中核心区 3368hm^2，缓冲区 1117hm^2，实验区 6283hm^2。湿地自然保护区以红碱淖湿地以及遗鸥等珍稀濒危鸟类为主要保护对象。

6.2.3 盐湖生态与矿产资源双重效应

在鄂尔多斯地台区，第四纪沉积幅度较小，多发育风蚀或淤积成因盐湖，其盐湖面积小，盐沉积厚度很薄，仅数十厘米至一米余；而在地台区边缘的新生代断陷盆地中，第四纪沉积厚度可达 500～1000m，并见较厚的硫酸钠沉积[17]。鄂尔多斯湖区三面被黄河围绕，在地质年代里，地壳相当稳定，新第三纪末和第四纪时，曾掩盖巨大水泊，而今只有个别地方残留一些湖泊。昔日河湖冲积层往往被风蚀成起伏不平的地表，风成沙丘分布广。虽三面被黄河所包围，但大部分地区是内陆区和无流区。各湖泊本身为当地地下径流的集水地，同时它们各有自己面积不大的流域，每一湖盆都有一些冲积很好的河谷，湖盆形状除盐海子之外，多作西北向的椭圆形，这与常年西北风有关，属于风蚀盆地，而分布在中部高地的湖盆，一般较深，与新构造运动有关。

鄂尔多斯的湖泊按盐渍化的类型可分盐湖、碱湖和淡水湖 3 种。盐湖与碱湖的区别在于含盐碱的量不同，与湖泊分布地区的地层有关。而盐碱成分不同，风化后被水溶解成分比率多少不同，流水聚集后富集的盐碱比例也不相同。所以盐、碱、芒硝共生也是本区湖泊的特征之一。相对比而言，鄂尔多斯的盐湖含碱量高，其中的碱分自行结晶与沙凝聚为大块碱层，灿如银花，俗称"冰碱"。每年 11 月至次年 3 月是采掘天然碱的季节。鄂尔多斯的湖泊盐碱纯度很大，是我国重要天然碱产地之一。天然碱湖卤水属碳酸盐型，其天然碱层一般由泡碱、芒硝、石盐和天然碱组成[18]。

鄂尔多斯市西部鄂托克旗拥有世界四大碱湖之一的哈马太碱湖，有丰富的天然碱资源。碱湖群中还有世界上少见的天然钝顶螺旋藻。目前鄂尔多斯螺旋藻产业不断发展，2009 年螺旋藻粉生产厂家达到 16 家，总产量达到 825t。这样的螺旋藻年产量占国内螺旋藻总产量的 1/5～1/4。

虽然盐湖具备生态与矿产资源的双重效应，但目前大部分盐湖已被开发利用，未开发利用的大多干涸成为干盐滩，已不具备盐湖的生态功能。在盐湖的保护中，建议选择目前保存较好的 1～2 个进行重点保护，对大部分的盐湖以开发利用为主要方式。

6.2.4 湖淖湿地综合保护目标

（1）咸水湖是遗鸥的主要栖息繁殖地，重点保护红碱淖和恢复泊江海子。从鄂尔多斯遗鸥主要繁殖地的变迁可以看出，奥肯淖已于 1992 年干涸，至今无水。敖拜淖在 1992 年干涸后，虽于 2004 年记录有水面，但因其主要接受降水补给，水量不稳定，季节性特征明显，不利于遗鸥种群的恢复，所以该处也不作为重点保护目标。

泊江海子随周围补给河流潜水的开发，汇入该湖的水量逐渐减少。虽然水面面积逐年减少，且遗鸥巢数已不多，但该湖毕竟是国际重要湿地的核心湖泊，随保护力度加大，有望逐渐恢复稳定的水面面积并吸引遗鸥再次来该区筑巢。该湖列为重点保护和恢复目标。

红碱淖是目前遗鸥最主要的繁殖地，但随水量减少，该湖水面不断缩小，水位不断下降，湖中心岛已与周围出露的大小陆地连接成半岛，2008 年该湖遗鸥巢数已明显下降。为维持遗鸥种群数量，保护遗鸥赖以生存和繁殖的栖息地，该湖应列为重点保护目标。

（2）多数小型咸水湖和盐湖，在与坡面植被建设需水博弈中，以恢复坡面生态为主。经过多年土地利用变化分析，近 10 年植被建设消耗水量致使高原湖泊大面积萎缩和干涸。因水资源量有限，植被建设与湖泊蒸散发所需水量之间存在博弈，植被建设增加将减少湖泊水量，而要维持湖泊水面面积须在一定程度上减少植被耗水量。鄂尔多斯市属干旱半干旱区，沙地中固定和半固定沙丘面积大，造成土地生产力降低、农牧业生产不能稳定发展等危害，严重影响人民生活并对环境空气造成一定污染。经过近十几年的治沙造林，总体沙化面积不断减少，基本向着"总体遏制，局部好转"的趋势发展。多数小型咸水湖和盐湖，在与坡面植被建设需水博弈中，以恢复坡面生态为主。

6.3　黄土区水土流失治理与河流生态维护

6.3.1　水土流失治理措施与减水减沙效应

为了能够了解水土保持生态建设在不同尺度范围内拦截泥沙的效益，以及不同治理程度的减沙效益，将河流泥沙演变研究进展面向整个黄土高原区。

1. 典型小流域的减沙效益

黄土高原 20 世纪 80 年代开始进行大规模的水土流失治理，对一些水土流失严重的小流域进行水土保持工程示范建设，因此，水土保持措施的减沙效益在这些小流域明显体现。

纳林川的沙圪堵站年平均雨量 1980—1985 年均值较 1960—1979 年均值少 13.8%，而径流泥沙却分别少 33% 与 35.3%。海流兔河 1980—1989 年经过还原的年平均输沙量为 19 万 t，仅为 1960—1969 年的年均输沙量 58 万 t 的 32.8%[19]。

邹树权[86]对纳林川的研究认为，一个流域只要全面综合治理坡、梁、峁，治理程度达 30% 以上，就有明显的减沙效益。

朱岐武等[20]对皇甫川流域各项水土保持措施累计保存面积变化情况进行了分析，结论是减水减沙作用 20 世纪 80 年代为 18.3%、16.6%，90 年代为 34.8%、36.6%，表明水土保持措施减水减沙作用增加明显，且 20 世纪 90 年代减沙作用大于减水作用，这与水土保持措施的配置有关。

2. 中小尺度流域的减沙效益

黄土高原区有许多多沙粗沙的中尺度河流，对其流域展开综合治理一直是水土保持建设工作的重中之重。这些河流在多年的水保建设中也表现出了良好的减沙效益，选择相关的黄甫川与无定河流域进行分析。

皇甫川的特点是，泥沙产区集中，侵蚀强度大，洪水含沙量高。以1969年前作为基准期，20世纪70年代、80年代、90年代和20世纪整体，年输沙量减少的百分比分别为－1.1%（增沙）、30.7%、54.5%和86.8%[21,22]。

无定河流域水沙异源，水量主要来自风沙区，占58%，黄土丘陵沟壑区占33%；而泥沙主要来自黄土丘陵沟壑区和河源梁涧区。其白家川站，20世纪70年代以后径流量呈下降趋势，到90年代末为9.53亿m³。来沙量80年代就比50年代减少82%[23]。

库坝是水土保持的骨干工程，张胜利[24]对无定河流域的研究表明，20世纪70年代由于水坠筑坝技术的推广，坝库建设激增，减沙效益达62.5%。许炯心等[25]研究表明，坝地面积增加率和淤地坝拦沙量在70年代达到峰值，80年代发生显著衰减，90年代进一步衰减。淤地坝拦沙量占水保总减沙量的百分比，呈现出衰减的趋势。

3. 面向整个黄河中上游多沙粗沙区不同水土保持措施的减沙作用

截至1996年年底，河龙区间（河口镇—龙门区间）年均减少径流5.456亿m³，年均减沙2.238亿t，分别占对应区间及流域多年平均来水来沙量总和的4.6%和22.9%。其中，河龙区间坡面措施年均减水减沙量分别占水土保持措施年均减水减沙总量的41%和35%；淤地坝年均减水减沙量分别占水土保持措施年均减水减沙总量的59%和65%，其减水减沙作用随着时间的延续呈明显的下降趋势，具有时限性及非持续性[26]。

根据以往研究成果[27]，作为黄河中游多沙粗沙区淤地坝分布最为集中的河龙区间，20世纪70—90年代淤地坝减沙量占水土保持措施减沙总量的65%。因此，淤地坝是拦减黄河中游泥沙的关键措施。冉大川的研究认为：淤地坝是快速减少入黄粗泥沙的首选工程措施和第一道防线，具有明显的"拦粗排细"功能；只要河龙区间坝地的配置比例保持在2%左右，其减沙比例即可达到45%以上；当四大典型支流淤地坝配置比例平均达到2.5%时，淤地坝减沙比例平均可以达到60%；且减少黄河粗泥沙的重点支流应首选窟野河和皇甫川[28]。

6.3.2　水土保持建设标准与河流生态环境维护目标

1. 位于黄河多沙粗沙产区，加强淤地坝建设，调控河流廊道枯季环境容量

鄂尔多斯位于黄河多沙粗沙区，粒径为大于0.05mm的"粗泥沙"，在黄河三门峡库区和黄河下游河道淤积的泥沙中，这种粒径以上的泥沙含量接近半数，而在黄河的主河道中达到72%，对黄河河道危害最大。

已有的研究成果[29]表明，淤地坝对泥沙具有分选作用，坝前泥沙粒径小于坝尾泥沙粒径，泥沙颗粒越粗，这种分选作用越明显。从而认为，在粗泥沙产沙区淤地坝能够起到一定的淤粗排细作用。因此，需要加强以治沟骨干工程和淤地坝为主的沟道坝系建设，全面实现多沙粗沙区拦沙、减蚀、保土的综合效益。

但是，鄂尔多斯近几年经济发展迅速，多数小河道都有一定的排污口，因此，淤地坝建设需要考虑适当调控河道基流，以保障小河流的环境容量。

2. 无定河上游限制沙柳产业发展，植被建设以地带性植被为主，兼顾河道生态流量过程

鄂尔多斯沿黄河流地处丘陵区，地表地下水转化频繁，河流含水层是一个不可分割的整体，共同维系小的河流廊道。随着河流泥沙含量的减少，河流生态系统的整体功能有所增强，为了维护河流含水层整体生态系统，需要分析枯水期生态需水。

现状无定河流域沙柳产业发展迅速，沙柳生长消耗水量较大，加上这一带其他工业用水，总体耗水量大，减少还河湖水量，使河道流量不足。

以保护生态为前提，需要综合陆面生态与水域生态的共同需求，构建植被-河流生态体系。陆面生态建设以地带性植被建设为主，水土保持建设与河流生态功能相结合，通过合理调控，保证河流生态基流。

6.4　北部黄河沿岸湿地功能的利用目标

黄河经过鄂尔多斯一带，天然状态下，河道宽广、河岸黏性土分布不连续，加之南部小河的汇入，该河段主流摆动幅度较大，沿岸在主河道以南形成黄河沿岸湿地。目前，河岸湿地的生态状况如图 6.4 - 1 所示。

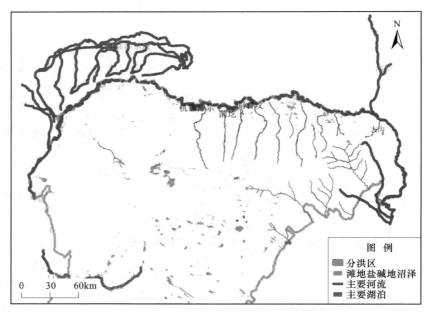

图 6.4 - 1　黄河鄂尔多斯段沿岸湿地分布图

6.4.1　防凌蓄滞洪区的生态作用

黄河经过鄂尔多斯一带的河段主流摆动幅度较大，沿岸在主河道以南形成黄河沿岸湿地。黄河冬季封河、春季开河的流凌现象，在开河流凌期极易形成冰塞、冰坝，进而造成凌汛灾害，为了防止凌汛灾害，在沿河地势低洼的地段，建设了分洪工程。目前有杭锦

淖、蒲圪卜、昭君坟三处防凌应急分洪区，形成人工调控下的湿地。分布如图 6.4-1 所示。

杭锦淖分洪区位于黄河右岸内蒙古自治区鄂尔多斯市杭锦旗杭锦淖乡境内，距上游三盛公水利枢纽拦河闸 225.4km，距上游三湖河口水文站 20.6km。本分洪区设计库容为 8243 万 m^3。位于防洪大堤保护区内，植被多为荒草地，无珍稀保护动植物。蒲圪卜分洪区位于黄河右岸内蒙古自治区鄂尔多斯市达拉特旗西北部，设计库容为 3090 万 m^3。位于防洪大堤保护区内，植被多为荒草地，无珍稀保护动植物。昭君坟分洪区位于内蒙古自治区鄂尔多斯市达拉特旗昭君坟镇境内，设计库容为 3296 万 m^3。位于防洪大堤保护区内，植被多为荒草地，无珍稀保护动植物。

蓄滞洪区的作用有四点：①河流防凌汛；②支撑湿地鸟类的栖息；③具有发挥黄河鲤鱼产卵场的潜在作用；④具有给工农业供水的潜在作用。

6.4.2 黄河沿岸湿地河流产卵场功能分析

6.4.2.1 黄河宁蒙段鱼类及其产卵场特征

根据在 2008 年、2009 年对宁蒙段水生生物的调查[30,31]，宁蒙段主要鱼类为鳅、鲫鱼、鲤鱼、瓦氏雅罗鱼、赤眼鳟、黄河鮈、餐条、兰州鲇、麦穗鱼、棒花鱼、草鱼、鲶鱼、黄黝鱼等，其中鲤鱼、鲫鱼、鲶鱼、瓦氏雅罗鱼、棒花鱼这几种鱼类的渔获量占了总渔获量的 77.07%。

黄河鲤鱼主要是指生活在黄河中的鲤鱼，体侧鳞片金黄色，背部稍暗，腹部色淡而较白，被誉为中国四大名鱼之一。由于近年来的环境和过度捕捞的影响，野生的黄河鲤鱼已经比较少见，所以采取对其保护的态度，考虑在分洪区进行人工调整使其成为合适的产卵场，让湿地资源更好地发挥其生态作用。

根据已有的研究成果[32]（表 6.4-1），结合陕西鱼类志[33]黄河陕西段黄河鲤鱼的特点，可以总结出黄河鲤鱼产卵的大致特点：①陕西段：繁殖期从 4 月开始至 6 月，4 月中下旬至 5 月上旬为盛产期；②产黏性卵，基底为泥沙，有水草覆盖；③16℃左右有产卵现象，18~25℃对产卵产生刺激；④水深需大于 1m，流速小于 0.3m/s。

表 6.4-1 黄河鲤鱼产卵条件

成鱼生存栖息地要求		幼鱼生存栖息地要求		产卵栖息地要求	
水深/m	>1.5	水深/m	1~2	水深/m	>1.0
流速/(m/s)	0.1~0.8	流速/(m/s)	0.1~0.6	流速/(m/s)	<0.3 的缓流或静水区
基底	软底			基底	泥或沙
基底覆盖	草			基底覆盖	水草
				产卵时间	4~6 月
				产卵刺激	水温 18~25℃和合适的产卵地
				产卵持续时间	1~3d
				食物	杂食性

6.4.2.2 黄河鄂尔多斯段现状水文条件分析

通过对比上述产卵特点与分洪区自然条件来得到分洪区成为产卵场的可能性。由于地点不同，黄河鲤鱼在分洪区的产卵时间可能与陕西段有差别，但温度的刺激和其他特点应该是相似的。同时，5—6月是农业用水高峰，势必会对分洪区水量造成影响。

表 6.4 - 2　黄河鄂尔多斯段 3—6 月水温

水文站 三湖河口站		2007 年	2009 年
冰期		3 月 16 日解冻 3 月 20 日终冰	3 月 16 日解冻 3 月 20 日终冰
水温 /℃	3 月 20 日	1.4	0.4
	3 月平均	2.7	无
	3 月最高	10.0	6.2
	日期	30	29
	4 月平均	10.6	11.5
	4 月最高	15.3	16.4
	日期	29	30
	5 月平均	15.5	15.9
	5 月最高	18.6	18.6
	日期	30	8
	6 月平均	20.0	19.9
	6 月最高	22.6	22.8
	日期	9	18

1. 水温

根据《水文年鉴》黄河上游区下段的资料（表 6.4 - 2），分洪区附近的水温在 3—5 月都不能达到适宜产卵的 $18 \sim 25$℃，只有在 6 月以后才可以满足此条件。所以沿岸湿地成为产卵场也应当是在 6 月，由于黄河鲤鱼本身的限制，不考虑 6 月以后产卵的情况。

2. 底质与水位

黄河沿岸本底为湿地植被，目前大部分被开发成农田，蓄滞洪区基本上都是低洼湿地，湿地植被能够符合产卵的条件。

根据《水文年鉴》数据，三盛公枢纽和三湖河口两个水文站的水位和流量如图 6.4 - 2 所示。

从图 6.4 - 2 上可以发现，黄河鲤鱼产卵的主要时期在每年的 4—6 月，而在其上游的三盛公枢纽以及蓄滞洪区附近的三湖河口水文站都处于全年的最低水位。

尽管在 2007 年 6 月有一次较大的水位波动，但这并不能满足三个蓄滞洪区的给水。杭

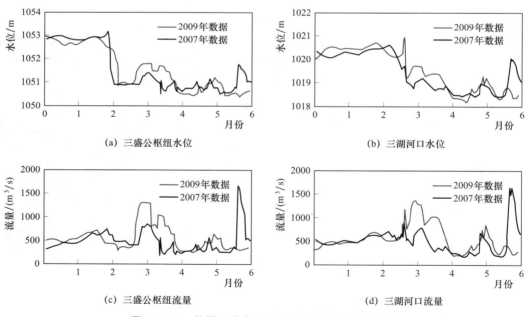

(a) 三盛公枢纽水位　　　　　　　　　　(b) 三湖河口水位

(c) 三盛公枢纽流量　　　　　　　　　　(d) 三湖河口流量

图 6.4 - 2　黄河三盛公与三湖口水文站水位流量图

锦淖分洪区距上游三盛公水利枢纽拦河闸 225.4km，距上游三湖河口水文站 20.6km。3 个蓄滞洪区中，距离三湖河口站最近的就是杭锦淖蓄滞洪区，黄河干流地区的水位和高程走势都相对平缓，有比较好的对应关系，所以只要杭锦淖蓄滞洪区不能满足黄河鲤鱼的产卵条件，就可以认为 3 个蓄滞洪区都不具备作为黄河鲤鱼产卵场的条件。

6.4.3　河岸湿地作为水鸟栖息地的作用

宁蒙段黄河沿岸湿地为鸟类提供了栖息地，每年 3 月中旬至 11 月上旬，大约有 6 科 50 多种，10 万余只鸟类在这里栖息、繁衍。

根据张孚允等 "中国鸟类迁徙研究"[34] 中的各种鸟类迁徙路线，黄河鄂尔多斯沿岸湿地是水禽绿翅鸭、红嘴鸥等种类从俄罗斯到我国迁徙的中转地，同时黄河沿岸湿地也是内蒙古鸟类迁徙的重要集散地。

6.4.4　黄河沿岸湿地综合保护目标

根据以上分析，蓄滞洪区的利用目标是尽量发挥河岸湿地的生态作用，既要维护湿地为鸟类提供栖息地的功能，又要发挥河岸湿地的生态功能。同时，将多余的水用于南岸区域经济发展，发挥洪水最大的生态作用及资源化利用。

根据上述分析和讨论，3 个蓄滞洪区所形成的湿地，并不适宜作为黄河鲤鱼的产卵场进行保护。但是，为了保持该湿地的生态环境，更好地发挥其生态作用，可以将 3 个蓄滞洪区建设为湿地公园。湿地公园可以结合其生态特色，很好地实现湿地保护与利用、科普教育、湿地研究、生态观光、休闲娱乐等多种功能，同时推动区域经济发展，将生态保护、生态旅游和生态环境教育的功能有机结合起来，实现自然资源的合理开发和生态环境的改善，最终体现人与自然和谐共处的境界。

参 考 文 献

[1]　郭柯. 毛乌素沙地油蒿群落的循环演替. 植物生态学报，2000，24（2）：243 - 247.

[2]　陈隆亨，李福兴. 中国风沙土. 北京：科学出版社，1998.

[3]　杨劼，高清竹，李国强，等. 皇甫川流域主要人工灌木水分生态的研究. 自然资源学报，2002，17（1）：87 - 94.

[4]　郑喜玉. 内蒙古高原的盐湖. 地理科学，1988，8（4）：369 - 378.

[5]　孙大鹏. 内蒙古高原的天然碱湖. 海洋与湖沼，1990，21（1）：44 - 54.

[6]　刘文盈，高润宏，张秋良，等. 鄂尔多斯高原盐沼湿地的水生生物监测. 林业科学研究，2008，21（增刊）：69 - 73.

[7]　张荫荪，白力军，田梫，等. 遗鸥繁殖群在鄂尔多斯的新发现. 动物学杂志，1991，26（3）：32 - 33.

[8]　何芬奇，张荫荪，陈容伯，等. 遗鸥繁殖生境选择及其繁殖地湿地鸟类群落研究. 动物学研究，1993，14（2）：128 - 135.

[9]　刘文盈，张秋良，刑小军，等. 鄂尔多斯高原盐沼湿地底栖动物多样性特征与遗鸥繁殖期觅食的相关性研究. 干旱区资源与环境，2008，22（4）：185 - 192.

[10]　罗娅萍. 心系鄂尔多斯高原. 大自然，2004，5：34 - 36.

[11]　何芬奇，乔振忠. 鄂尔多斯遗鸥的危机. 湿地通讯，2004，4：8 - 19.

[12]　何芬奇，乔振忠，罗伟仁. 面临考验的不止是鄂尔多斯遗鸥. 大自然，2004，（5）：32 - 34.

[13] 肖红，张治来，王中强，等. 陕西红碱淖遗鸥繁殖种群动态. 陕西师范大学学报（自然科学版），2006，34：83 - 86.

[14] 肖红，王中强，胡彩蛾，等. 陕西红碱淖遗鸥繁殖种群及其栖息地现状的研究. 科技导报，2008，26（14）：54 - 57.

[15] 刘阳，雷进宇，张瑜，等. 渤海湾地区遗鸥的数量、分布和种群结构//第八届中国动物学会鸟类学分会全国代表大会暨第六届海峡两岸鸟类学研讨会论文集. 2005.

[16] 尹琏，费嘉伦，林超英. 香港及华南鸟类. 香港：香港政府印务局，1994.

[17] 郑绵平. 论中国盐湖. 矿床地质，2001，20（2），181 - 128.

[18] 孙金铸. 内蒙古高原的湖泊. 内蒙古师院学报（自然科学版），1965.

[19] 刘德夫，于一鸣. 80年代黄河泥沙减少原因分析. 中国水土保持，1994，（1）：15 - 17.

[20] 朱岐武，樊万辉，茹玉英，邢广彦. 皇甫川流域水土保持措施减水减沙分析. 人民黄河，2003，25（9）：26 - 27.

[21] 王小军，蔡焕杰，张鑫，王健，翟俊峰. 皇甫川流域水沙变化特点及其趋势分析. 水土保持研究，2009，16（1）：222 - 226.

[22] 冉大川，高健翎，赵安成，王愿昌. 皇甫川流域水沙特性分析及其治理对策. 水利学报，2003，（2）：122 - 127.

[23] 钱云平，董雪娜，林银平，陈端良. 无定河水沙特性变化分析. 人民黄河，1999，21（8）：25 - 27.

[24] 张胜利. 无定河流域综合治理减沙效益 [J]. 泥沙研究，1984，（3）：1 - 10.

[25] 许炯心，孙季. 无定河淤地坝拦沙措施时间变化的分析与对策. 水土保持学报，2006，20（2）：26 - 30.

[26] 冉大川. 黄河中游水土保持措施的减水减沙作用研究. 资源科学，2006，28（1）：93 - 100.

[27] 冉大川，罗全华，刘斌，等. 黄河中游地区淤地坝减洪减沙及减蚀作用研究. 水利学报，2004，35（5）：7 - 13.

[28] 冉大川，左仲国，上官周平. 黄河中游多沙粗沙区淤地坝拦减粗泥沙分析. 水利学报，2006，37（4）：443 - 450.

[29] 左仲国，陈鸿，王笑冰，徐建华. 黄河中游多沙粗沙区淤地坝对泥沙的分选作用. 人民黄河，2007，2.

[30] 冯慧娟. 黄河干流宁蒙河段鱼类群落多样性和生长特征研究. 西北大学硕士学位论文，2010.

[31] 张星朗，沈红保，李引娣. 黄河宁蒙段鱼类多样性研究. 水生态学杂志，2011，32（4）：58 - 62.

[32] 蒋晓辉，赵卫华，张文鸽. 小浪底水库运行对黄河鲤鱼栖息地的影响. 生态学报，2010，30（18）：4940 - 4947.

[33] 陕西水产研究所，陕西师范大学生物系. 陕西鱼类志. 西安：陕西科学技术出版社，1992.

[34] 张孚允，杨若莉. 中国鸟类迁徙研究. 北京：中国林业出版社，1997.

第7章 水功能分区与分区红线管理目标

鄂尔多斯市绝大部分土地属于毛乌素沙地与库布其沙漠，地表径流不发育。内流区基本上没有地表径流，湖淖主要是地下水出露补给；东北部的黄土丘陵外流区，地表地下水资源转化频繁；东南部由于砂质下垫面，80%的径流为地下水补给。考虑到鄂尔多斯的产汇流条件与水资源赋存特点，以及能源化工基地对水环境管理的要求，基于现状分部门分水源的划分标准，开展地表-地下水以及水功能-水环境综合区划。

7.1 地表-地下水综合水功能-水环境区划方法

7.1.1 划分程序与分区类型

根据流域水系、地貌与地质构造、地下水分水岭，统一地表水与地下水资源分区。在各水资源区内进行地表水与地下水联合水功能区划与协调。以地表水地下水水力联系为依据，设立必要的缓冲区、功能过渡区等。对各水资源区中位置相邻、功能相近，环境影响因素相同的水功能区进行合并统一。

以前述水资源分区为划分单元，以流域内各主要水体的水域现状使用功能和水质评价为基础，根据各流域社会经济布局和规划对水量水质的要求，以及排污情况等，以规划作用功能为主导，确定各段水域范围的功能区类型和水质保护目标，并分析相应的水量保护标准。

在各流域水功能区划分的基础上，进一步协调各流域间、各旗区间以及整个市内的功能区类型及水质标准，以保障整体水功能区保护目标的协调和一致性。

区划流程见图7.1-1。

7.1.2 区划体系

7.1.2.1 已有区划体系

环境保护部门依据《地表水环境功能区类别代码》（HJ 522—2009）和《地表水环境质量标准》（GB 3838—2002），实施水域环境质量分类管理，结合地表水水域的使用目的和保护目标将地表水环境功能区划分为9类，分别为自然保护区、饮用水水源保护区、渔业用水区、工业用水区、农业用水区、景观娱乐用水区、混合区、过渡区和保留区。

水利部门依据《水功能区划分标准》（GB/T 50594—2010），开展《全国重要江河湖

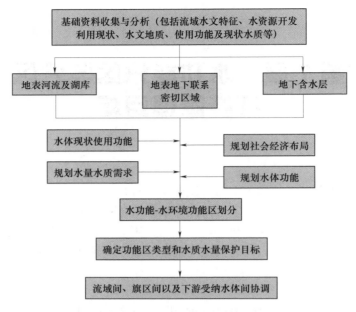

图 7.1-1 水功能-水环境区划流程图

泊水功能区划》（2011—2030 年），获得国务院批复（国函〔2011〕167 号）。水功能一级区分为保护区、保留区、开发利用区及缓冲区四类，二级功能区在开发利用区下又划分 7 类，分别为饮用水源区、工业用水区、农业用水区、渔业用水区、景观娱乐用水区、过渡区和排污控制区。

水利部门在全国水资源综合规划中提出《地下水功能区划分技术大纲》（2005），将地下水功能区划分为开发区、保护区和保留区 3 类，开发区分为集中式供水水源区和分散式开发利用区，保护区分为生态脆弱区、地质灾害易发区和地下水源涵养区，保留区分为不宜开采区、储备区和应急水源区。

7.1.2.2 本次地表-地下水综合水功能-水环境区划指标体系

根据鄂尔多斯当地的特点，从相关部门实际管理需要出发，综合地表水环境功能区划、地表水功能区划和地下水功能区划体系，共划分为 8 大类，分别为保护区、饮用水水源区、渔业用水区、工业用水区、农业用水区、景观娱乐用水区、过渡和保留区。

综合的关键点包括：将水功能区的开发利用区提到一级区划分类中，与水环境功能区划衔接；采用饮用水源区而不是饮用水源保护区，主要是考虑到鄂尔多斯饮用水源地类型多而分散，不同类型的保护级别不同，区划中应该先突出水源地类型，然后根据类型确定保护级别，因此不能按照水环境功能区划中突出保护级别来划分；保护区的划分，考虑到地下水功能区中保护区的类型多样，而水环境功能分区中自然保护区是特指国家或地方划定的自然保护区，有所局限，保护类的区划就称为保护区；本区的河流位于丘陵区，地表水与地下水转化频繁，水利工程采用地下截伏流工程，而且多数河流属于季节性河流，因此河流地表水功能区的划分采用河流-含水层联合分区。

区划分类总体上靠近水功能区，兼顾了水环境功能区的划分要求（表 7.1-1）。

表 7.1－1　　　　　　　　　　　地表-地下水综合水功能-水环境区划体系

现 有 区 划 体 系			鄂尔多斯市地表-地下水综合水功能-水环境区划	
地表水功能区划	地下水功能区划	地表水环境功能区划	代码	区划分类分级
保护区	开发区	自然保护区	10	保护区
保留区	集中式供水水源区	国家级	11	自然保护区
开发利用区	分散式开发利用区	地方级	111	国家级自然保护区
饮用水水源区	保护区	饮用水水源保护区	112	地方级自然保护区
工业用水区	生态脆弱区	一级保护区	12	水源涵养区
农业用水区	地质灾害易发区	二级保护区	121	河流源头保护区
渔业用水区	河流源头水源涵养区	准保护区	122	河流源头水源涵养
景观娱乐用水区	保留区	渔业用水区	13	生态脆弱区
过渡区	不宜开采区	珍贵鱼类保护区	20	饮用水水源
排污控制区	储备区	一般鱼类用水区	21	河流含水层饮用水源区
缓冲区	应急水源区	工业用水区	22	湖库饮用水源区
		农业用水区	23	地下水饮用水源区
		景观娱乐用水区	231	地下水饮用水源一级保护区
		混合区	232	地下水饮用水源二级保护区
		过渡区	30	渔业用水区
		保留区	40	工业用水区
			41	湖库工业用水区
			42	河流含水层工业用水区
			43	地下水工业农业用水区
			50	农业用水区
			51	集中式农业用水区
			511	湖库集中式农业用水区
			512	河流含水层集中式农业用水区
			513	地下集中式农业用水区
			52	集中式牧业用水区
			53	分散式牧业用水区
			54	分散式农业用水区
			541	湖库分散式农业用水区
			542	河流含水层分散式农业用水区
			543	地下分散式农业用水区
			60	景观娱乐用水区
			70	过渡区
			80	保留区

7. 1. 2. 3　指标说明

保护区分河流源头保护区、河流源头水源涵养区和自然保护区。河流源头水源保护区主要是源头河段，如有重要供水意义的河流、湖库、河谷含水层，或有重要生态意义且必须保证一定生态基流的河流；河流源头水源涵养区主要是指对于河流源头水源涵养具有重要意义的面上保护区域；自然保护区指对自然生态及珍稀濒危物种的保护有重要意义的区域，该区内严格禁止进行其他开发活动，划分时考虑与河流、湖泊、水库关系密切的国家级和省级自然保护区区域、或具有典型生态保护意义的自然保护区所在区域。

饮用水源地为满足主要城镇、乡村生活用水而设立。将现状或规划期内城镇生活用水取水口分布较集中的水域或区域划为集中饮用水水源地。将现状或规划期内以分散的供给农村生活的水域或区域划为分散饮用水水源地，一般为分散型或季节型开采。饮用水源保护区是为了保护饮用水源地而在周边划定的一定范围的保护区。

工业用水区主要考虑现有工矿企业生产用水的集中取水点水域，或根据工业布局，在规划水平年内需设置工矿企业生产用水的取水点，且具备取水条件的水域。其中，地下水工业农业用水区是指可以用于工业和农业的地下水，且工业用水特指排水到盐海子、北大池和外流区的用水，即排水不污染含水层的工业用水。

农业用水区主要考虑现状主要农牧业取用水点，包括河流、湖库、地下水等各种供水水源。用于灌区灌溉的为农业用水区，用于牧区牲畜用水和饲草料地灌溉的为牧业用水区，同时根据供水水源富水量大小分为集中式和分散式。

渔业用水区指具有鱼、虾、蟹、贝类产卵场、索饵场、越冬场及洄游通道功能的水域及养殖鱼、虾、蟹、藻类等水生动植物的水域。

景观娱乐用水区是以满足景观、疗养、度假和娱乐需要为目的的江河湖库等水域。

过渡区包括区域过渡区和功能过渡区。区域过渡区是指为协调省际间、矛盾突出的地区间用水关系，一般为跨省、自治区行政区域河流湖泊的边界附近水域；功能过渡区是水质功能相差较大的区域，应该执行相邻水环境功能区对应中间类别水质标准。

保留区包括不宜开采区和储备区。不宜开采区是多年平均地下水可开采量模数较小，出水量较少，地下水中有害物质超标导致地下水使用功能丧失的区域。储备区是指尚未开发或开发利用程度不高，为今后开发利用预留的水域，一般情况下禁止开采，仅在突发事件或特殊干旱时应急供水。

7. 1. 3　区划结果

7. 1. 3. 1　总体结果

鄂尔多斯市水功能-水环境分区范围为境内黄河干流以外的河流、湖泊、地下含水层、大中型水库以及重要的小型水库。

本次共划分 7 类 151 个功能区。其中，划分保护区 10 个，包含河流 170.4km，面积 23538km²；划分饮用水水源区 63 个，包含河流-含水层饮用水源区 4 个，长度 103.6km，面积 374.5km²，地下饮用水源区 1 个，含水层面积 285km²，地下饮用水源地一级保护区 46 个，面积 365.85km²，以及地下饮用水源地二级保护区 12 个，面积 201.7km²；划分工业用水区 22 个，包含河流 138.3km，湖库 90.6km²，地下含水层面积 5405.6km²；划分农业用水区 36 个，湖库 4.32km²，河流 671.1km，地下含水层 52140km²；划分景观娱乐用水区 3 个，均为湖库景观用水区，面积 6.45km²；划分过渡区 13 个，包含河流 178km，含水层面积 43.5km²；划分保留区 4 个，包含河流 34.4km，含水层面积 4231.8km²。

7.1.3.2 保护区

保护区分为三类，分别为自然保护区、水源涵养区和生态脆弱区。

1. 自然保护区

自然保护区分为国家级和省级。划分国家级自然保护区 1 个，面积 670km²；划分省级自然保护区 2 个，面积 1105.5km²。

国家级自然保护区为鄂尔多斯遗鸥国家级自然保护区，是以保护遗鸥及其栖息繁殖地为目标的湖泊湿地，属于高原内陆湿地生态类型的自然保护区。根据自然保护区批复时的面积，保护区面积 147.7km²，以湿地为重心的核心区面积 47.53km²。从流域角度分析，该保护区内湿地水域依赖于流域产汇流，所以以整个泊江海子流域面积作为自然保护区外的陆域保护面积，共计 670km²。

两个省级自然保护区分别是内蒙古杭锦淖自然保护区和内蒙古都思兔河湿地自然保护区。杭锦淖自然保护区保护黄河沿岸滩涂湿地生态系统和库布齐草原化荒漠生态系统，包括在此栖息的湿地珍稀鸟类和其他生物，具有地理位置特殊性、湿地生态系统稀有性、脆

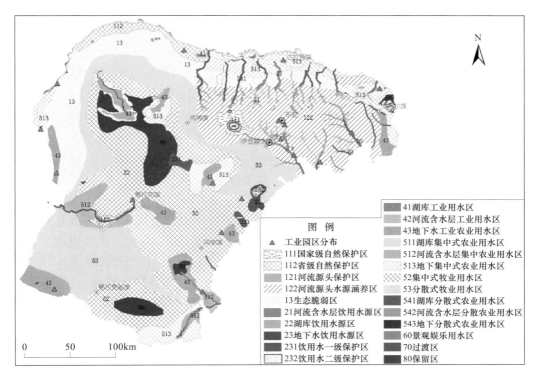

图 7.1-2　鄂尔多斯市地表-地下水综合水功能-水环境区划

弱性以及生物多样性等特点，是内蒙古鸟类迁徙的重要集散地，也是进行湿地鸟类生态学研究和湿地生态系统演变规律研究的天然实验地。本次依据自然保护区范围划定杭锦淖自然保护区面积 728km²。都思兔河湿地自然保护区以保护草原化荒漠区河流湿地生态系统，以保护生物多样性为主。本次依自然保护区范围划定都思兔河自然保护区 377km²。

2. 水源涵养区

水源涵养区分为河流源头保护区和河流源头水源涵养区。河流源头保护区共划分河流长度 170.4km，河流源头水源涵养区面积 12097km²。

东部黄土丘陵沟壑区有 4 条河流划分了河源保护区，分别是纳林川、孤山川、悖牛川和乌兰木伦河，共计 160.4km，纳林川、孤山川是黄河重要一级支流皇甫川的河源，悖牛川和乌兰木伦河是黄河重要一级支流窟野河的河源，两条河对于下游水资源开发利用及保护均具有重要意义，其源头需重点保护。东南部无定河流域纳林河上游划为河源保护区，河流长度 10km，河谷发育，河谷含水层是当地居民的水源地，划为河流源头保护区。

河流源头水源涵养区为东部黄土丘陵沟壑区除河谷以外的区域，水文地质条件为侏罗系裂隙水，富水性不强，该区域为北部十大孔兑和东部皇甫川流域以及窟野河流域的河流源头区，需加强水源涵养保护。

3. 生态脆弱区

生态脆弱区主要为库布其沙漠区，面积 9626km²。

该区域主要为流动半流动沙丘区，生态环境脆弱，在丘间低地零散分布有荒漠植被。近年来进行生态保护建设实行飞播等措施，已治理一部分沙漠。沙漠区的荒漠植被对于维持区域生态环境稳定、防止沙漠化进一步发展具有重要作用。荒漠植被大多依靠浅层地下水生长，维持本区域植被需水要求是区域生态环境保护目标。

7.1.3.3　饮用水源区

饮用水源区划分为河流含水层饮用水源区、湖库饮用水源区和地下水饮用水源区三类。其中，河流含水层饮用水源区是指取水工程为截伏流工程和傍河机电井取水工程的水源区，湖库饮用水源区是指取水工程是地表水拦截取水工程的水源区，地下水饮用水源区是指取水工程是内流区含水层或河谷下游含水层深层取水工程的水源区。

鄂尔多斯市于 2006—2008 年对核心城市和重点城镇集中式饮用水源地基础环境调查，根据《饮用水水源保护区划分技术规范》（HJT 338—2007），征求多方专家意见，最终确定全市 13 个集中式饮用水源地（城镇部分），并划定了保护区。鉴于中心城区札萨克水库与乌兰木伦水库水量不足，无法达到饮用水水源保护要求，鄂尔多斯市人民政府、伊旗人民政府分别于 2012 年和 2013 年撤销了札萨克水库水源地、乌兰木伦水库水源地，启用中心城区哈头才当主水源地和查干淖水源地（阿镇、康巴什新区备用水源地）。因此，本次没有划分出湖库饮用水源区。

1. 河流-含水层饮用水源区

河流含水层饮用水源区共 4 个，分别是西柳沟、罕台川、乌兰木伦河和东乌兰木伦河，河流长度共计 103.6km。

西柳沟水源地是目前引黄入东工程增建的补充水源地，取水 1.5 万 t/d，是东胜北线供水重要水源地之一。罕台川除分布有重要水源地外，还兼顾东胜国电内蒙古东胜热电厂、罕台镇万利矿区李家壕煤矿、王家塔矿井、双欣杨家村矿井、达旗耳字壕乡燕家塔煤矿等多家用水企业，用水量较大达 6.3 万 m^3/d（含煤矿疏干水及再生水），因此罕台川的第二功能定义为工业用水。乌兰木伦河饮用水源区河长 10km，东乌兰木伦河饮用水源区河长 20km，供两河周边饮用水需求。

2. 地下水饮用水源区

（1）地下饮用水源区。划分地下水饮用水源区一处，为门克庆饮用水源地，位于伊金霍洛旗札萨克镇门克庆地区，水源地总面积 285.1km²，地表多为薄层风积砂丘或沙地覆盖。门克庆饮用水源地涉及门克庆嘎查、巴嘎柴达木村、查干淖嘎查、台格嘎查 4 个嘎查，共有水源井 66 眼。

（2）饮用水源保护区。地下饮用水源保护区依据规模分为城镇饮用水源保护区和乡镇饮用水源保护区。对城镇饮用水源地和乡镇饮用水源地共划分一级保护区 46 个，面积 365.85km²，二级保护区 12 个，面积 201.7km²。

1）城镇饮用水源保护区。城镇饮用水源地保护区共划分一级保护区 338.95km²，二级保护区 183.82km²，总范围 522.77km²。

供给中心城区的水源地大部分属于潜水型地下水（包括截伏流型），划分一级和二级保护区，供给其他旗区政府所在地集中式饮用水源地均为承压型水源地或岩溶裂隙水，只划一级保护区。经调整后现状鄂尔多斯市城镇集中式饮用水水源地共 11 个，保护区水源地情况见表 7.1－2。

表 7.1－2　　　　　　　　　鄂尔多斯市城镇饮用水源地基本情况表

序号	行政区	水源地名称	水源地坐标（经、纬度）	水源地类型	含水层介质	现状水质类别	保护区划分面积/km²		
							合计	一级	二级
1	中心城区（东胜区、伊金霍洛旗阿镇、康巴什新区）	西柳沟地下水水源地	E109°46′39″、N40°18′10.6″	潜水	细砂	Ⅲ类	16.38	7.19	9.19
2		中心城区哈头才当水源地	E109°21′44.18″、N38°51′20.33″	地下水碎屑岩类孔隙裂隙潜水	中细砂	Ⅲ类	114.86	57.58	57.28
3		展旦召地下水水源地	E109°49′19.21″、N40°20′35.58″	地下水型孔隙承压水	中细砂为主	Ⅲ类	0.60	0.6	
4		查干淖尔水源地	E109°35′59.61″、N39°7′23.77″	碎屑岩类潜水和承压水	中细砂	Ⅲ类	119.59	0.24	119.35
5		木肯淖尔水源地	E108°32′36″、N39°27′59	承压水	中粗砂为主	未监测	270.83	270.83	
6	准格尔旗	准格尔旗苏计沟水源地	E111°13′56.2″、N39°50′56.5″	地下水岩溶裂隙承压水	岩溶裂隙	Ⅲ类	0.014	0.014	
7		准格尔旗陈家沟门水源地	E111°18′50.6″、N39°49′33.8″	地下水岩溶裂隙承压水	岩溶裂隙	Ⅲ类	0.02	0.02	
8	乌审旗	乌审旗嘎鲁图镇水源地	E108°48′6.7″、N38°35′45.63″	地下水碎屑岩类孔隙裂隙承压水	中细砂岩	Ⅱ类	0.37	0.37	

续表

序号	行政区	水源地名称	水源地坐标（经、纬度）	水源地类型	含水层介质	现状水质类别	保护区划分面积/km²		
							合计	一级	二级
9	杭锦旗	杭锦旗锡尼镇水源地	E108°43′33.03″，N39°49′58.46″	地下水碎屑岩类孔隙裂隙承压水	中细砂岩	Ⅲ类	0.072	0.072	
10	鄂托克旗	鄂托克旗乌兰镇水源地	E107°57′29.84″，N39°6′24.35″	地下水碎屑岩类孔隙裂隙承压水	中细砂岩	Ⅲ类	0.04	0.04	
11	鄂托克前旗	鄂托克前旗敖勒召旗镇水源地	E107°28′45.3″，N38°11′9.9″	承压水	中细砂岩	Ⅲ类	12.17	12.17	
合　　计							534.9	349.13	185.82

2）乡镇饮用水源保护区。35 个乡镇集中式饮用水水源地保护区共划分保护区面积 32.661km²，其中一级保护区面积 16.727km²，二级保护区面积 15.934km²。

乡镇式饮用水水源地共有水源井（或取水口）112（眼/个），全部为地下水型饮用水水源地，供水人口（含暂住人口）1000 人以上，包括现用、备用、在建和规划的集中式水源地。其中，东胜区 1 个，达拉特旗 4 个，准格尔旗 8 个，伊金霍洛旗 4 个，乌审旗 8 个，杭锦旗 4 个，鄂托克旗 4 个，鄂托克前旗 2 个。

23 个水源地的含水层为基岩类孔隙裂隙介质，占水源地总数的 65.7%。水源井工程 33 个，截潜流工程 2 个。乡镇饮用水源地中现用水源地 25 个，备用水源地 1 个，规划水源地 9 个。

全市乡镇饮用水水源地总取水量 738.58 万 m³/a，其中饮用水量 286.54 万 m³/a，总服务人口 30.49 万人（其中规划服务人口 8.5 万人）。服务人口最多的是鄂托克旗棋盘井镇棋盘井水源地（6.5 万人）、准格尔旗薛家湾镇哈拉敖包村哈拉敖包水源地（3 万人）和鄂托克前旗上海庙经济技术开发区水源地（2 万人）。

乡镇水源保护区划分情况见表 7.1-3。

7.1.3.4　工业用水区

工业用水区分湖库型工业用水区、河流工业用水区和地下工业农业用水区。共划分 8 个湖库型工业用水区，总面积 90.6km²；划分 5 个河流工业用水区，河长 138.3km；划分 9 个地下工业农业用水区，含水层总面积 5111km²。

8 个湖库型工业用水区。大南沟水库总库容 649.91 万 m³，供水对象为内蒙古准格尔旗工业基地——大路工业园区；宝勒高水库位于乌兰木伦河支流，作为神东矿区后备水源地，于 2006 年在乌兰木伦河上游建成，主要为神东矿区供水，平均日供水量 6000m³；巴图湾水库和大沟湾水库均位于无定河流域。巴图湾水库库容 1.15 亿 m³，为大（2）型水库，主要供纳林河工业园区用水及无定河流域灌区用水；札萨克水库原为饮用水源区，因水库不达标，现已逐渐退出饮用水源区功能，调整和转化为工业景观功能；其余为北部 3 个蓄滞洪区，因其与水库功能相当，本次将其划为湖库型工业农业用水区，可供独贵塔拉工业区和其他工业企业用水。

表 7.1-3 　　　　鄂尔多斯市乡镇饮用水水源地基本情况汇总表

序号	旗县名称	水源地名称	水源地坐标	水源地类型	含水层介质	工程状况	实际取水量/(万t/a)	服务人口/万人	监测时间	水质类别	一级保护区面积/km²	二级保护区面积/km²
1	东胜区	泊江海子镇什股壕村水源地	E109°16′55.5″ N39°56′52.7″	潜水	中细砂	现用	12.78	0.11	2013.3	Ⅲ	0.6255	7.3331
2	达拉特旗	吉格斯太镇大红奎村水源地	N40°17′56.4″ E110°32′27.4″	承压水	细砂	现用	4.38	0.3	2013.5	Ⅲ	0.0036	
3	达拉特旗	王爱召镇杨家圪堵村水源地	N40°21′22.9″ E110°16′21.1″	潜水	细砂	现用	18.25	1.25	2013.4	Ⅴ	0.0036	0.4320
4	达拉特旗	昭君坟镇和胜村水源地	N40°26′34.2″ E109°36′36.8″	承压水	细砂	现用	4	0.22	2013.4	Ⅴ	0.0036	
5	达拉特旗	恩格贝镇新圪旦水源地	N40°26′12.99″ E109°18′10.78″	潜水	细砂	现用	4.09	0.28	2013.4	Ⅲ	0.0036	0.4320
6	准格尔旗	薛家湾镇张家圪旦居委会永兴居水源地	N39°49′02″ E111°16′50″	承压水	灰岩	现用	92	0.3	2012.5	Ⅲ	0.0591	
7	准格尔旗	薛家湾镇唐公塔居委会官板乌素水源地	N39°52′29″ E111°16′25″	承压水	灰岩	备用	0	0	2012.5	Ⅲ	0.0043	
8	准格尔旗	薛家湾镇唐公塔居委会窑沟水源地	N39°53′32″ E111°19′39″	承压水	灰岩	现用	80	1.2	2012.5	Ⅲ	0.0097	
9	准格尔旗	薛家湾镇哈拉敖包村哈拉敖包水源地	N39°33′13″ E111°11′54″	承压水	中细砂岩	现用	43.8	3	2012.5	Ⅲ	0.0088	
10	准格尔旗	布尔陶亥苏木东营子村布尔陶亥水源地	N40°03′48″ E110°48′24″	潜水	中砂	现用	2.6	0.2	2012.9	Ⅲ	0.0457	1.8000
11	准格尔旗	龙口镇一水源地	N39°25′26″ E111°17′5″	承压水	灰岩	现用	12	0.2	2012.5	Ⅲ	0.0036	
12	准格尔旗	龙口镇二水源地	N39°25′34″ E110°16′25.5″	承压水	灰岩	备用	0	2.56	2012.12	Ⅲ	0.0059	

续表

序号	旗县名称	水源地名称	水源地坐标	水源地类型	含水层介质	工程状况	实际取水量/(万 t/a)	服务人口/万人	监测时间	水质类别	一级保护区面积/km²	二级保护区面积/km²
13	准格尔旗	大路新区大沟村苗家滩水源地	N40°5′35.59″ E111°12′57.01″	承压水	含砾中粗砂细中砂岩类	现用	18.4	0.8	2012.9	Ⅲ	0.0360	
14	伊金霍洛旗	札萨克镇自来水厂水源地	N39°16′14.4″ E109°48′19″	承压水	中砂岩	现用	43.8	1.5	2012.5	Ⅲ	0.0270	
15	伊金霍洛旗	苏布尔嘎镇镇区饮用水水源地	N39°36′01.3″ E109°26′26.8″	承压水	中砂岩	现用	17.08	0.22	2012.6	Ⅲ	0.0200	
16	伊金霍洛旗	伊金霍洛旗伊金霍洛镇水厂水源地	N39°47′23.2″ N39°20′00.5″	承压水	中砂岩	现用	36.5	0.25	2012.6	Ⅲ	0.0400	
17	伊金霍洛旗	伊金霍洛旗红庆河镇乌兰淖水源地		承压水	碎屑岩类孔隙裂隙承压水	规划	0	0.3	2012.11	Ⅲ	0.1300	
18	乌审旗	乌审召镇水源地	E109°0′58.40″ N39°13′48.79″	承压水	碎屑岩类孔隙裂隙承压水	规划	0	0.25			0.0644	
19	乌审旗	图克镇水源地	E109°22′41.68″ N39°4′46.35″	承压水	碎屑岩类孔隙裂隙承压水	规划	0	0.20	2013.3	Ⅲ	0.0776	
20	乌审旗	乌兰陶勒盖镇水源地	E109°9′39.90″ N38°44′30.30″	承压水	碎屑岩类孔隙裂隙承压水	规划	0	0.35			0.0800	
21	乌审旗	苏力德苏木水源地	E108°34′13.57″ N38°3′0.64″	承压水	碎屑岩类孔隙裂隙承压水	规划	0	0.15			0.0400	
22	乌审旗	无定河镇水源地	E108°49′49.36″ N38°8′5.46″	承压水	碎屑岩类孔隙裂隙承压水	规划	0	0.20			0.0612	
23	乌审旗	乌审召化工项目区水源地	E108°56′21.35″ N39°16′46.88″	承压水	碎屑岩类孔隙裂隙承压水	现用	5	0.25	2012.6	Ⅲ	0.0400	
24	乌审旗	图克工业项目区水源地	E109°26′7.67″ N39°5′18.67″	承压水	碎屑岩类孔隙裂隙承压水	规划	0	0.20			0.0800	

续表

序号	旗县名称	水源地名称	水源地坐标	水源地类型	含水层介质	工程状况	实际取水量/（万 t/a）	服务人口/万人	监测时间	水质类别	一级保护区面积/km²	二级保护区面积/km²
25	乌审旗	纳林河矿区水源地	E109°1′6.27″ N38°6′6.56″	承压水	碎屑岩类孔隙裂隙承压水	规划	0	0.35			0.0841	
26	杭锦旗	巴拉贡镇饮用水水源地	E107°1′27.9″ N40°16′7.5″	潜水	孔隙潜水	现用	16	0.598	2013.3	IV	0.0137	0.6217
27	杭锦旗	呼和木独饮用水水源地	E107°9′2.7″ N40°22′46.8″	潜水	孔隙潜水	现用	11	0.45	2013.3	IV	0.0085	0.6553
28	杭锦旗	吉日嘎郎图饮用水水源地	E107°30′29.2″ N40°41′9.6″	潜水	孔隙潜水	现用	21.9	0.4	2013.3	IV	0.0127	0.8506
29	杭锦旗	伊和乌素水源地	E107°53′5.2″ N40°1′9.5″	承压水	碎屑岩类孔隙裂隙承压水	现用	7.3	0.28	2013.3	III	0.0100	
30	鄂托克旗	棋盘井镇棋盘井水源地	E107°5′7.4″ N39°23′22.6″	承压水	碎屑岩类孔隙裂隙承压水	现用	250	6.5	2012.9	III	0.0715	
31	鄂托克旗	棋盘井镇库计水源地	E107°18′50.8″ N39°16′30.2″	承压水	碎屑岩类孔隙裂隙承压水	规划	0	6.5	2012.9	III	15.0000	
32	鄂托克旗	棋盘井镇草籽场水源地	E107°16′18.6″ N39°4′12.4″	承压水	碎屑岩类孔隙裂隙承压水	现用	4.2	0.11	2012.9	IV	0.0100	
33	鄂托克旗	蒙西镇蒙西社区水源地	E106°18′54.0″ N39°50′40.2″	潜水	孔隙潜水	现用	9.5	0.25	2012.9	IV	0.0076	0.8636
34	鄂托克前旗	城川镇饮用水水源地	E108°17′28.0″ N37°41′43.1″	承压水	碎屑岩类孔隙承压水	现用	4	0.14	2012.12	III	0.0100	
35	鄂托克前旗	上海庙经济技术开发区饮用水水源地	E106°41′1.5″ N38°20′52.1″	潜水	孔隙潜水	现用	20	0.7	2013.03	III	0.0252	2.9457
合计							738.58	30.49			16.727	15.934

5 个河流工业用水区。东部黄土丘陵沟壑区黑岱沟工业用水区，主要用于黑岱沟坑口电站一期、黑岱沟露天矿吊斗铲工艺技术改造工程及准煤公司小沙湾取水工程；悖牛川工业用水区，自悖牛川源头保护区之下至出新庙段，主要用于内蒙汇能煤化工有限公司、蒙南煤矸石热电厂等；乌兰木伦河工业用水区，自乌兰木伦水库至桑盖段共计 20km，用于鄂尔多斯高新区、乌兰木伦煤化工园区等工业用水；另外两个工业用水区分别是纳林河工业用水区和无定河工业用水区，主要是满足乌审旗新能源化工基地和纳林河新能源重化工基地工业园区取水需要。

9 个地下水工业农业用水区。其中，准旗岩溶水区富水性大于 $3000m^3/d$ 的区域为工业农业用水区，主要用于周边工业企业用水需求；西部桌子山岩溶区仅部分区域富水性好，出水稳定，其中富水性 $1000\sim3000m^3/d$ 的区域为工业农业用水区，主要用于蒙西工业园区和棋盘井工业园区工业用水；内流区杭锦旗与鄂旗交界地带有一强富水区域，曾进行阿日善地区水文地质详查，其中大于 $3000m^3/d$ 的区域为集中式工业农业用水区，面积 $752km^2$；在鄂旗与乌审旗交界处有乌审召和浩勒报吉水源地，开采条件及水质条件均较好，其中大于 $3000m^3/d$ 的区域为工业农业用水区，主要用于乌审召工业园区用水；鄂托克旗苏米图区域富水性强，大于 $3000m^3/d$ 的区域为工业农业用水区，主要用于乌兰镇工业园区用水；乌审旗有两处富水性强的区域，分别为乌兰陶勒盖和陶利，这两处主要用于苏里格经济开发区和纳林河工业园区用水；鄂托克旗上海庙处富水性强，主要用于上海庙工业园区用水；达拉特旗大沟流域富水性强的区域为大沟地下水工业农业用水区，主要用于大路工业园区用水。

7.1.3.5　农业用水区

农业用水区主要分为集中式、分散式农业用水区以及集中式、分散式牧业用水区。共划分集中式农牧业用水区面积 $32611km^2$，共划分分散式农牧业用水区面积 $19534km^2$，河流长度 671km。

1.　集中式农业用水区

集中式农业用水区主要为湖库及富水性强的地下含水层。

（1）地下水集中式农业用水区。准格尔旗岩溶水区域富水性较强，其中 $1000\sim3000m^3/d$ 的区域划为集中式农业用水区；东南部无定河流域红柳河区域属新生界松散岩类孔隙含水层，富水性较强，为 $1000\sim3000m^3/d$，为地下集中式农业用水区；黄河几字湾在鄂尔多斯北部、西北部黄灌区有一巨大含水层，包括达拉特、杭锦旗、鄂托克旗黄河沿岸的黄灌区，该区域为冲湖积、冲洪积平原区，地下水系统类型属于第四系孔隙水，除局部地段外大部分区域富水性较好，$1000\sim3000m^3/d$，具备集中供水价值，主要供沿黄灌区用水，为黄河沿岸集中式农业用水区；内流区杭锦旗与鄂托克旗交界地带阿日善地区，其中 $1000\sim3000m^3/d$ 的区域划为集中式农业用水区，面积 $1220.5km^2$；在乌审召和浩勒报吉水源地，将其中 $1000\sim3000m^3/d$ 的区域也划为集中式农业用水区，面积 $1048km^2$。内流区集中式农业用水区主要用于内流区农业集中灌溉用水。

（2）湖库集中式农业用水区。湖库集中式农业用水区共 4 个，总面积 $4.35km^2$。

乌兰水库是一座以防洪为主、兼顾灌溉等效益的中型水库。坝址以上流域面积

409km²，多年平均径流量 1120 万 m³。水库正常蓄水位 1037.94m，相应库容 123.5 万 m³，总库容 1281 万 m³，具有不完全多年调节性能。该水库水面面积 0.42km²，水环境功能区划为农业用水区。

大沟湾村灌区是鄂尔多斯五大灌区之一，位于鄂前旗城川镇大沟湾村，有效灌溉面积 1.05 万亩，灌溉水源为大沟湾水库。大沟湾水库位于黄河一级支流无定河上游的内蒙古鄂尔多斯市鄂托克前旗城川镇大沟湾村的主河道上，坝址以上流域面积 232km²，产流面积 19.5km²，是一座以防洪灌溉为主，兼顾养殖、生态等综合利用的小 1 型水库。该水库水环境功能区划定为农业灌溉用水和水产养殖用水，水质标准按Ⅳ类控制。

布隆水库包括 1 号、2 号两座水库，2 号水库位于 1 号下游 3km，位于鄂旗查布苏木布隆嘎查境内。1 号水库坝址以上控制流域面积 2813km²，其中产流面积 600km²，2 号水库坝址以上产流面积 620km²。布隆水库是一座以防洪为主，兼顾灌溉、水产养殖、旅游和生态等综合利用的中型水库。该水库水面面积 2.69km²，水环境功能区划为农业，水质标准按地表水环境质量标准Ⅴ类水质控制。

摩林河水库位于杭锦旗摩林河流域中上游，伊和乌素镇境内，是一座以灌溉为主，兼顾防洪和养殖的年调节小 1 型水库。水库坝址以上控制流域面积 1349km²，总库容 554 万 m³。摩林河水库周边有鄂尔多斯五大灌区之一的摩林河水库灌区，灌溉面积 2.55 万亩，主要依靠摩林河水库拦蓄的地表水进行灌溉。该水库水面面积 1.21km²，水环境功能区划为农业用水，水质标准按地表水环境质量标准Ⅴ类或优于Ⅴ类水质控制。

2. 集中式牧业用水区

集中式牧业用水区主要为内流区和东南部无定河流域地下含水层富水性为 1000～2000m³/d 的区域。无定河流域面积 9506km²，内流区面积 11906km²，主要用于牧区畜牧业发展集中的饲草料种植。

3. 分散式农业用水区

分散式河流农业用水区主要为十大孔兑、东部和东南部外流河。十大孔兑区主要的水资源开发利用形式是沿河农业，以及沙漠和滩地依靠地下潜水支撑的农田。在十大孔兑河流中常年有水且已有农田开发利用的区段划分为分散式农业用水区。该流域 8 条河流（毛不拉孔兑、色太沟、黑赖沟、西柳沟、哈什拉川、母哈尔河、东柳沟和呼斯太河）划分 8 个农业用水区，基本为沿河分布并位于等高线 1200m 以下的沙漠风沙区及冲洪积平原。该区河流河谷发育，是区域内水资源开发利用的主要区域，河谷南部周边区域主要为侏罗系裂隙水，富水性不强；东部黄土丘陵沟壑区的大沟、龙王沟、十里长川及纳林川、清水川中下游均划为农业用水区，河谷较发育的均按河流含水层廊道统一划分，河谷不发育的只划分地表河流；东南部无定河流域无定河和海流兔河河谷区为农业用水区；西部都思兔河流域河谷区发育，富水性强，与河流廊道一起划为河流含水层农业用水区。

4. 分散式牧业用水区

分散式牧业主要为内流区含水层为 100～1000m³/d 的区域，面积 18161km²，主要用于牧区分散的人畜饮水及饲草种植。

7.1.3.6 景观娱乐用水区

景观娱乐用水区有 3 个，分别为三台吉水库景观用水区、七星湖景观用水区及乌兰木伦水库景观用水区，总面积 6.45km²。

三台基水库位于东胜市区内，与已建成的城市景观河，割舍壕景观河以及赛台吉南湖、西湖共同组成"两河三湖"的大型城市水体景观。东胜区生活污水经地下管道输送汇集到东胜北郊污水处理厂，经净化处理后的水通过地上明管道排到景观河，最后流经三台基水库。该水库水源为污水处理厂中水，加强三台基水库滨水开敞空间建设是未来城市总体规划中河流水系景观工程建设重点之一。

乌兰木伦水库位于康巴什附近，为乌兰木伦河干流上水库，原始库容 9880 万 m³，为中型水库。乌兰木伦水库原是康巴什新区重要的饮用水源地，后经功能调整，目前该水库功能为景观用水。

七星湖位于杭锦旗库布其沙漠腹地，是一个以沙漠生态建设为主题、以沙漠资源和沙湖为依托、以沙漠生态旅游为亮点的度假型沙漠旅游区。七星湖沙漠生态旅游区总占地面积 8.89km²，其中七星湖水域面积 1.15km²，芦苇湿地面积 0.1km²，草原面积 3.8km²。七星湖是黄河古道残留的冲击湖。目前已将七个湖中的伊克道图湖进行开发，主要功能是生态旅游及景观。

7.1.3.7 过渡区

共划分过渡区 13 个，其中河流长度 170km，地下含水层面积 43.52km²。

东部、东南部、西部的龙王沟、黑岱沟、十里长川及海流兔河、纳林河、无定河和都思兔河下游 13 条河流均流入山西、陕西、宁夏等其他省域，为满足省界断面水质要求，在以上 12 条河流下游划分区域过渡区。其中龙王沟出境断面为鄂尔多斯市两个省控断面之一，控制标准为地表水Ⅲ类。各河流含水层发育的区域均与地表河流功能一致，为河流含水层过渡区。

7.1.3.8 保留区

共划分保留区 4 个。

保留区主要分为三大区，最大的一区位于内流区白垩系碎屑岩裂隙孔隙水，富水性强，大于 3000m³/d，面积 3181km²，此处目前开发利用强度不大，水量丰富，做为未来开采储备区。第二区域为东南部乌审旗吉拉苏木西侧，面积 840km²，第三区域为陶利水源地中心最富水区域，面积 210km²。此两处均水量丰富，开发利用强度不高，作为开采储备区。

7.2 功能区水质标准与纳污能力

7.2.1 功能区水质标准

（1）保护区水质要求。保护区主要是河流源头保护区、河流源头水源涵养区及自然保护区，对于该类区域的地表水质标准原则上适用《地表水环境质量标准》（GB 3838—2002）Ⅰ类标准。地下水水质良好的地区维持现状水质状况，受到污染的地区原则上以污染前该区域天然水质作为保护目标。

（2）饮用水源地水质标准。饮用水源地水质标准不低于《地表水环境质量标准》（GB

3838—2002）Ⅱ类、Ⅲ类水质标准或《地下水质量标准》（GB/T 14848—93）Ⅲ类水质标准。

（3）工业用水区水质标准。工业用水区水质标准不低于《地表水环境质量标准》（GB 3838—2002）Ⅳ类水质标准或《地下水质量标准》（GB/T 14848—93）Ⅳ类水质标准。由于鄂尔多斯市大型煤化工企业取用水不在同一地区，用水区要根据所在功能区的要求，如保护区集水区内的工业排水要按保护区的标准要求。另外，内流区地下含水层厚，污染物运移慢，作为工业用水区，地下水的标准要高。

（4）农业用水区水质标准。地表水功能区农业用水区标准按Ⅴ类或优于Ⅴ类标准控制，但鄂尔多斯内流区以取地下水为主，取退水标准都高于地表水的标准。地下水标准按《地下水质量标准》（GB/T 14848—93）Ⅳ类水质标准控制。

（5）渔业用水与景观用水区水质标准。渔业用水区水质标准按地表水Ⅲ类或优于Ⅲ类标准控制。渔业主要是水库渔业，用水标准能够达到。景观娱乐用水区中人体直接接触的游泳区以地表水Ⅲ类控制，人体非直接接触的娱乐用水以地表水Ⅳ类控制，一般景观用水区执行地表水Ⅴ类标准。景观用水区多数在城区，与环境流量同时要求，确保环境容量。

（6）过渡区及保留区水质标准。过渡区水质管理以满足出流断面所邻功能区的水质要求来选用相应标准。保留区水质标准按现状水质类别控制，作为储备区的保留区以不低于地表、地下Ⅲ类水的标准控制。

7.2.2 分区纳污能力

纳污能力，即在水环境质量及其使用功能不受破坏的条件下，水域能受纳污染物的最大数量或者在给定水域范围、水质标准及设计条件下，水体最大容许纳污量即为水域的纳污能力[1,2]。纳污能力包括水体对污染物的稀释和自净能力，其大小与水域水动力特征、功能区水质目标、设计水文条件、污染源位置及其排放方式等密切关联[3]。本着保护地下水，本书不考虑包气带土壤的自净能力，纳污能力计算只考虑地表水功能区。

7.2.2.1 纳污能力计算公式

鄂尔多斯区域内河流多属小型河流，河道断面宽深比较小，污染物易在河道横断面混合均匀，河流长度相对较短，横向和垂向的污染物浓度梯度可以忽略[4,5]，因此，采用忽略离散作用的纵向一维水质模型的稳态解[6]计算小河纳污能力，同时对研究河道进行适当概化，以解决资料稀缺地区小型河流水体纳污能力计算问题。

鄂尔多斯地区地处黄河上游，枯水期天然径流量较小，污径比相对较大，因此在水环境容量（纳污能力）计算中充分考虑排污口（或支流口）入河水量及其时空分布，其容量计算采用下述一维水质数学模型，该模型考虑了现有入河污染物分布及其入河废污水量对纳污能力的影响，能够反映鄂尔多斯地区河流的实际情况。

$$M = C_s \left(Q + \sum q_i \right) \exp\left(-k \frac{X_1}{86.4u} \right) - C_0 Q \exp\left(-k \frac{X_2}{86.4u} \right) \qquad (7-1)$$

式中：M 为污染物纳污容量，t/a；C_s 为水功能区下断面控制因子的水质目标浓度，mg/L；C_0 为水功能区上断面控制因子的背景水质浓度，mg/L；k 为污染物综合衰减系数，

1/s；X_1 为概化排污口到研究河段下断面的距离，m；X_2 为概化排污口到研究河段上断面的距离，m；u 为设计流量下的平均流速，m/s；Q 为设计流量，m^3/s；q_i 为第 i 个排污口（支流口）的流量，m^3/s。

鄂尔多斯地区湖库多为中、小型湖库，且基础资料较为缺乏，采用零维（均匀混合）模型计算该地区湖库水体的纳污能力。水库水环境容量由水库水体的稀释容量、自净容量、迁移容量等三部分容量相加而得到的。对于湖库水体的环境容量，按保持某种水质标准的污染物排放量进行计算，并取枯水期水体容量为安全容积。计算湖库水环境容量的计算公式为

$$M = (C_s - C_0)V/\Delta T + kVC_s + (C_s - C_0)q \qquad (7-2)$$

式中：ΔT 为枯水期时段，它取决于水库水位年内变化；C_s 为湖库的水环境控制目标浓度；C_0 为湖库的背景浓度值；V 为历年最枯蓄水量；q 为在安全库容期间从湖库排泄出的水流量；k 为水库水体污染物的自然衰减系数。

由于鄂尔多斯枯水期间入（湖）库河流大多断流，在枯水期的入流基本可忽略，而湖库排放出的水流量由取用水量决定（也相对较小），可忽略湖库水体的迁移容量。但为了便于比较了解，在计算时可根据实际需要适当考虑有入流和出流情况下的水环境容量。

7.2.2.2　水质模型各参数确定方法

1. 水质控制因子筛选

鄂尔多斯地区纳污能力计算的水质控制因子选择时，河流纳污能力计算中采用国家污染物总量控制特征指标：COD 量和氨氮；湖库水体纳污能力计算时因富营养化问题预测需要，增加总磷和总氮两项指标。

2. 上游来水初始水质浓度值（C_0）的确定

初始断面背景浓度（C_0）取上游河段水质目标值作为本河段初始断面背景浓度，即上一个水功能区的水质目标值；如果上游河段现状水质好于其水质目标值，则 C_0 取值为现状值；如果上游几乎无人类活动干扰，但本河段的上游来水水质浓度仍高于本河段的设计水质目标值，则 C_0 取值亦为现状值。

3. 水体自净能力系数的确定

河流污染物衰减系数是入河污染物在水体中变化的综合概化，反映了污染物在输移过程中受水力水文、物理化学、生物化学、地理、地质及气象气候等因素综合作用结果。本次计算根据国内相关资料类比，考虑鄂尔多斯的实际情况，选择化学需氧量衰减系数 0.2/d，氨氮衰减系数 0.18/d。

北方地区湖库水体自净系数研究成果较少，加之总磷、总氮不是总量控制指标，可类比借鉴的成果少。根据韩慧毅等（2011）对大连东风水库的研究，以及中国水利水电科学研究院《南水北调来水调入密云水库调蓄工程环境影响评价——密云水库水环境影响专题研究》（2012）成果，综合考虑鄂尔多斯地区的实际情况，本次该地区湖库 COD、氨氮、总磷和总氮的衰减系数取值分别为 0.005/d、0.05/d、0.008/d 和 0.01/d。

4. 水环境容量计算时设计流量条件的确定

根据前述河流生态需水部分的内容，本次河流纳污能力计算时设计流量采用生态基流

进行计算（表 7.2-1），即考虑未来植被生态建设减少水资源量以后的河流生态基流进行计算，该生态基流以流域为单位，是地表地下总基流，计算时根据不同河流基径比换算成地表基流计算河流纳污能力。流域内若包含一条以上河流，则根据流域面积比例分配基流量。

表 7.2-1　　　　　　　　　各河流设计流量

河　流	流域面积 /km²	未来总水资源量 /万 m³	地表地下总生态基流 /(m³/s)	设计流量 /(m³/s)
毛不拉孔兑	1406.8	10511	0.09	0.082
色太沟	1469.6	3066	0.15	0.136
黑赖沟	1134.5	4834	0.13	0.057
西柳沟	1946.0	4274	0.25	0.24
罕台川	1222.5	7852	0.15	0.083
哈什拉川	770.3	4885	0.15	0.057
母哈尔河	1304.9	4684	0.11	0.077
东柳沟	495.4	3717	0.07	0.041
呼斯太河	916.4	1853	0.06	0.055
大沟	1094.7			0.052
龙王沟	366.5			0.009
黑岱沟	323.1			0.008
十里长沟	973.6	2156	0.20	0.023
纳林川	2635.6	6290	0.40	0.087
悖牛川	1587.5	12676	0.32	0.276
乌兰木伦河	3047.6	10195	0.48	0.34
纳林河	2034.2			0.402
红柳河	1525.0	16883	0.51	0.38
海流兔河	1837.5	16556	0.51	0.401
都思兔河	7238.0			0.899

湖库容量计算所需确定的水情条件为相对安全的库容和相应时期的入（湖）库和出（湖）库流量，相对安全库容选取最近 10 年的最低水位条件下对应的库容，如资料缺乏亦可采用水库的死库容作为水环境容量计算时的设计库容条件。入库和出库流量根据实际情况进行设计。

5. 计算河段水流流速的确定

平均流速为计算河道设计流量条件下的水流流速，具体计算时将依据水文资料中的实测流量与流速资料情况，建立计算河道的流量-流速关系曲线，并以此为依据确定设计流量下的河流水流流速。流量-流速曲线关系式为

$$u = a \times Q^b \tag{7-3}$$

式中：u、Q 意义同式（7-1），a、b 为待定系数。

各河流流量流速关系见图 7.2-1，各河流参数 a、b 值经率定后如表 7.2-2 所示。另外，无水文资料的河流断面平均流速将直接参照临近河流确定的流量与流速关系曲线确定。

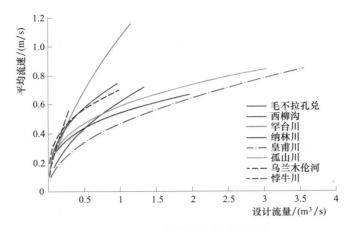

图 7.2 - 1 各河流流量流速关系图

表 7.2 - 2 各河流参数 a、b 率定结果

河流名称	a	b	河流名称	a	b
毛不拉孔兑	0.755	0.388	孤山川	0.587	0.322
西柳沟	0.619	0.514	乌兰木伦河	0.703	0.305
罕台川	1.068	0.619	悖牛川	1.191	0.611
纳林川	0.541	0.309	无定河	0.308	0.551
皇甫川	0.468	0.464	海流兔河	0.217	2

6. 计算河段排污口概化及处理

本次所划水功能区均不太长，使用排污口中心概化法计算，对于功能区较长的河段，采用分段中心概化法计算，即该点源的实际自净长度为河段长度的一半［式（7-4）］。无排污口的功能区纳污能力按整个功能区长度计算自净容量。

$$M = C_s Q_r \exp(kx/2u) - C_0 Q_r \exp(-kx/2u) \qquad (7-4)$$

各参数同式（7-1）和式（7-2）。

7.2.3 纳污能力计算结果

基于鄂尔多斯市水环境功能区划成果，结合各功能区现状水环境质量状况，从有利于水环境功能区周边的经济社会可持续发展并兼顾上下游公平角度，确定 COD 和氨氮的水质保护目标控制浓度值（取水质保护目标相对标准浓度区间的下限值）和上边界控制断面水质浓度（不劣于水质保护目标控制浓度值），其结果见表 7.2 - 3。

表 7.2 - 3 鄂尔多斯市水环境功能区水质保护目标控制浓度值

序号	水功能区名称	河湖水质现状	河湖水质目标	水质目标控制浓度/(mg/L)	
				COD	氨氮
1	毛不拉孔兑农业用水区	IV	IV	30	1.5
2	色太沟农业用水区	V	IV	30	1.5
3	黑赖沟农业用水区	劣 V	IV	30	1.5
4	西柳沟饮用水源区	IV	III	20	1.0

续表

序号	水功能区名称	河湖水质现状	河湖水质目标	水质目标控制浓度/(mg/L)	
				COD	氨氮
5	西柳沟农业用水区	IV	IV	30	1.5
6	罕台川饮用水源区	IV	III	20	1.0
7	哈什拉川农业用水区	IV	IV	30	1.5
8	母哈尔河农业用水区	III	III	20	1.0
9	东柳沟农业用水区	V	IV	30	1.5
10	呼斯太河农业用水区	IV	IV	30	1.5
11	大沟农业用水区	IV	IV	30	1.5
12	龙王沟农业用水区	IV	IV	30	1.5
13	龙王沟过渡区	IV	III	20	1.0
14	黑岱沟工业用水区	III	III	20	1.0
15	黑岱沟过渡区	III	III	20	1.0
16	十里长川农业用水区	IV	IV	30	1.5
17	十里长川过渡区	IV	IV	30	1.5
18	纳林川源头保护区	IV	III	20	1.0
19	纳林川农业用水区	劣V	IV	30	1.5
20	纳林川过渡区	劣V	III	20	1.0
21	孤山川源头保护区	III	III	20	1.0
22	悖牛川源头保护区	III	III	20	1.0
23	悖牛川工业用水区	IV	IV	30	1.5
24	悖牛川过渡区	IV	IV	30	1.5
25	乌兰木伦河源头保护区	IV	III	20	1.0
26	乌兰木伦河工业用水区	IV	III	20	1.0
27	乌兰木伦河过渡区	IV	III	20	1.0
28	乌兰木伦河饮用水源区	IV	III	20	1.0
29	乌兰木伦河过渡区	III	III	20	1.0
30	无定河过渡区	IV	III	20	1.0
31	无定河工业用水区	IV	IV	30	1.5
32	无定河过渡区	IV	IV	30	1.5
33	无定河农业用水区	III	III	20	1.0
34	无定河过渡区	III	III	20	1.0
35	纳林河源头保护区	III	III	20	1.0
36	纳林河工业用水区	IV	IV	30	1.5
37	海流兔河农业用水区	V	IV	30	1.5
38	海流兔河过渡区	V	IV	30	1.5

　　以确定的水环境功能分区的水质控制浓度值为约束条件，计算得到鄂尔多斯市各功能区的水环境容量，见表 7.2 - 4。各河流 COD 环境容量为 1577t/a，氨氮环境容量为 75t/a。

表 7.2－5 　　　　　　　鄂尔多斯市水环境功能区水环境容量核算成果

序号	水功能区名称	流经长度/km	设计流量	平均流速/(m/s)	纳污能力/(kg/a)	
					COD	氨氮
1	毛不拉孔兑农业用水区	73.2	0.082	0.286	2850	132
2	色太沟农业用水区	45.3	0.136	0.348	2746	125
3	黑赖沟农业用水区	65.9	0.057	0.248	2033	94
4	西柳沟饮用水源区	31.9	0.240	0.297	32841	1496
5	西柳沟农业用水区	18.7	0.240	0.297	94882	4649
6	罕台川饮用水源区	41.7	0.083	0.229	2962	136
7	哈什拉川农业用水区	21.2	0.057	0.181	2103	96
8	母哈尔河农业用水区	37.5	0.077	0.218	2612	120
9	东柳沟农业用水区	42.6	0.041	0.147	3088	143
10	呼斯太河农业用水区	57.6	0.055	0.178	4537	211
11	大沟农业用水区	21.3	0.052	0.172	2028	93
12	龙王沟农业用水区	25.2	0.009	0.056	863	41
13	龙王沟过渡区	9.8	0.009	0.056	－2	－2
14	黑岱沟工业用水区	22.4	0.008	0.052	496	23
15	黑岱沟过渡区	10.2	0.008	0.052	287	13
16	十里长川农业用水区	55.7	0.023	0.168	1900	88
17	十里长川过渡区	8.7	0.023	0.168	401	18
18	纳林川源头保护区	48	0.087	0.254	3192	147
19	纳林川农业用水区	29	0.087	0.254	6602	321
20	纳林川过渡区	16	0.087	0.254	－2677	－142
21	孤山川源头保护区	31.8	0.338	0.414	25691	1166
22	悖牛川源头保护区	41.6	0.276	0.542	18620	845
23	悖牛川工业用水区	21.7	0.276	0.542	67356	3319
24	悖牛川过渡区	10	0.276	0.542	7173	323
25	乌兰木伦河源头保护区	39	0.340	0.506	5761	262
26	乌兰木伦河工业用水区	20	0.340	0.506	3083	139
27	乌兰木伦河过渡区	10	0.340	0.506	1577	71
28	乌兰木伦河饮用水源区	10	0.340	0.506	1577	71
29	乌兰木伦河过渡区	18	0.340	0.506	2787	126
30	无定河过渡区	48.4	0.380	0.181	109233	5055
31	无定河工业用水区	24.5	0.380	0.181	181901	8820
32	无定河过渡区	15.8	0.380	0.181	64972	2953
33	无定河农业用水区	10	0.380	0.181	28423	1287
34	无定河过渡区	10	0.380	0.181	28423	1287
35	纳林河源头保护区	10	0.402	0.035	120888	5604
36	纳林河工业用水区	49.7	0.402	0.035	365394	18088
37	海流兔河农业用水区	20	0.401	0.035	274897	13041
38	海流兔河过渡区	5	0.401	0.035	105643	4829
	合　计				1577143	75088

7.2.4 功能区可达性分析

7.2.4.1 河流源头保护区水质目标可达性分析

鄂尔多斯市共划分 5 个源头保护区，分别位于皇甫川支流纳林川和孤山川、乌兰木伦河、悖牛川及无定河各支流的上游，源头水质安全对于河流中下游生态环境稳定及流域生态安全具有重要作用。依据表 7.2-5，河流源头保护区功能区达标率 60%。纳林川源头保护区和乌兰木伦河源头保护区监测断面水质为Ⅳ类，未达到该环境功能区目标水质地表水环境质量Ⅲ类标准；其余几个满足目标水质要求。乌兰木伦河源头保护区内有东胜区漫赖乡的部分人口和农田，纳林川源头保护区内有纳林村的部分人口和农田，生活和农田面源污染是造成该两个功能区现状水质超标的主要原因。悖牛川在河流源头左岸仍零散分布有小型煤矿等工矿企业，虽然现状水质监测质量满足功能区目标水质要求，但仍存在季节性水质超标的潜在威胁。

表 7.2-5　　　　　　　　　鄂尔多斯市农业用水区水质目标可达性分析

类别	功能区名称	水质现状	水质目标	水质目标可达性
源头保护区	纳林川	Ⅳ	Ⅲ	不可达
	孤山川	Ⅲ	Ⅲ	可达
	悖牛川	Ⅲ	Ⅲ	可达
	乌兰木伦河	Ⅳ	Ⅲ	不可达
	纳林河	Ⅲ	Ⅲ	可达
饮用水源区	西柳沟	Ⅲ	Ⅲ	可达
	罕台川	Ⅳ	Ⅲ	不可达
	乌兰木伦河	Ⅳ	Ⅲ	不可达
	东乌兰木伦河	Ⅲ	Ⅲ	可达
	门克庆水源地	Ⅲ	Ⅲ	可达
	黑岱沟	Ⅲ	Ⅲ	可达
工业用水区	悖牛川	Ⅳ	Ⅳ	可达
	乌兰木伦河	Ⅳ	Ⅲ	不可达
	无定河	Ⅳ	Ⅳ	可达
	纳林河	Ⅳ	Ⅳ	可达
	准旗岩溶水地下	Ⅲ	Ⅲ	可达
	西部岩溶区地下	Ⅳ	Ⅳ	可达
景观用水区	三台吉	Ⅴ	Ⅴ	
	七星湖	劣Ⅴ	Ⅴ	不可达
	乌兰木伦水库	Ⅲ	Ⅲ	可达
	龙王沟	Ⅳ	Ⅲ	不可达
	黑岱沟	劣Ⅴ	Ⅲ	不可达
过渡区	十里长川	Ⅳ	Ⅳ	可达
	清水川	Ⅲ	Ⅲ	可达
	悖牛川	劣Ⅴ	Ⅲ	不可达
	乌兰木伦河 1	Ⅳ	Ⅲ	不可达

续表

类别	功能区名称	水质现状	水质目标	水质目标可达性
过渡区	乌兰木伦河 2	Ⅲ	Ⅲ	可达
	无定河 1	Ⅳ	Ⅲ	不可达
	无定河 2	Ⅳ	Ⅳ	可达
	无定河 3	Ⅲ	Ⅲ	可达
	海流兔河	Ⅴ	Ⅳ	不可达
	都思兔河	劣Ⅴ	Ⅲ	不可达
保留区	都思兔河	劣Ⅴ	Ⅳ	不可达
农业用水区	毛不拉孔兑	Ⅳ	Ⅳ	不可达
	色太沟	Ⅴ	Ⅳ	不可达
	黑赖沟	Ⅳ	Ⅳ	可达
	哈什拉川	Ⅳ	Ⅳ	可达
	母哈尔河	Ⅲ	Ⅲ	可达
	东柳沟	Ⅴ	Ⅳ	不可达
	呼斯太河	Ⅲ	Ⅳ	可达
	大沟	Ⅳ	Ⅳ	可达
	龙王沟	Ⅳ	Ⅳ	可达
	十里长川	Ⅳ	Ⅳ	可达
	纳林川	劣Ⅴ	Ⅳ	不可达
	清水川	Ⅲ	Ⅲ	可达
	无定河	Ⅳ	Ⅳ	可达
	海流兔河	劣Ⅴ	Ⅳ	不可达
	都思兔河	劣Ⅴ	Ⅳ	不可达
	摩林河	劣Ⅴ	Ⅳ	不可达
	摩林河水库	劣Ⅴ	Ⅳ	不可达
	红柳河地下集中式农业	Ⅲ	Ⅲ	可达
	都思兔地下集中式农业	Ⅲ	Ⅲ	可达
	内流区集中式牧业	Ⅲ	Ⅲ	可达
	准旗岩溶水地下集中式农业	Ⅲ	Ⅲ	可达
	东南部集中式牧业	Ⅲ	Ⅲ	可达
	黄河沿岸集中式农业	Ⅲ	Ⅲ	可达
	内流区分散式牧业	Ⅲ	Ⅲ	可达
	内流区地下集中式农业	Ⅲ	Ⅲ	可达
	杭锦旗内流区地下集中式	Ⅳ	Ⅳ	可达
	西部岩溶区地下集中式	Ⅳ	Ⅳ	可达

7.2.4.2　饮用水源区水质目标可达性分析

水源保护区在鄂尔多斯地区国民经济、社会发展和人民生产生活中具有极其重要的地位与作用，因此保护水源保护区水质、确保水源区水质安全极为重要。共划分 4 个地表水饮用水源区和 1 个地下水饮用水源区。基于水质现状监测资料的分析评价结果，鄂尔多斯地区东乌兰木伦河及西柳沟饮用水源和地下水饮用水源地水质满足水功能区水质保护目标要求，其余 2 个水源保护区的水质均不达标，饮用水源区水质达标率达 60％。

7.2.4.3 农业用水区水质目标可达性分析

以有监测数据的 16 个河流农业用水区、1 个湖库农业用水区和 10 个地下农业用水区水质监测资料进行分析评价，有 19 个功能区的水质满足其水质保护目标要求（即达标），剩余的 8 个农业用水区的水质均不达标，尤其是纳林川农业用水区、海流兔河农业用水区、都思兔河农业用水区和摩林河农业用水区水质超标严重（均为劣 V 类水质）。地下水农业用水区水质达标数量较多。鄂尔多斯地区农业用水区水质达标率为 70％。

7.2.4.4 工业用水区水质目标可达性分析

鄂尔多斯地区自然资源储量十分丰富，能源工业体系正在逐步建设与完善过程中。以有水质监测数据的 5 个河流和 2 个地下水工业用水区进行水质评价，只有 1 个功能区（乌兰木伦河下游段）的水质不达标，鄂尔多斯地区工业用水区水质达标率约为 86％。

7.2.4.5 景观用水区、过渡区及保留区水质目标可达性分析

以有监测数据的 3 个景观用水区、12 个过渡区和 1 个保留区分别进行水质目标可达性评价。3 个景观用水区中七星湖不达标，整体达标率 67％；都思兔河保留区水质超标较为严重（较水质保护目标差 2 个水质类别），水质目标不可达，达标率 0％；过渡区中 4 个达标，8 个不达标，达标率 33％。其中黑岱沟、悖牛川、乌兰木伦河、都思兔河过渡区现状水质较水质保护目标差 3 个水质类别，过渡区水质超标现象较为严重。

7.3 生态需水与功能区可利用水量

7.3.1 植被建设需水与未来水资源量

根据前述坡面植被建设目标，未来坡面植被建设仍需在两方面加强：一是流动沙丘仍需要加大治理力度，二是典型草原区内沙地植被（以油蒿群落为主）处于低覆盖度（5％～20％）的仍需进一步退牧还草，加强封育，达到中覆盖度（20％～40％）的水平，以稳定半固定沙丘。根据两种类型的面积和耗水定额差计算，植被建设需水见表 7.3-1。

表 7.3-1　　　　　　　　植被建设需水量　　　　　　单位：万 m³

流域分区	沙地转成低覆盖度草地需水	草原区沙地低覆盖度草地转成中覆盖度草地需水	总需水量
西北部沿黄区	5153	0	5153
毛不拉孔兑	292	140	433
色太沟	260	84	345
黑赖沟	111	209	319
西柳沟	213	265	478
罕台川	65	37	102
哈什拉川	31	82	114
母哈尔河	12	88	100

续表

流域分区	沙地转成低覆盖度草地需水	草原区沙地低覆盖度草地转成中覆盖度草地需水	总需水量
东柳沟	32	130	163
壕庆河	37	82	118
呼斯太河	63	186	250
塔哈拉川	223	597	821
十里长沟	0	0	0
纳林川	0	0	0
悖牛川	0	0	0
乌兰木伦河	0	0	0
无定河流域	673	2311	2984
海流兔河	701	3016	3716
都思兔河	1240	0	1240
都思兔河（南区）	955	0	955
摩林河	3089	0	3089
盐海子	1102	0	1102
泊江海子	0	0	0
木凯淖	306	0	306
红碱淖	0	517	517
胡同查汗淖（苏贝淖）	953		953
浩勒报吉淖	1848		1848
北大池	1443		1443
合计	18803	7745	26549

从表 7.3-1 中可看出，未来坡面植被建设仍需水量 2.65 亿 m³，其中沙地转成低覆盖度草地需水 1.88 亿 m³，草原区沙地中以油蒿群落为主的低覆盖度草地转成中覆盖度草地需水 0.77 亿 m³。按照流域分区统计，内流区植被建设需水量 0.93 亿 m³，外流区植被建设需水量 1.72 亿 m³。

根据现状耗水平衡分析，2000—2010 年的大规模植被建设减少水资源量 4.2 亿 m³，10 年间气候变化减少水资源量 0.426 亿 m³，未来植被建设仍需水量 2.65 亿 m³，则未来水资源量为 21.2 亿 m³，各流域的水资源量见表 7.3-2。

表 7.3-2　　　　　　　未 来 水 资 源 量　　　　　　　单位：万 m³

流域分区	2000 年水资源量	10 年植被建设减少水资源量	10 年新增沙柳耗水	10 年气候变化减少的水资源量	未来生态建设减少的水资源量	未来总水资源量
	①	②	③	④	⑤	=①-②+③-④-⑤
西北部沿黄区	16094	7	6	428	5153	10511
毛不拉孔兑	3775	348	140	69	433	3066

续表

流域分区	2000 年水资源量	10 年植被建设减少水资源量	10 年新增沙柳耗水	10 年气候变化减少的水资源量	未来生态建设减少的水资源量	未来总水资源量
	①	②	③	④	⑤	=①－②＋③－④－⑤
色太沟	6041	875	84	72	345	4834
黑赖沟	4843	266	72	56	319	4274
西柳沟	8480	134	79	95	478	7852
罕台川	5379	370	37	60	102	4885
哈什拉川	5030	281	87	38	114	4684
母哈尔河	4466	723	138	64	100	3717
东柳沟	2334	81	91	24	163	2157
壕庆河	2615	939	326	31	118	1853
呼斯太河	3368	1046	497	45	250	2524
塔哈拉川	4422	1723	347	70	821	2156
十里长沟	7460	1102	24	93	0	6290
纳林川	13226	448	27	129	0	12676
悖牛川	11313	1056	15	78	0	10195
乌兰木伦河	19892	4739	1879	149	0	16883
无定河	21810	2523	427	174	2984	16556
海流兔河	25017	4927	245	164	3716	16455
都思兔河	10097	1362	38	453	1240	7079
都思兔河（南区）	6384	2807	255	195	955	2682
摩林河	10865	826	9	425	3089	6533
盐海子	13195	2687	1106	273	1102	10238
泊江海子	3212	1115	887	33	0	2950
木凯淖	2804	－374	0	73	306	2800
红碱淖	4305	433	323	45	517	3634
胡同查汗淖（苏贝淖）	34585	5398	3576	366	953	31444
浩勒报吉淖	10768	3033	208	265	1848	5829
北大池	10969	2399	372	290	1443	7209
合计	272751	41273	11294	4257	26549	211966

7.3.2 河流生态需水

在 6.3 节中明确的河流生态保护目标，河流生态基流选取流域面积大于 $500km^2$ 的河流进行计算，流域面积小于 $500km^2$ 的季节性河流不规定生态基流。

区域内北部十大孔兑区和东部河流大多为季节性河流，汛期洪水大，枯期河道水量极小，该区域内的河流不做产卵期流量要求。东南部无定河流域根据径流过程分析，沙地渗漏强烈，地下水补给枯季流量较大，该河流考虑产卵期生态流量过程。

7.3.2.1 生态基流

考虑到丘陵区地表地下水转化频繁，在切割基岩处全部出露成为地表径流，因此，地表地下总的下泄水量参照国际标准取总水资源量的40%。

生态基流采取 Tennant 法计算，即河流生态基流为河流多年平均径流量的10%，考虑不同断面地表地下出流量的差异，生态基流也取地表地下总的流量；河流的多年平均径流量采用流域内未来的水资源量，见表7.3-3。各河流断面均为出境断面。

表 7.3-3　　　　　　　　　　　各河流生态基流

河流	未来总水资源量 /万 m³	地表地下总生态水量 /万 m³	地表地下总生态基流 /(m³/s)
毛不拉孔兑	10511	4204	0.09
色太沟	3066	1226	0.15
黑赖沟	4834	1934	0.13
西柳沟	4274	1710	0.25
罕台川	7852	3141	0.15
哈什拉川	4885	1954	0.15
母哈尔河	4684	1874	0.11
东柳沟	3717	1487	0.07
壕庆河	2157	863	0.05
呼斯太河	1853	741	0.06
塔哈拉川	2524	1010	0.06
十里长沟	2156	862	0.20
纳林川	6290	2516	0.40
悖牛川	12676	5071	0.32
乌兰木伦河	10195	4078	0.48
红柳河	16883	6753	0.51
海流兔河	16556	6622	0.51

7.3.2.2 重点河流海流兔河产卵期流量脉冲过程

产卵期生态流量过程考虑无定河流域，以海流兔河韩家峁水文站分析产卵期流量脉冲过程。

1. 鱼类产卵期特点

本区域鱼类无濒危珍稀鱼类，主要鱼类有鳅、鲫鱼、鲤鱼、瓦氏雅罗鱼、赤眼鳟、黄河鮊、餐条、兰州鲇、麦穗鱼、棒花鱼、草鱼、鲶鱼、黄黝鱼等，其中鲤鱼、鲫鱼、鲶鱼、瓦氏雅罗鱼、棒花鱼等数量较多。

黄河鲤鱼产卵期4—6月，产卵期水温18～25℃，根据区域内多年温度，4月、5月均达不到产卵期温度要求，6月为最可能的产卵期。

2. 产卵期天然流量脉冲过程

选取接近平水年的年份1957年、1958年、1983年和2006年，主要产卵期6月韩家崀水文站的水文日过程如图7.3-1所示，6月在1975年和1983年均出现较明显的流量脉冲，1958年下旬的脉冲较明显，2006年无明显脉冲过程。

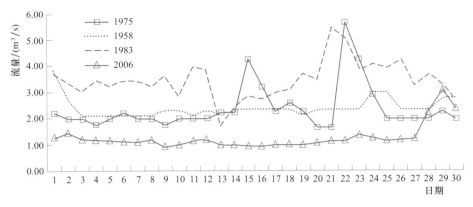

图7.3-1 韩家崀水文站近平水年6月日平均流量过程

3. 产卵期生态流量过程

水文站大断面见图7.3-2，主槽深接近2m，主槽中没有较明显的滩地，根据水深与流量关系，6月产卵期流量很难漫过主槽中近2m的水深而到达滩地，所以利用水文断面无法给出鄂尔多斯境内产卵期流量。

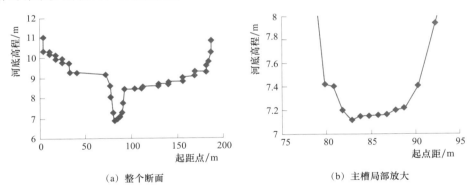

（a）整个断面　　　　　　　　　　　　（b）主槽局部放大

图7.3-2 韩家崀水文站大断面

考虑到海流兔河下游产卵期的需要，根据近天然时期6月的日过程线，选择6月中旬11—15日之间和下旬21—25日或27—30日之间有脉冲过程进行概化，在历时4d内出现峰值流量为$3m^3/s$的流量过程，为一个流量脉冲过程，如图7.3-3所示。

整个产卵期生态流量过程，取三个连续的峰值为$3m^3/s$、历时4d的流量脉冲过程。要求在产卵期，上游水库需按照产卵期生态流量过程要求，进行调度。

7.3.3 典型湖淖湿地生态需水与现状缺水分析

7.3.3.1 内流区典型湿地泊江海子生态需水与生态水文调控措施

以湖泊及其周边沼泽作为完整的湿地生态系统，以遗鸥生存繁衍的水文条件为线索，从食物链和栖息地两方面分析遗鸥生存繁衍与水文条件直接和间接的关系，从而

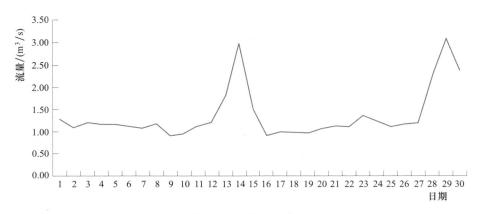

图 7.3-3 韩家峁断面产卵期流量脉冲过程

建立关键生态过程与水文过程的数量关系；同时，考虑沼泽对湿地生态系统其他生物生存繁衍的支撑，分析沼泽随湖水位变动演变的定量关系，以计算整个湿地生态系统的生态需水。

本次研究所需数据主要来自三方面：一是中国科学院动物研究所 20 世纪 90 年代在鄂尔多斯遗鸥保护区进行的遗鸥生态特性的观测结果；二是中国水利水电科学研究院 2006 年 12 月对湖泊地形进行测量，有 196 个测量点，总的测量精度为 1：10000，局部有岛屿的地方精度为 1：2000；三是内蒙古农业大学 2006 年夏季在陕西榆林境内的红碱淖进行遗鸥种群与底栖生物种群的调查结果。

1. 遗鸥食物链关键种的环境制约因素及其与湖泊水文要素的关系

（1）遗鸥的食物结构。根据 20 世纪 90 年代初在泊江海子的观测结果[7]，遗鸥属于杂食性，基本上属于捡食型，主要在湖岸滩地和水面上啄食水生昆虫或在沙丘上捕食甲虫，从未见遗鸥在飞翔中入水捕鱼的现象。通过胃检，胃含量中动物性食物中摇蚊科（Chironomidae）幼虫和成虫占食物含量的 90％以上，其次为豆娘（Caenagrionidae）稚虫、虎岬科（Cicindelidae）和步行虫科（Carabidae）的昆虫；胃中植物性食物不多，有藻类、眼子菜、寸苔草及白翅等；同时发现胃中有大量小石粒，最多的有 68 粒。其取食行为与栖息于同一湖区的红嘴鸥、鸥嘴噪鸥和普通燕鸥迥然不同，同其他鸥类几乎无食物之争。

又据 2005 年在红碱淖对遗鸥取食的调查和分析[8]，红碱淖有 9 种底栖动物全部为水生昆虫，其中摇蚊科（Chironomidae）三种，螅科（Ischnura sp）一种，成虫统称为豆娘，摇蚊科和螅科的生物量占底栖动物总生物量的 91％，摇蚊科幼虫密度占底栖动物总密度的 99％。摇蚊幼虫以有机碎屑为食，豆娘幼虫以摇蚊幼虫为食，豆娘幼虫是遗鸥的食物，在 5—7 月水陆交错带上高密度的摇蚊幼虫也是遗鸥的食物。通过对底栖动物与遗鸥之间空间分布相互关系的多元分析表明，遗鸥与豆娘幼虫和摇蚊幼虫这种捕食与被捕食关系，种群数量存在着显著的正相关关系；进一步分析表明豆娘幼虫是整个繁殖季节的主要食物，摇蚊幼虫是重要的补充食物。

根据以上两次的调查分析，表明遗鸥虽然是杂食性，但以豆娘为主要食物，而且豆娘生物量与遗鸥的数量存在明显的消长关系，豆娘的数量成为遗鸥种群的主要制约因素。

（2）水文条件沿食物链对遗鸥的影响。半干旱内陆区湖泊多为盐碱水体，来水的多少决定湖泊盐度，盐度是水生生物关键的制约因素。盐度 $5\sim8g/L$ 的范围是生物空间分布的一个重要屏障，淡水生物适应盐度上限为 $3\sim5g/L$，海洋生物的盐度下限为 $5\sim8g/L$，而且 $5\sim8g/L$ 的盐度是一些广盐性物种性成熟或幼体发育的盐度上限或下限，所以盐度 $5\sim8g/L$ 的水体中生物种类最少[9]。红碱淖的盐度是 4.57，虽然不在 $5\sim8g/L$ 的范围内，但接近 $5g/L$。盐度和 pH 值的协同作用，使得只有瘦螅和三种摇蚊能够适应这种环境条件。又根据据谢祚浑、周一兵[10]对我国北方干旱半干旱区湖泊的研究，摇蚊科幼虫在北方盐碱水域分布的盐度上限为 $16.3g/L$，pH 值为 10.1。

（3）泊江海子湖容曲线及盐度湖容关系。泊江海子地形如图 7.3-4 所示。基于 ArcGIS 技术，以湖泊的外围高程 1367.5m 为轮廓线，生成 shape 格式的轮廓面。利用高程点、高程线和生成的轮廓面做 TIN，设置 0.2m 的间距提出等高线或等深线，计算其表面体积，即提取相应高程线下的湖泊容积，得出一系列的水面面积、表面积和容积值。

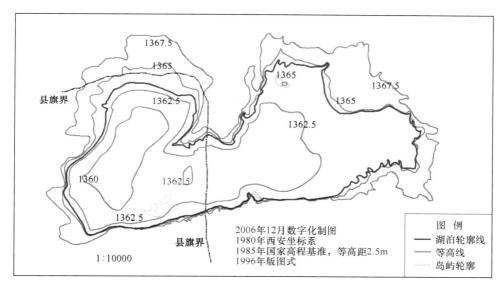

图 7.3-4 泊江海子地形图

根据 GIS 分析结果，泊江海子湖容、面积、高程的数据关系见表 7.3-4。拟合湖泊容积和面积关系，以及水位和面积关系，见图 7.3-5，相关系数都接近于 1。湖泊面积-容积曲线为

$$V = 32.115S_L^2 - 116.1S_L + 231.91$$

面积-水位关系曲线为

$$h = 0.0042S_L^2 + 0.4166S_L + 1359.8$$

式中：V 为湖泊容积，万 m^3；h 为湖泊水位，m；S_L 为湖泊水面面积，km^2。

表7.3-4 泊江海子高程、面积、容积关系

高程/m	1367.5	1367	1366	1365
面积/m²	15870565	14628525	13190623	11962694
容积/m³	63668486	56088215	42223009	29608641
高程/m	1364	1363	1362	1361
面积/m²	9391723.7	7043184.3	4145213.3	2341513.6
容积/m³	19096874	11012428	5155159.1	2126587.5

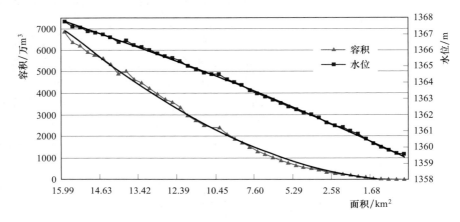

图7.3-5 泊江海子面积-容积曲线和面积-水位曲线

遗鸥保护区管理局分别于2001年6月和2002年8月对泊江海子的盐度和湖面面积进行实地测量,见表7.3-5。由于只有两组实测数据,直接用盐度与面积建立关系不能反映湖泊容积变化的非线性,因此需要通过湖容曲线来计算。跟据测得的面积代入面积-湖容曲线,计算其相应的容积,并计算盐度与容积的比。

表7.3-5 泊江海子湖水盐度、面积和容积

测量年份	面积/km²	盐度/(g/L)	计算容积/万 m³	盐度/容积
2001	7.15	9.49	1111.12	0.009
2002	6.48	9.80	933.05	0.010

因为是现状模拟,而且每年积累的盐分少,所以忽略年积累盐分。两组盐度/容积比较接近,取两组盐度与容积比的均值0.0095,通过计算湖泊总的盐量,及其不同面积下盐度,可以建立盐度与湖泊面积的关系:

$$K = 0.3107S_L^2 - 7.0363S_L + 43.248$$

2. 遗鸥繁殖与时间、空间要素的关系及其与湖泊水文要素的关系

(1)遗鸥繁殖与时空要素的关系。根据张荫荪与何芬奇的调查研究,遗鸥3月底开始到达鄂尔多斯的泊江海子,所见成鸟皆参与繁殖,8月底到9月初陆续迁移。遗鸥的繁殖期为5—7月,约两个月。5月中下旬产卵,每窝2~3枚,隔日产1枚。孵卵期24~26d。雏鸟约40d后具飞翔能力。遗鸥产卵时结群营巢,筑巢于湖心岛上,常与燕鸥、噪鸥、巨

鸥的巢混在一起，对岛上的另一营巢者鸥嘴噪鸥则存在一定程度的排挤现象，据观测，遗鸥多次侵占鸥嘴噪鸥的巢。

遗鸥繁殖与时空要素关系的建立是依据 1990 年在泊江海子西半部的泊江海子观测结果。在泊江海子西南部的三个相邻的湖心岛上观测到 8 个遗鸥巢群，岛屿分布如图 7.3-6 所示。

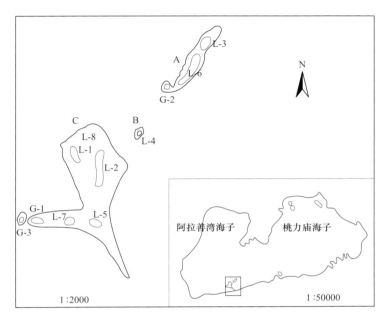

图 7.3-6 岛上遗鸥和鸥嘴噪鸥的巢群分布

L—遗鸥；G—鸥嘴噪鸥；L-1：109 巢；L-2：83 巢；L-3：91 巢；L-4：11 巢；
L-5：25 巢；L-6：197 巢；L-7：30 巢；L-8：35 巢

图 7.3-6 中 G-1 和 G-2 小岛为单纯的鸥嘴噪鸥分布区。遗鸥巢的密度为 0.12～0.54 巢/m²，因为内陆浅水湖泊水位变动比较大，相应岛屿的面积变化也比较大，平均 0.25 巢/m²。

遗鸥鸟巢的数量，自 5 月 8 日开始繁殖到 6 月 4 日繁殖结束，繁殖巢数基本是每天 22.11 巢的速率增长，增长情况如图 7.3-7 所示。

由观察结果可以建立遗鸥繁殖巢数与时间及岛屿面积的的函数关系：

$$\frac{\partial N}{\partial t} = 6 + 22.11(t - 160) \quad (160 \leqslant t \leqslant 186)$$

$$\frac{\partial N}{\partial S_n} = 0.25 S_n$$

式中：N 为遗鸥繁殖的巢数；t 为每年从 1 月开始的累积天数，即在第 160d 开始产卵，

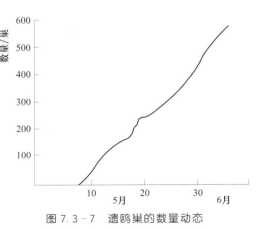

图 7.3-7 遗鸥巢的数量动态

第 186d 结束；S_n 为湖心岛的面积，m^2。

（2）遗鸥繁殖空间与湖泊水文要素的关系。从遗鸥繁殖与空间要素的关系可以看出，如果水位太高，淹没了湖心岛，遗鸥没有繁殖地，遗鸥的种群会下降；如果水位低，遗鸥繁殖地面积大，湖面缩小，盐度增加，通过食物链影响遗鸥的生存。因此，需要进一步找出繁殖地湖心岛面积与水位的关系，以及湖泊面积、容积与水位关系曲线。

根据泊江海子地形以及 GIS 分析结果，建立湖泊岛屿面积与高程的关系。数据见表 7.3－6，拟合该数据关系如图 7.3－8 所示，相关系数接近 0.95，相关关系为

$$S_n = -197524h + 968738$$

式中：S_n 为岛屿面积，m^2；h 为高程，也是水位，m。

表 7.3－6　　　　　　　　　　泊江海子出露的岛屿面积与高程

高程/m	1362.6	1363.0	1363.5	1364.0	1364.5	1364.8	1365
岛屿面积/m^2	445050	409135	335513	110938	55168	28939	4028

注　海拔 1362.6m 以下两个岛屿与出露的湖底连接，不予考虑。

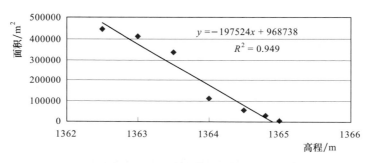

图 7.3－8　泊江海子出露的岛屿面积与高程关系

3. 遗鸥保护区湿地生态水文模型

根据以上分析进行综合，遗鸥保护区湿地生态水文模型为

$$\frac{\partial N}{\partial t} = 6 + 22.11(t - 160) \quad (160 \leqslant t \leqslant 186)$$

$$\frac{\partial N}{\partial S_n} = 0.25 S_n$$

$$S_n = -197524h + 968738$$

$$h = 0.0042 S_L^2 + 0.4166 S_L + 1359.8$$

$$K = 0.3107 S_L^2 - 7.0363 S_L + 43.248$$

式中：N 为遗鸥繁殖的巢数；t 为每年从 1 月开始的累积天数，即在第 160d 开始产卵，第 186d 结束；S_n 为湖心岛的面积，m^2；h 为水位或高程，m；S_L 为湖泊水面面积，km^2；K 为湖水盐度，g/L。

4. 湿地稳定的临界水文条件

遗鸥自然保护区主要是为保护遗鸥这一独特物种设立的国家级自然保护区，因此维护遗鸥种群的稳定是该湿地保护的主要目标。作为鸟类动物，其稳定主要取决于两大条件：

一是食物链，即食物来源；二是栖息地，尤其是其中独特的繁殖生境。根据盐度对食物的制约以及盐度与水位关系，分析维护遗鸥种群稳定的适宜水位和最低水位。遗鸥的繁殖地是湖中的岛屿，主要威胁因素是 5 月上旬到 6 月上旬繁殖期水位过高时岛屿被淹没，因此岛屿面积适中时的水位成为临界环境条件的上限。

（1）适宜水位。遗鸥的主要食物是螅和摇蚊的成虫豆娘以及摇蚊幼虫，通过红碱淖的调查和以往研究[10]，摇蚊对盐度的适应范围相对较广。摇蚊滤食水中浮游植物和有机碎屑，为了保证摇蚊的生物量，需要考虑盐度对其他浮游生物的限制。

泊江海子 1997 年为平水年，湖面面积 $10.6km^2$，计算盐度 3.57g/L。21 世纪初调查的盐度为 $9.5 \sim 9.8g/L$，面积已减小到 $6.5 \sim 7km^2$，种群数量与最大种群相比减少了1/3。考虑到盐度 $5 \sim 8g/L$ 是生物空间分布的关键限制盐度范围[10]，现状红碱淖的盐度 4.57g/L，以及泊江海子生态随盐度的变化，取盐度 5g/L 来计算适宜湖面面积为 $9.01km^2$，相应的水位 1363.9m。

（2）临界低水位。以大连理工大学多年来在半干旱区的湖泊研究结果，即盐度在 16.3g/L 时，湖泊中的主要底栖生物不能生存，底栖生物摇蚊科幼虫几乎全部死亡。将盐度阈值 16.3g/L 代入生态水文模型，可以计算出最小的湖面积为 $4.88km^2$，最低水位为 1361.93m，即泊江海子面积减小到约 $5km^2$ 时，或水位降到 1361.93m 时，为泊江海子的临界水文值。

就实际情况来看，2003 年湖泊面积 $6.1km^2$ 时，还有少量遗鸥在此繁殖，而到 2004 年湖面积降到 $3.8km^2$ 时，已未见遗鸥在此栖息。

（3）临界高水位。根据现场走访调查，鄂尔多斯遗鸥稳定种群是 8000 ～ 10000 只。正常年份每年补给种的数量初步估计不少于 10%，即 80 ～ 100 只，通常按照 80% 的成活率来计算，繁殖巢数应该不少于 100 ～ 125 巢。根据模型需要的岛屿面积 $25 \sim 31m^2$，计算极限水位为 1364.9m，时间限制在 5 月上旬到 6 月上旬。事实上 1998 年为丰水年，遗鸥基本没有繁殖。

5. 湿地生态需水

遗鸥生存和繁殖对核心区泊江海子水位过高和过低都有限制，作为国际重要湿地，平常年份应保障其适宜湖泊面积 $9.06km^2$；另外尽量采取措施进行水文调控，减少水文丰枯波动对遗鸥生存繁衍的影响，本书以 90% 的枯年不低于最小湖面面积 $4.88km^2$，进行最小生态需水计算。

1997 年属于平水年，1999 年属于 75% 频率枯水年，2005 年属于 90% 频率枯水年。以湖泊及其周围整体湿地生态系统的范围为计算区，得到其土地利用类型的面积，依据近 10 年模型计算的各类植被的耗水情况，以 1997 年、1999 年和 2005 年的植被类型单位面积耗水量分别计算平水年以及 75% 和 90% 枯水年的湿地总需水，平水年、75% 枯水年和 90% 枯水年整体湿地生态需水分别是 3121.6 万 m^3、2169.3 万 m^3 和 2063.8 万 m^3，见表 7.3 - 7。

6. 生态水文过程调控

由于气候因素的不可控性，且集水区的水文过程都会影响尾闾湖泊水量，故针对影响湖泊水量的人为因素，从资源利用的角度，分析集水区水文过程的调控措施。

表 7.3 - 7　　　　　　　　　　　　　枯水年和平水年湿地需水量

土地利用类型	枯水年 (90%)		枯水年 (75%)		平水年	
	面积 /km²	需水量 /万 m³	面积 /km²	需水量 /万 m³	面积 /km²	需水量 /万 m³
草甸	10.97	240.48	8.11	215.59	8.11	259.94
柽柳	0.48	13.23	0.48	11.69	0.48	16.88
干涸湖面	7.09	155.46	6.97	187.70	0.15	5.16
柠条	1.90	51.63	1.90	43.84	1.90	62.37
乔木	0.73	16.08	0.73	19.80	0.73	23.69
沙柳	18.37	403.59	16.22	437.94	16.22	524.79
水浇地	1.01	73.25	0.79	56.43	0.79	68.68
水域	4.88	564.55	4.88	558.07	11.70	1295.24
退耕地	1.00	27.29	5.21	124.80	5.21	169.14
盐碱地	5.39	112.91	6.67	116.17	6.67	153.03
油蒿	5.22	147.90	5.39	119.12	5.39	178.88
沼泽地	11.72	257.39	11.43	278.12	11.43	363.79
总计	68.77	2063.76	68.77	2169.25	68.77	3121.60

（1）集水区内适度发展饲草料基地，减少水资源利用。饲草料地是集水区的耗水大户，适当发展饲草料地，以保障集水区内各种用水的平衡。平水年适宜的湖泊面积为 9.06km²，2000 年 9 月的湖泊面积 8.85km² 与适宜湖面接近，对应的沼泽地面积约为 33.08km²。集水区尾闾湿地之外的坡面植被组成以现状 2005 年为准，各种植被耗水定额采用平水年（1997 年）的模拟结果。通过集水区的水量平衡计算，反推饲草料地的面积。由此可以得到集水区内在平水年保障适宜生态需水的情况下，可以发展 692.09hm² 饲草料地。

集水区现有饲草料地 1136.2hm²，在不考虑其他措施减少水资源的利用，就应该消减现有饲草料地的 39%，以保障流集水区内尾闾湿地的生态需水。

（2）适度放牧，减少封育直接对径流形成的影响，同时弥补饲料基地的减少间接减少水资源利用。根据遗鸥保护区现有的水资源供需矛盾，应在保护坡面生态的基础上适当放牧以控制牧草的长势，降低其耗水总量。按照封育后产干草量增加 30% 计算，则干草产量增加 270kg/hm²，根据植被面积 3251.44hm² 和一个羊单位的食草量 700kg/年计算，可以承载 1254 只标准羊。

从增加的总干草量来看，饲料地按照 10689kg/hm² 的产量计算，放牧可以减少饲料地 82hm²，这样既减少了由于植被封育所引起的径流减少量，同时在载畜量不变的情况下等于减少了饲料地面积，即间接减少了水资源利用量。研究区草场和饲料地总共能承载标准羊 20107 只，而 2005 年牲畜总量折合标准羊 125901 只，虽大部分圈养但仍处于超载状态，从积极保护和合理利用资源出发，需要合理安置本流域生态载畜量。

（3）合理布设水利工程，增加直接形成的地表径流，减少径流拦截引起水资源转化过程中的消耗。该区季节性河流汛期地表径流和其他季节沿河道侧渗的潜水是尾闾湖泊的主要水源。因此，除人畜饮水工程外，禁止流域内各条支流上修建淤地坝等改变天然径流过程的工程，减少天然径流转化成地下水并被植被消耗的水量。

（4）限制集水区沙柳继续发展，减少高耗水植被的水量消耗。2007年以来，随着内蒙古沙柳生物质能源发电、沙柳制浆造纸以及沙柳高密度板等企业的兴建运营，促进了沙柳资源的开发利用。而本区水资源可利用量有限，沙柳耗水量较大，不适合固定沙地种植，应限制其发展。另外，尽量不在集水区内种植乔木等高耗水植被以减少蒸发量，沙化治理后期应注重向地带性植被演替，促进植物的多样性发展。

7.3.3.2 红碱淖生态需水

红碱淖是遗鸥目前最大的繁殖地，混盐水体，盐度为 4.57g/L，pH 值为 9.59，属于碱性湖泊。红碱淖底栖动物种类少，优势种突出。

为了保证遗鸥有稳定的食物来源，该湖的盐度极限范围取比泊江海子更严的标准。一般认为，5～8g/L 的盐度范围是水生生物耐盐性的一个极限，是生物空间分布的一个重要生态屏障，所以取盐度为 8g/L 计算红碱淖生态需水。

据资料，2006 年时，红碱淖面积 41.8km²，水量 3.1 亿 m³，盐度 4.57g/L。根据2006 年红碱淖的含盐量反算盐度为 8g/L 时的水量，再根据此水量推算此时的水面面积约 23.8km²。

根据降水排频结果，枯水年 90%频率的水量约为平水年 50%频率的 63.8%。将 2006年盐度为 4.57g/L 时的水面面积作为平水年水面面积，则枯水年水面面积为 26.7km²。再根据唐克旺等文献资料中根据湖泊水量平衡计算结果[11]，红碱淖最低水面面积维持在25km²，见表 7.3-8。取 3 种方法平均值，则红碱淖最小面积维持在 25.2km²。根据该区的潜在蒸发量 1420mm，计算红碱淖最小生态需水量为 3578 万 m³。

表 7.3-8 红碱淖最低水面面积计算结果

项 目	盐度 8g/L 时的极限值	维持枯水年水量时的极限值	文献湖泊水量平衡计算的极限值
湖泊最小面积/km²	23.8	26.7	25
湖泊最小面积平均值/km²	25.2		

7.3.4 黄河沿岸分洪区湿地生态需水

根据 6.4 节确定的沿黄湿地保护目标，黄河沿岸在未来中长期内，考虑发挥杭锦淖、蒲圪卜、昭君坟 3 个蓄滞洪区湿地鸟类栖息地的生态需水分析。

7.3.4.1 湿地蓄滞洪区的水力参数

杭锦淖分洪区设计库容为 8243 万 m³，蒲圪卜分洪区设计库容为 3090 万 m³，昭君坟分洪区设计库容为 3296 万 m³。三处分洪区均位于防洪大堤保护区内，如图 7.3-9 所示。各分洪区水力参数见表 7.3-9。

7.3.4.2 湿地生态需水与分洪区可利用水资源量

1. 湿地生态水文过程的要求

通常鸟类食物为昆虫与草都吃的杂食性食物。

湿地作为鸟类的食物来源之地，水深不能超过 0.5m，否则底栖生物和水生植物的生

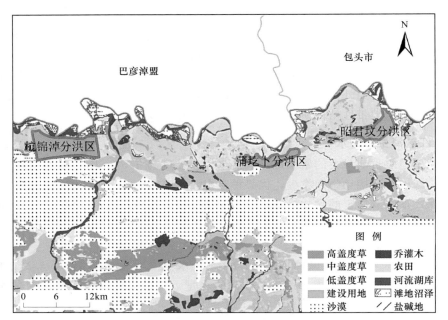

图 7.3-9　黄河沿岸分洪区湿地

长收到限制。幼虫是底栖生物孵化而成，是大部分鸟类的食物。底栖生物孵化需要的条件通常还需要晒滩，即湖底出露。因此，从生物生长需求考虑，每年凌汛过后，就需要腾出大约 2/3 的库容。

2. 湿地生态需水过程

该区的净蒸发大约 1000mm，三处分洪区的生态需水分别是蒲圪卜分洪区 1377 万 m^3、昭君坟分洪区 1993 万 m^3、杭锦淖分洪区 4407 万 m^3。分洪区总的可利用水资源量为 6852 万 m^3，见表 7.3-9。

表 7.3-9　　　　　　　　　　分洪区生态需水与可利用水资源量

项　　目	蒲圪卜分洪区	昭君坟分洪区	杭锦淖分洪区	合计
库容/万 m^3	3090	3296	8243	14629
面积/km^2	13.77	19.93	44.07	
平均水深/m	2.24	1.65	1.87	
生态需水万/m^3	1377	1993	4407	7777
可利用水资源量/万 m^3	1713	1303	3836	6852

7.3.4.3　有关湿地利用的建议

根据工程资料可以看出，杭锦淖蓄滞洪区的设计堤顶高程为 1019.53m，三湖河口站 2007 年 4—6 月平均水位分别在 1018.93m、1018.61m、1019.03m。6 月下旬水位能够超过堤高的一共有 7d，而黄河鲤鱼的产卵时间需要 1~3d，卵的孵化时间还需要 3~5d，没有时间供给鱼苗洄游。同时，2007 年的水量变化是比较特殊的，由 2009 年数据可以看出，并不能每年都在这段时间有降雨来保证。所以，蓄滞洪区的水位并不能满足黄河鲤鱼产卵所需。

很显然，现有黄河调度下的断面流量过程不能发挥沿岸湿地的河流生态功能。根据上述分析和讨论，3个蓄滞洪区所形成的湿地，并不适宜作为黄河鲤鱼的产卵场进行保护。但是，为了保持该湿地的生态环境，更好地发挥其生态作用，可以将3个蓄滞洪区建设为湿地公园。湿地公园可以结合其生态特色，很好地实现湿地保护与利用、科普教育、湿地研究、生态观光、休闲娱乐等多种功能，同时推动区域经济发展，将生态保护、生态旅游和生态环境教育的功能有机结合起来，实现自然资源的合理开发和生态环境的改善，最终体现人与自然和谐共处的境界。

7.3.5 流域生态需水与可利用水资源量

7.3.5.1 生态需水

根据上节对各项生态需水进行汇总分析，结果见表7.3-10。鄂尔多斯市总的生态需水15.2亿 m³，现状总生态缺水2.4亿 m³，其中，泊江海子与红碱淖湿地共缺水0.3亿 m³。需要说明的是黄河沿岸分洪区湿地主要用水来自凌汛期黄河干流引水，其生态需水不计入流域生态需水。

表 7.3 - 10　　　　　　　　　　生 态 需 水 总 表　　　　　　　　单位：万 m³

流域分区	现状生态耗水	坡面生态建设新增需水	河道生态需水	湿地生态需水	总的生态需水	现状湿地缺水	现状生态总缺水
西北部沿黄区	3518	5153	4204		12875		
毛不拉孔兑	959	433	1226		2618		−113
色太沟	335	345	1934		2613		
黑赖沟	340	319	1710		2369		−765
西柳沟	430	478	3141		4048		
罕台川	204	102	1954		2260		
哈什拉川	711	114	1874		2698		−404
母哈尔河	241	100	1487		1828		−196
东柳沟	22	163	863		1047		
壕庆河	171	118	741		1031		
呼斯太河	555	250	1010		1815		
塔哈拉川	300	821	862		1983		−552
十里长沟	355		2516		2871		
纳林川	3189	0	5071		8260		
悖牛川	2551	0	4078		6629		−303
乌兰木伦河	4813	0	6753		11566		−4843
无定河流域	3920	2984	6622		13526		−1100
海流兔河	1731	3716	6582		12029		
都思兔河	3506	1240	2832		7578		−3093
都思兔河（南区）	120	955	1073		2148		−1339
摩林河	5354	3089	0		8444		−3089
盐海子	5801	1102	0		6903		−1102

续表

流域分区	现状生态耗水	坡面生态建设新增需水	河道生态需水	湿地生态需水	总的生态需水	现状湿地缺水	现状生态总缺水
泊江海子	982	0	0	2796	3778	−1813	−2796
木凯淖	2384	306	0		2690		−306
红碱淖	1285	517	0	2351	4153	−1066	
胡同查汗淖（苏贝淖）	11411	953	0		12364		−953
浩勒报吉淖	5753	1848	0		7601		−1848
北大池	3190	1443	0		4633		−1443
合计	64132	26549	56531	5146	152359	−2879	−24243

7.3.5.2 可利用水资源量

可利用水资源量通常指流域自产水资源的可利用量，在鄂尔多斯还包括黄河干流分水指标、凌汛期分洪水可利用量。

（1）流域自产水资源可利用量。以 2000 年的水资源评价结果计算，扣除气候变化和坡面植被建设减少的水资源量，以及流域水生态需水量，流域自产水资源可利用量是 86986 万 m^3。

（2）黄河干流引水指标。根据第二次全国水资源综合规划，在原有"87 分水方案"的基础上，黄委会会同宁夏、内蒙古将分配自治区的水资源量进行了进一步细分到地市，鄂尔多斯市分得黄河干流用水指标 6.53 亿 m^3。

（3）防凌蓄滞洪区可利用水量。黄河沿岸有杭锦淖、蒲圪卜、昭君坟 3 个蓄滞洪区湿地，设计总库容 16429 万 m^3，按照蓄满计算，扣除湿地生态需水 7777 万 m^3，3 处分洪区可利用水资源总量 6852 万 m^3。

根据上述分析，鄂尔多斯市总的可利用水量 16.0 亿 m^3，见表 7.3-11。与第二次《全国水资源综合规划》成果相比，流域自产水资源可利用量从 12.37 亿 m^3 减少到 8.70 亿 m^3，减少了 3.64 亿 m^3，与近 10 年减少的水资源量相当。新增了防凌蓄滞洪区可利用水量 0.69 亿 m^3 和煤矿疏干水可利用量 0.16 亿 m^3。

表 7.3-11　　　　　　　　可利用水资源量　　　　　　单位：万 m^3

流域分区	1956—2000年平均水资源量	近10年植被建设和气候变化减少的水资源量	生态需水	流域自产水资源可利用量	黄河干流引水指标	防凌蓄滞洪区引洪可利用量	可利用总水量
西北部沿黄区	16094	430	12875	2789	13902	6852	23543
毛不拉孔兑	3775	277	2618	880	392		1272
色太沟	6041	863	2613	2565	3889		6454
黑赖沟	4843	250	2369	2224	538		2762
西柳沟	8480	150	4048	4281	5882		10163
罕台川	5379	392	2260	2727	5498		8225
哈什拉川	5030	232	2698	2099	8459		10558
母哈尔河	4466	649	1828	1989	1272		3261

续表

流域分区	1956—2000年平均水资源量	近10年植被建设和气候变化减少的水资源量	生态需水	流域自产水资源可利用量	黄河干流引水指标	防凌蓄滞洪区引洪可利用量	可利用总水量
东柳沟	2334	15	1047	1272	2430		3702
壕庆河	2615	644	1031	941	3042		3983
呼斯太河	3368	594	1815	959	2934		3893
塔哈拉川	4422	1446	1983	994	3147		4141
十里长沟	7460	1171	2871	3418	13056		16474
纳林川	13226	550	8260	4417	858		5275
悖牛川	11313	1118	6629	3567			3567
乌兰木伦河	19892	3009	11566	5317			5317
无定河流域	21810	2270	13526	6014			6014
海流兔河	25017	4846	12029	8142			8142
都思兔河	10097	1777	7578	741			741
都思兔河（南区）	6384	2747	2148	1489			1489
摩林河	10865	1243	8444	1179			1179
盐海子	13195	1855	6903	4438			4438
泊江海子	3212	261	3778				0
木凯淖	2804	−301	2690	415			415
红碱淖	4305	154	4153				0
胡同查汗淖（苏贝淖）	34585	2189	12364	20033			20033
浩勒报吉淖	10768	3090	7601	77			77
北大池	10969	2317	4633	4019			4019
合计	272751	34236	152359	86986	65300	6852	159138

7.3.6 功能区可利用水量

7.3.6.1 地下水富集区分析[3]

区域气候、地形地貌和包气带岩性与厚度决定了地下水的补给强度，地层岩性、厚度、结构、孔隙度、空隙通透性决定了含水层的含水量、贮水能力、调蓄能力和导水能力等特征，含水层补给强度、渗透性、径流与排泄条件控制着地下水的更新能力。上述因素综合作用，决定了各地区地下水富集程度。

本区域内流区主要为沙漠高原，地形平缓，包气带岩性主要是松散多孔通透性好的风积砂和风化砂岩，大气降水入渗补给地下水；含水介质在内流区主要是一套巨厚结构单一的、以砂岩为主的河流相与沙漠相沉积，胶结较差，孔隙发育，孔隙度多为15%～35%，平均渗透系数为0.52m/d，以含水层为主，隔水层少。埋深200m以上的浅层及200～500m的中层含水层，孔隙度多为20%～35%，平均渗透系数0.32～0.65m/d；500m以下的深层，孔隙度多为10%～25%，平均渗透系数0.63m/d，浅层及中层是重要的富集层位。

区域内较大的河流谷地及湖淖是地下水排泄基准面，并控制地下水的循环深度和径流强度。地下水从补给区向排泄区径流过程中，往往在排泄区周边地带由于地下水汇流而形成富集区。如摩林河、都思兔河、无定河两侧及盐海子、达拉图鲁湖、巴汗淖、胡同查汗淖等湖淖周边地带，地下水补给量大、含水层富水性强，形成富集区。

根据《鄂尔多斯盆地地下水勘查研究》（侯光才、张茂省，2008）[3]，含水层富水区域、富水层位、富水程度、水质情况及地下水更新能力，结合市域能源基地建设布局，充分考虑能源基地建设中潜在的供水需求，以满足能源基地的建设为目标，把浅层、中层乃至深层有强富水、中等富水含水层分布，且水质相对较好（矿化度小于 2g/L）的区域，作为地下水富集区。根据这一原则，共优选出 7 个地下水富集区，面积 21977km²，分别为Ⅰ阿勒腾席热-新街、Ⅱ浩勒报吉-昂素、Ⅲ哈头才当-河南乡、Ⅳ伊克乌素、Ⅴ杭锦棋盐海子、Ⅵ达拉图鲁、Ⅶ都思兔河。见图 7.3 - 10。

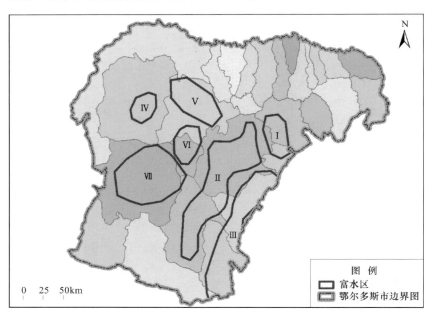

图 7.3 - 10　鄂尔多斯富水区分布（引自侯光才、张茂省，2008）

在富水区划定基础上，考虑开采技术条件、开发潜力、潜在开发利用需求及与现有水源地关系，以浅层及中层地下水为目标开采层位，优选出地下水源地共计 37 个（图 7.3 - 11）。根据水文地质模型及数值法计算每个水源地可开采量，将其与功能区相叠加，计算各功能区地下水可开采量。

7.3.6.2　功能区可利用水量

（1）各功能区自产水资源可利用量，外流区基本用流域水资源可利用量进行确定；内流区各功能区地下水可利用量是以本次研究的区域总水资源可利用量为约束，按照《鄂尔多斯盆地地下水勘查研究》（侯光才、张茂省，2008）抽水试验点（分布见图 7.3 - 11）可开采量[3]的基础上进行各功能区的分配。

（2）功能区黄河干流引水指标，包括两项：一是按照引黄水量的工业用水水权分配对象所在区域；二是以及本次计算沿黄各流域农业灌溉耗黄水量计算。

表 7.3-12　鄂尔多斯市水功能区水质目标及可开采量

序号	代码	功能区名称	行政区	河流湖库名称	起点	终点	河流长度/km	含水层(湖泊)面积/km²	水质目标	功能排序	自产水资源可利用量/(万m³/a)	引黄水指标/(万m³/a)	防凌分洪区可利用量/(万m³/a)	可利用总水量/(万m³/a)
1	542	毛不拉孔兑农业用水区	杭锦旗	毛不拉孔兑	霍吉太沟入口	茂隆营(入黄河前5km)	73.2	217.6	IV	农业	844	450		1294
2	542	色太沟农业用水区	达拉特旗	色太沟	库计沟入口	乌兰水库	45.3	77.58	IV	农业	1397	3700		5097
3	542	黑赖沟农业用水区	达拉特旗	黑赖沟	哈拉汗沟入口	入黄河口前5km	65.9	161.44	IV	农业	361	530		891
4	21	西柳沟饮用水源区	达拉特旗	西柳沟	大路壕	小召子东队	31.9	162.5	III	饮用	2115			2115
5	542	西柳沟农业用水区	达拉特旗	西柳沟	小召子东队	西刘定圪堵	18.7	29.4	III	农业	1058	5500		6558
6	21	罕台川饮用水源区	达拉特旗	罕台川	纳林沟门	水泉子坝	41.7	130.2	III	饮用	1976	3480		5456
7	542	哈什拉川农业用水区	达拉特旗	哈什拉川	刘家圪堵	新民堡	21.2	270.36	IV	农业	663	5904		6567
8	542	母哈尔河农业用水区	达拉特旗	母哈尔河	三眼井	西山份子	37.5		IV	农业	891	1200		2091
9	542	东柳沟农业用水区	达拉特旗	东柳沟	榆树塔	入黄河口处	42.6	52.13	IV	农业	968	2150		3118
10	542	呼斯太河农业用水区	准格尔旗	呼斯太河	公益盖	入黄河口处	57.6	33.7	IV	农业	643	2710		3353
11	542	十大孔兑地下区分散式农业用水区	准格尔旗						70.58	IV	农业	546	320		866
12	513	大沟地下集中式农业用水区	准格尔旗	大沟				614.56	IV	农业 工业				
13	542	大沟分散式农业用水区	准格尔旗	大沟	孔兑沟入口	大沟门	21.3	25.4	IV	农业	792			792
14	43	大沟地下水集中式工业用水区	准格尔旗		源头			37.1	IV	工业				
15	542	龙王沟农业用水区	准格尔旗	龙王沟	源头	陈家沟门	25.2		IV	农业	562			562
16	70	龙王沟区域过渡区	准格尔旗	龙王沟	陈家沟门	入黄河口处	9.8		III	过渡	87			87
17	42	黑岱沟工业用水区	准格尔旗	黑岱沟	源头	李家圪堵	22.4		III	工业	200			200

续表

序号	代码	功能区名称	行政区	河流湖库名称	起点	终点	河流长度/km	含水层(湖泊)面积/km²	水质目标	功能排序	自产水资源可利用量/(万 m³/a)	引黄水指标/(万 m³/a)	防凌分洪区可利用量/(万 m³/a)	可利用总水量/(万 m³/a)
18	70	黑岱沟区域过渡区	准格尔旗	黑岱沟	李家圪堵	入黄河河口处	10.2		III	过渡	91			91
19	542	十里长川农业用水区	准格尔旗	十里长川	源头	长滩	55.7		IV	农业	496			496
20	70	十里长川区域过渡区	准格尔旗	十里长川	长滩	入纳林川	8.7		IV	过渡	78			78
21	121	纳林川源头保护区	准格尔旗	纳林川	源头	纳林	48	52.4	III	保护区	1773			1773
22	542	纳林川农业用水区	准格尔旗	纳林川	纳林	郭家坪	29	224.9	IV/III	农业	1071	486		1557
23	70	纳林川区域过渡区	准格尔旗	纳林川	郭家坪	前坪	16		III	过渡	591			591
24	542	清水川农业用水区	准格尔旗	清水川	源头	五字湾	23.6	22.57	III	农业	872			872
25	70	清水川区域过渡区	准格尔旗	清水川	五字湾	出省交界处	8	11.8	III	过渡	295			295
26	121	孤山川源头保护区	准格尔旗	孤山川	源头	庙沟门	31.8	21.1	III	保护区	1174			1174
27	121	悖牛川源头保护区	准格尔旗	悖牛川	源头	头道柳	41.6	77.58	III	保护区	1755			1755
28	42	悖牛川工业用水区	伊金霍洛旗	悖牛川	头道柳	新庙	21.7	49.7	IV	工业	915			915
29	70	悖牛川区域过渡区	伊金霍洛旗	悖牛川	新庙	杨旺塔	10	31.72	IV	过渡	422			422
30	121	乌兰木伦河源头保护区	伊金霍洛旗	乌兰木伦河	源头	乌兰木伦水库	39	132	III	保护区	283			283
31	42	乌兰木伦河工业用水区	伊金霍洛旗	乌兰木伦河	乌兰木伦水库	桑盖	20	58.8	III	工业	145			145
32	70	乌兰木伦河过渡区	伊金霍洛旗	乌兰木伦河	桑盖	高家塔	10		III	过渡	73			73
33	21	乌兰木伦河饮用水源区	伊金霍洛旗	乌兰木伦河	高家塔	乌兰木伦(张家畔)	10	27.9	III	饮用	73			73
34	70	乌兰木伦河区域过渡区	伊金霍洛旗	乌兰木伦河	乌兰木伦(张家畔)	出省处大柳塔	18		III	过渡	131			131
35	542	乌兰木伦河支流农业用水区	伊金霍洛旗	乌兰木伦河	源头	入乌兰木伦河河口	20	67.3	IV	农业	94			94
36	21	东乌兰木伦河饮用水源区	伊金霍洛旗	东乌兰木伦河	源头	入乌兰木伦河口	20	53.9	III	饮用	145			145
37	70	无定河区域过渡区	乌审旗鄂托克前旗	无定河	金鸡沙水库	大沟湾	48.4		III	过渡	1048			1048

续表

序号	代码	功能区名称	行政区	河流湖库名称	起点	终点	河流长度/km	含水层(湖泊)面积/km²	水质目标	功能排序	自产水资源可利用量/(万m³/a)	引黄水指标/(万m³/a)	防凌分洪区可利用量/(万m³/a)	可利用总水量/(万m³/a)
38	42	无定河工业用水区	乌审旗	无定河	大沟湾	巴图湾水库坝址	24.5		IV	工业	530			530
39	70	无定河区域过渡区	乌审旗	无定河	巴图湾水库坝址	蘑菇台	15.8		IV	过渡	342			342
40	542	无定河农业用水区	乌审旗	无定河	蘑菇台	河南畔	10		III	农业	217			217
41	513	红柳河地下集中式农业用水区	乌审旗					333.3	III	农业	1324			1324
42	70	无定河区域过渡区	乌审旗	无定河	河南畔	雷龙湾	10		III	过渡	217			217
43	121	纳林河源头保护区	乌审旗	纳林河	源头	苏利图芒哈	10		III	保护区	217			217
44	42	纳林河工业用水区	乌审旗	纳林河	苏利图芒哈	入无定河河口	49.7	186.1	IV	工业	1076			1076
45	542	海流兔河农业用水区	乌审旗	海流兔河	查干陶亥	深水台	20		IV	农业	6806			6806
46	70	海流兔河区域过渡区	乌审旗	海流兔河	深水台	出省处	5		IV	过渡	1702			1702
47	80	都思兔河保留区	鄂托克旗	都思兔河	源头	敖伦淖牧场	34.4		IV	保留区	1.6			1.6
48	542	都思兔河农业用水区	鄂托克旗	都思兔河	敖伦淖牧场	陶斯图	124.3		IV	农业	6			6
49	513	都思兔河地下集中式农业用水区	鄂托克旗					1387	III	农业	4271			4271
50	70	都思兔河区域过渡区	鄂托克旗	都思兔河	陶斯图	入黄河口处	8		III	过渡	0.4			0.4
51	52	内流区集中式牧业用水区	杭锦旗 鄂托克旗					11906	III	牧业	5420			5420
52	122	东胜准格尔旗河流源头水源涵养区	准格尔旗 东胜					12097.1	III	水源涵养		752		752
53	13	生态脆弱区	杭锦旗 达拉特旗 准格尔旗					9382.3	III	生态脆弱				0

续表

序号	代码	功能区名称	行政区	河流湖库名称	起点	终点	河流长度/km	含水层(湖泊)面积/km²	水质目标	功能排序	自产水资源可利用量/(万m³/a)	引黄水指标/(万m³/a)	防凌分洪区可利用量/(万m³/a)	可利用总水量/(万m³/a)
54	513	准格尔旗岩溶水地下集中式农业用水区	准格尔旗					592.3	Ⅲ	农业				
55	43	准格尔旗岩溶水地下集中式工业农业用水区	准格尔旗					480.7	Ⅲ	工业 农业	1427	475.1		1902
56	543	准格尔旗岩溶水分散式农业用水区	准格尔旗					120.2		农业				
57	52	东南部集中式牧业用水区	鄂托克前旗 乌审旗					9505.88	Ⅲ	牧业	1314			1314
58	513	黄河沿岸集中式农业用水区	杭锦旗 达拉特旗 准格尔旗					3854.97	Ⅲ	农业		25172		25172
59	53	内流区分散式牧业用水区	杭锦旗 达拉特旗 伊金霍洛旗 鄂托克旗					9393.7	Ⅲ	牧业	2792	2678		5470
60	53	鄂托克前旗分散式牧业用水区	鄂托克前旗					8767.24	Ⅳ	牧业	657			657
61	43	上海庙地下工业用水区	鄂托克前旗					1243.1	Ⅳ	工业 农业	100	2566		2666
62	513	无定河地下集中式农业用水区	乌审旗					1346.6	Ⅳ	农业	986			986
63	513	纳林河地下集中式农业用水区	乌审旗					199.9	Ⅳ	农业	1643			1643
64	43	乌兰陶勒盖地下工业农业用水区	乌审旗					261.2	Ⅳ	工业 农业	1314			1314

序号	代码	功能区名称	行政区	河流湖库名称	起点	终点	河流长度/km	含水层（湖泊）面积/km²	水质目标	功能排序	自产水资源可利用量/（万 m³/a）	引黄水指标/（万 m³/a）	防凌分洪区可利用量/（万 m³/a）	可利用总水量/（万 m³/a）
65	43	鄂托克旗苏米图地下工业农业用水区	鄂托克旗					611.6		工业 农业	986			986
66	80	内流区保留区	杭锦旗 鄂托克旗					3181	III	保留区	3285			3285
67	513	内流区地下集中式农业用水区	杭锦旗					1049	III	农业	657			657
68	43	乌审召地下工业农业用水区	乌审旗					309.9	IV	工业 农业	2628			2628
69	513	杭锦旗内流区地下集中式农业用水区	杭锦旗					1181.7	IV	农业	1643			1643
70	43	杭锦旗内流区地下工业农业用水区	杭锦旗					812.23	IV	工业 农业	3942	1081		5023
71	43	西部岩溶区地下工业农业用水区	鄂托克旗					509.8	IV	工业 农业	141	3779		3920
72	513	西部岩溶区地下集中式农业用水区	鄂托克旗 杭锦旗					635	IV	农业		1448		1448
73	80	纳林河保留区	乌审旗					211	保留区	保留区	183			183
74	43	陶利地下水工业农业用水区	乌审旗					845.38	III	工业农业	1314			1314
75	80	乌审旗南部保留区	乌审旗					839.8	II	保留区	365			365
76	112	都思兔河省级自然保护区	鄂托克旗					377.07	III	保护区				
77	111	遗鸥国家级自然保护区	东胜					670.2	II	保护区				
78	511	乌兰水库农业用水区	达拉特旗	乌兰水库				0.42	V	农业				
79	41	巴图湾水库工业用水区	乌审旗	巴图湾水库				9.76	III	工业				
80	41	大南沟水库工业用水区	乌审旗	大南沟水库				0.03	IV	工业				

续表

序号	代码	功能区名称	行政区	河流湖库名称	起点	终点	河流长度/km	含水层(湖泊)面积/km²	水质目标	功能排序	自产水资源可利用量/(万m³/a)	引黄水指标/(万m³/a)	防凌分洪区可利用量/(万m³/a)	可利用总水量/(万m³/a)
81	60	三台吉景观用水区	东胜	三台吉景观用水区				1.17	V	景观				
82	60	七星湖景观用水区	杭锦旗	七星湖				4.08	V	景观				
83	511	摩林河水库农业用水区	杭锦旗	摩林河水库				1.21	V	农业				
84	41	扎萨克水库工业景观用水区	伊金霍洛旗	扎萨克水库				1.56	IV	工业 景观				
85	41	大沟湾工业用水区	乌审旗	大沟湾水库				0.59	IV	工业				
86	511	布隆一号水库农业用水区	鄂托克旗	布隆一号水库				2.69	V	农业				
87	41	宝勒高水库工业用水区	伊金霍洛旗	宝勒高水库				0.32	IV	工业				
88	60	乌兰木伦水库景观用水区	伊金霍洛旗	乌兰木伦水库				1.2	III	景观				
89	112	杭锦旗省级自然保护区	杭锦旗	杭锦淖尔湿地自然保护区				728.4	II	保护区		919	919	919
90	41	杭锦淖尔分洪区工业农业用水区	杭锦旗					44.1		农业			3836	3836
91	41	蒲圪卜分洪区工业农业用水区	达拉特旗					14.27		农业			1713	1713
92	41	昭君坟分洪区工业农业用水区	达拉特旗					19.94		农业			1303	1303
93	23	门克庆水源地	伊金霍洛旗					285.1		饮用	730			730
94	231	哈头才当水源地一级保护区	乌审旗					57.58	III	保护区	3650			3650
95	232	哈头才当水源地二级保护区	乌审旗					57.28	III	保护区				
96	231	展旦召水源地一级保护区	达拉特旗					0.6	III	保护区	1095			1095

续表

序号	代码	功能区名称	行政区	河流湖库名称	起点	终点	河流长度/km	含水层(湖泊)面积/km²	水质目标	功能排序	自产水资源可利用量/(万m³/a)	引黄水指标/(万m³/a)	防凌分洪区可利用用量/(万m³/a)	可利用总水量/(万m³/a)
97	231	苏计沟水源地一级保护区	准格尔旗					0.014	Ⅲ	保护区	548			548
98	231	陈家沟门水源地一级保护区	准格尔旗					0.02	Ⅲ	保护区	548			548
99	231	嘎鲁图镇水源地一级保护区	乌审旗					0.37	Ⅲ	保护区	160			160
100	231	锡尼镇水源地一级保护区	杭锦旗					0.072	Ⅲ	保护区	219			219
101	231	乌兰镇水源地一级保护区	鄂托克旗					0.04	Ⅲ	保护区	90			90
102	231	西柳沟水源地一级保护区	达拉特旗					7.19		保护区	600			600
103	232	西柳沟水源地二级保护区	达拉特旗					9.1		保护区				
104	231	木肯淖尔一级保护区	达拉特旗					270.83		保护区	1095			1095
105	231	查干淖尔一级保护区	鄂托克旗					0.24		保护区	438			438
106	232	查干淖尔二级保护区	鄂托克旗					119.35		保护区				
107	231	敖勒召旗镇水源地一级保护区	鄂托克前旗					12.17		保护区	511			511
108	231	泊尔江海子镇什股壕村水源地一级保护区	东胜区					0.63	Ⅲ	保护区	5167			5167
109	232	泊尔江海子镇什股壕村水源地二级保护区	东胜区					7.33		保护区				
110	231	吉格斯太镇大红奎村水源地一级保护区	达拉特旗					0.004	Ⅲ	保护区				
111	231	王爱召镇杨家圪堵村水源地一级保护区	达拉特旗					0.004		保护区				
112	232	王爱召镇杨家圪堵村水源地二级保护区	达拉特旗					0.43		保护区				
113	231	昭君坟镇和胜村水源地一级保护区	达拉特旗					0.004	Ⅲ	保护区				

续表

序号	代码	功能区名称	行政区	河流湖库名称	起点	终点	河流长度/km	含水层(湖泊)面积/km²	水质目标	功能排序	自产水资源可利用量/(万 m³/a)	引黄水指标/(万 m³/a)	防凌分洪区可利用量/(万 m³/a)	可利用总水量/(万 m³/a)
114	231	恩格贝镇新芝旦水源地一级保护区	达拉特旗					0.004	III	保护区				
115	232	恩格贝镇新芝旦水源地二级保护区	达拉特旗					0.43		保护区				
116	231	薛家湾镇张家芝旦居委会永兴店水源地一级保护区	准格尔旗					0.059	III	保护区				
117	231	薛家湾镇唐公塔居委会官板乌素水源地一级保护区	准格尔旗					0.004	III	保护区				
118	231	薛家湾镇唐公塔居委会窑沟水源地一级保护区	准格尔旗					0.01	III	保护区				
119	231	薛家湾镇哈拉散包拉散包村水源地一级保护区	准格尔旗					0.01	III	保护区				
120	231	布尔陶亥苏木营子村水源地一级保护区	准格尔旗					0.046	III	保护区				
121	232	布尔陶亥苏木营子村水源地二级保护区	准格尔旗					1.80	III	保护区				
122	231	龙口镇水源地	准格尔旗					0.004	III	保护区				
123	232	龙口镇二水源地	准格尔旗					0.006	III	保护区				
124	231	大路新区大沟村苗家滩水源地一级保护区	准格尔旗					0.04	III	保护区				
125	231	札萨克镇自来水厂水源地一级保护区	伊金霍洛旗					0.03	III	保护区				
126	231	苏布尔嘎镇饮用水水源地一级保护区	伊金霍洛旗					0.02	III	保护区				

续表

序号	代码	功能区名称	行政区	河流湖库名称	起点	终点	河流长度/km	含水层(湖泊)面积/km²	水质目标	功能排序	自产水资源可利用量/(万 m³/a)	引黄水指标/(万 m³/a)	防凌分洪区可利用量/(万 m³/a)	可利用总水量/(万 m³/a)
127	231	伊金霍洛镇水厂水源地一级保护区	伊金霍洛旗					0.04	Ⅲ	保护区				
128	231	红庆河镇乌兰淖水源地一级保护区	伊金霍洛旗					0.13	Ⅲ	保护区				
129	231	乌审召镇水源地一级保护区	乌审旗					0.06		保护区				
130	231	图克镇水源地一级保护区	乌审旗					0.08		保护区				
131	231	乌兰陶勒盖镇水源地一级保护区	乌审旗					0.08		保护区				
132	231	苏力德苏木水源地一级保护区	乌审旗					0.04		保护区				
133	231	无定河镇水源地一级保护区	乌审旗					0.06		保护区				
134	231	乌审召化工项目区水源地一级保护区	乌审旗					0.04	Ⅲ	保护区				
135	231	图克工业项目区水源地一级保护区	乌审旗					0.08		保护区				
136	231	纳林河矿区水源地一级保护区	乌审旗					0.08		保护区				
137	231	巴拉贡镇饮用水水源地一级保护区	杭锦旗					0.01	Ⅲ	保护区				
138	232	巴拉贡镇饮用水水源地二级保护区	杭锦旗					0.62		保护区				
139	231	呼和木独饮用水水源地一级保护区	杭锦旗					0.01	Ⅲ	保护区				

续表

序号	代码	功能区名称	行政区	河流湖库名称	起点	终点	河流长度/km	含水层(湖泊)面积/km²	水质目标	功能排序	自产水资源可利用量/(万 m³/a)	引黄水指标/(万 m³/a)	防凌分洪区可利用量/(万 m³/a)	可利用总水量/(万 m³/a)
140	232	呼和木独饮用水水源地二级保护区	杭锦旗					0.66		保护区				
141	231	吉日嘎郎图饮用水水源地一级保护区	杭锦旗					0.01	Ⅲ	保护区				
142	232	吉日嘎郎图饮用水水源地二级保护区	杭锦旗					0.85		保护区				
143	231	伊和乌素和一级保护区	杭锦旗					0.01	Ⅲ	保护区				
144	231	棋盘井镇棋盘市水源地一级保护区	鄂托克旗					0.07		保护区				
145	231	棋盘井镇计水库水源地一级保护区	鄂托克旗					15	Ⅲ	保护区				
146	231	棋盘井镇草籽场水源地一级保护区	鄂托克旗					0.01	Ⅲ	保护区				
147	231	蒙西镇蒙西社区水源地一级保护区	鄂托克旗					0.01	Ⅲ	保护区				
148	232	蒙西镇蒙西社区水源地二级保护区	鄂托克旗					0.86		保护区				
149	231	城川镇饮用水水源地一级保护区	鄂托克前旗					0.01	Ⅲ	保护区				
150	231	上海庙经济技术开发区饮用水水源地一级保护区	鄂托克前旗					0.03	Ⅲ	保护区				
151	232	上海庙经济技术开发区饮用水水源地二级保护区	鄂托克前旗					2.95		保护区				
		合　计					1296	86688			86986	65300	6852	159138

　　（3）功能区防凌蓄滞洪区可利用水量，按照3个蓄滞洪区杭锦淖尔、蒲圪卜、昭君坟的设计总库容扣除湿地生态需水计算的。

　　各水功能-水环境分区的水质目标及可开采量见表7.3-12。

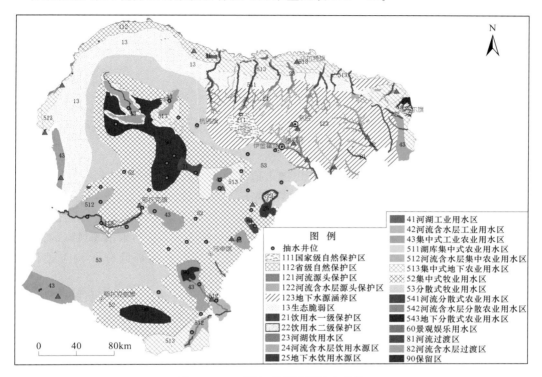

图例

* 抽水井位
111国家级自然保护区
112省级自然保护区
121河流源头保护区
122河流含水层源头保护区
123地下水源涵养区
13生态脆弱区
21饮用水一级保护区
22饮用水二级保护区
23河湖饮用水区
24河流含水层饮用水源区
25地下水饮用水源区

41河湖工业用水区
42河流含水层工业用水区
43集中式工业农业用水区
511湖库集中式农业用水区
512河流含水层集中农业用水区
513集中式地下农业用水区
52集中式牧业用水区
53分散式牧业用水区
541河流分散式农业用水区
542河流含水层分散农业用水区
543地下分散式农业用水区
60景观娱乐用水区
81河流过渡区
82河流含水层过渡区
90保留区

0　　40　　80km

图 7.3-11　鄂尔多斯地下抽水井位

第8章 结论与展望

8.1 结论

1. 水循环与生态格局

鄂尔多斯高原是新构造运动控制下周围山地隆起而中间盆地下沉接受沉积物堆积而形成的浅碟形高原，黄河以几字湾环绕鄂尔多斯高原，并形成典型的黄河内流区，在相对较大区域的地下分水岭与地表分水岭一致。在自然地理方面，鄂尔多斯高是典型的过渡区，即黄土高原与蒙古高原的过渡区，蒙古-西伯利亚反气旋高压中心向东南季风区的过渡区，欧亚草原区和中亚荒漠区的交汇和过渡地区。根据区域内水循环的分异特点进行分别说明。

（1）黄河干流-十大孔兑-第四系孔隙含水层-沿黄湿地。黄河在鄂尔多斯高原沿着深大断裂绕行，南岸第四系含水层较薄，十大孔兑是南岸由南向北平行分布的 10 条小河，河流比降大，基本上天然断流。第四系含水层接受南部十大孔兑径流直接补给，黄河是南岸地下水的最终排泄基准面。在南岸滞水洼地，地下水溢出与黄河凌汛期的补给成为湿地。

（2）准格尔、桌子山岩溶地下水系统。鄂尔多斯高原的岩溶水系统为寒武-奥陶系岩溶地下水，准格尔岩溶水子系统是天桥地下水系统的一小部分，天桥岩溶水接受补给后，沿含水层倾斜方向向西部汇流，遇到隔水顶板受阻后汇集形成准格尔旗黑岱沟-山西龙口和兴县-天桥两条地下强径流带，黄河在天桥一带切穿含水层，构成岩溶地下水的最终排泄点。桌子山子岩溶含水系统为厚层"脉状"岩溶裂隙含水层，主要接受降水入渗补给和少量河流渗漏补给。

（3）内流区河流-第四系孔隙含水层-白垩系裂隙孔隙含水层-湖淖湿地。内流区河流短、坡降缓、流量小，内流区地表分水岭与地下分水岭不完全对应，第四系上更新统空隙含水层与白垩系裂隙孔隙含水层在区域上无稳定的隔水层，上部第四系含水层与下伏白垩系地下水的水力联系密切。在地表分水岭与地下分水岭完全一致的流域，径流基本上以地下水和湖淖湿地的形式存在，地下水以湖淖湿地为最终排泄基面。在地表分水岭与地下分水岭不完全一致的流域，除了上述特征外，还有地下水侧渗。

（4）窟野河上游河流-第四系含水层廊道系统。该区域下覆含水岩层为岩石炭-侏罗系裂隙含水系统，裂隙发育程度低，系统内地下水贫乏。第四系上更新统萨拉乌素组连续分布于各古河槽中，透水性强，一般不含水。沿一些较大河流，分布有河谷型第四系孔隙潜水，形成河流-含水层廊道系统，在切割基岩的地方，径流全部出露为地表水。

（5）都思兔河-第四系孔隙含水层-白垩系裂隙孔隙含水层。都思兔河位于库布齐沙漠，透水性普遍良好，加之地形较平坦，非常有利于降水入渗，下渗水分能够更多地向下运移补给地下水，地下径流比较丰富，汛期与非汛期径流量各 50%，含沙量低。上游水质较好，中下游苦涩。

（6）无定河上游河流-第四系孔隙含水层-白垩系裂隙孔隙含水层——湖淖湿地。该流域位于毛乌素沙地的东缘，主要为砂性土，透水性普遍良好，加之地形较平坦，非常有利于降水入渗，因此，地表径流在源头区较弱，河网密度小；第四系上更新统孔隙含水层发育，并与下覆白垩系裂隙孔隙含水层构成统一的含水系统；同时，接受闭流区地下径流的补给，下游高家堡站年径流深 146.1mm。地下水浅层循环的主要排泄为湖淖与河流，白垩系的深层循环最终排泄基面为河流。正因为地下水的调节，这些河流具有年径流分配比较均匀、洪水少、含沙量低、基流量大的特征，同时河流不断流，水生生物相对丰富。

2. 生态水文演变

水文循环与气候变化、下垫面变化密切相关，鄂尔多斯高原北部本世纪以来进行大规模的生态建设，是我国半干旱区下垫面改变最显著的地区，同时生态系统脆弱，气候变化明显，生态水文演变概括为以下几点。

（1）鄂尔多斯北部水文气象演变规律与西北地区整体趋势一致。不同气象站年均气温以 0.396～0.471℃/10a 的幅度增长。年均降水量呈减少趋势，鄂尔多斯市区范围降水加权平均值减少约 3.3mm/10a，东西部差异较大，西部鄂旗站多年平均降水 267mm，减少趋势 1.4mm/10a，东部东胜站多年平均降水 383mm，减少趋势 10.3mm/10a，两站的季节性变化规律不一致，春、夏、冬三季降水量均有小幅升高，秋季降水量呈减小趋势。水面蒸发总体上呈下降趋势，20 世纪 90 年代初为转折点，90 年代之后水面蒸发呈增加趋势。

（2）21 世纪初的前 10 年，鄂尔多斯市境内林地面积增加了 2390km²，草地增加 5211km²，这两种是主要的增加类型，沙漠减少了 6582km²。过去以高水位支撑的湖淖、滩地沼泽整体退化 60% 以上。同时，这 10 年间，农田退耕 1581km²，是 2000 年耕地的 35%，其中有部分转为林灌草，这是生态建设中退耕还草的结果；但新开荒 2645km²，草地及沙漠等其余土地类型也不同程度转化为农田，这是近年来新开的饲草料基地；耕地的总面积基本没变，维持在 4500km²，值得注意的是退耕地是不灌溉的坡耕地，新开荒的是灌溉的饲草料基地。

（3）自 20 世纪 70、80 年代后大规模开展水土保持治理以来，主要河流来水来沙量显著减小。根据汛期总输沙量比较，减沙率基本都在 90% 以上。近年来出现增加现象，主要是由于淤地坝淤满所致。比如平水年份 2006 年，中等雨强的情况下，北部十大孔兑流域输沙量有明显增加，东部流域皇甫川水土保持措施的减沙效益很低，甚至有河流产沙增加的现象，纳林川输沙量也增加 1 倍左右。之后，2006—2007 年期间，在这些流域上新增建 4 座小型水库，才使得流域的减沙效益有所恢复。

（4）内流区总体地下水位有所下降，在地下水位下降幅度最大的地区，近 7 年来的地下水埋深在灌溉高峰期下降了 15m，但是在非灌溉期水位能够恢复，从静水位的动态来看，水位下降 3～6m。

（5）湖泊湿地面积由 20 世纪 90 年代的 421km² 减少到 2000 年减为 360km²，2010 年更进一步减少到 77km^2，减少近 80%。其中，国家级重要湿地遗鸥自然保护区的核心区泊江海子，到 2002 年减少了 29%，到 2005 年冬天湖面面积只有 2.7km^2；随着湿地萎缩，湖水咸化，水生生物减少，浮游植物只有蓝藻门的 3 种和绿藻门的 2 种，浮游动物只有技角类的 1 种和贝甲目的一种，以致遗鸥落脚于陕西境内的红碱淖。红碱淖水域面积从 1986 年到 2004 年期间逐年减少，减少面积约 30%。

3. 水资源量及其国民经济与生态消耗

（1）第二次《全国水资源综合规划》以 2000 年为基准年，评价鄂尔多斯市地表水资源量为 11.2 亿 m^3，地下水资源量为 18.43 亿 m^3，扣除地表水与地下水之间重复计算量 2.56 亿 m^3，水资源总量为 27.07 亿 m^3。本次评价是将《全国水资源综合规划》的 5 个水资源四级区，即石嘴山至河口镇南岸、吴堡以上右岸、内流区、青铜峡至石嘴山和无定河流域，根据地表分水岭和地下分水岭划分成 28 个子流域，基准年仍然是 2000 年，总水资源量 27.07 亿 m^3。

（2）采取分流域集中式耗水平衡方法以及重点流域分布式水文模型计算，21 世纪初前 10 年水资源转化消耗如下：气候变化减少水资源 0.4 亿 m^3，生态建设消耗水资源 4.1 亿 m^3，则 2010 年鄂尔多斯市实际的水资源量是 21.2 亿 m^3；国民经济总耗水 15.0 亿 m^3，其中，消耗自产水资源量 8.2 亿 m^3，消耗黄河干流引水资源 6.8 亿 m^3，第一产业农业耗水 11.3 亿 m^3，占总耗水量 75%，第二产业工业耗水 2.1 亿 m^3，占总耗水量 14%；区域内地下水支撑的林地与水生态系统（河流滩地、湖泊沼泽与盐碱地）消耗水资源 6.4 亿 m^3，占水资源量的 23.4%，以地表和地下径流出境的水资源 8.1 亿 m^3，即生态流量，与生态系统消耗的水量共同构成总生态水量 14.5 亿 m^3，生态水量占总水资源的 53%。

4. 水环境质量

（1）鄂尔多斯市大多数地表河流为季节性河流，汛期水量大，河流水质较好，枯水期大多无环境流量，水质较差。乌兰木伦河和龙王沟出境断面长期监测指标显示达到地表水 Ⅲ 类标准。重点监测的两个湖库乌兰木伦水库和札萨克水均达到地表水 Ⅲ 类标准，其余监测的 10 个湖库中 50% 为 Ⅴ 类和劣 Ⅴ 类。主要污染指标为总磷、COD、BOD$_5$ 和高锰酸盐指数，主要原因是水库周边部分生活污染和面源污染所致。

（2）9 个城镇饮用水源地水质均为良好，饮用水源地达标率 100%，能够保证城镇饮用水安全。28 个属乡镇饮用水源地中 20 个达到《地下水质量标准》（GB/T 14848—93）饮用水 Ⅲ 类水质标准，达标水源地占监测水源地总数的 71.43%。黄河南岸灌区中建设灌区、吉日嘎郎图镇三苗树大队以北黄河以南地区地下水全盐量（矿化度）较高，灌溉用水悬浮物、COD、硫化物以及重金属离子等水质基本控制项目指标均满足标准要求。8 个工业园区中树林召工业园区、乌审旗纳林河工业园区、准格尔旗三个工业园区、沙圪堵工业园存在不同程度不同指标的超标情况，需加强对工业园区排污控制，以防对地下水的污染和破坏。

5. 生态保护目标

（1）内流区湖淖湿地保护与沙地植被建设存在用水博弈，咸水湖是遗鸥的主要栖息繁殖地，重点保护红碱淖和恢复泊江海子；多数小型咸水湖和盐湖，在与坡面植被建设需水博弈中，以恢复坡面生态为主；坡面植被建设以恢复地带性植被为主，避免种植高耗水沙柳。

（2）外流区沙地植被建设、水土保持工程建设与河流生态维护目标存在用水博弈，位于黄河多沙粗沙产区，加强淤地坝建设，调控河流廊道枯季环境容量。无定河上游区沙柳产业的发展要与其他工业协调，如果从恢复生态考虑，就要综合其他生态目标，既要维护特有陆生生物，又要保障河道生态流量过程，以保护水域生态。

（3）黄河南岸区应急分洪区湿地，并不适宜作为黄河鲤鱼的产卵场进行保护，根据上述分析和讨论，3个蓄滞洪区所形成的湿地但是，为了保持该湿地的生态环境，更好地发挥其生态公用，可以将3个蓄滞洪区建设为湿地公园，并适当利用洪水资源。

6. 地表-地下-水功能-水环境综合分区

鄂尔多斯高原地表水体对含水层的依赖较大。其中，黄河内流区地表水系不发育，由于存在地下分水岭，西部水循环完全闭合，有巨厚含水层，水循环以湖淖湿地为最终排泄区，湖淖湿地完全受控于地下水位；东部上覆第四纪沙质沉积物，地下侧向径流量大，地表水接受地下补给的情况更加复杂。外流区水系发育，多数为季节性河流，由于地处源头区覆沙的丘陵区，地表水与地下水转化频繁，在下游切割基岩处完全出露为地表径流，沿河水利工程通常采用地下截潜工程。

相关部门实际管理应用有地表水环境功能区、地表水功能区和地下水功能区，有重复交叉，也不能完全取代。

综合地表河流、地下含水层以及水功能分区与水环境功能分区，进行联合分区。共划分出8大类，分别为保护区、饮用水水源区、渔业用水区、工业用水区、农业用水区、景观娱乐用水区、过渡区和保留区，共计24个类型区。分类体系总体上靠近水功能区，兼顾了水环境功能区的划分要求，关键点一是将水功能区的开发利用区提到一级区划分类中，与水环境功能区划衔接；关键点二是采用饮用水源区而不是饮用水源保护区，主要是考虑到鄂尔多斯饮用水源地类型多而分散，不同类型的保护级别不同，区划中应该先突出水源地类型，然后根据类型确定保护级别，因此不能按照水环境功能区划中突出保护级别来划分；关键点三是保护区的划分，考虑到地下水功能区中保护区的类型多样，而水环境功能分区中自然保护区是特指国家或地方划定的自然保护区，有所局限，因此保护类的区划就称为保护区。

7. 功能区水质标准

综合地表水功能区、地表水环境功能区和地下水功能区的水质标准，鄂尔多斯水功能-水环境分区水质标准如下：①保护区包括河流源头保护区、河流源头水源涵养区及自然保护区，地表水质标准原则上适用《地表水环境质量标准》（GB 3838—2002）Ⅰ类标准，地下水水质良好的地区维持现状水质状况，受到污染的地区原则上以污染前该区域天然水质作为保护目标；②饮用水源地水质标准不低于《地表水环境质量标准》（GB 3838—2002）Ⅱ类、Ⅲ类水质标准或《地下水质量标准》（GB/T 14848—93）Ⅲ类水质标准；③工业用水区水质标准不低于《地表水环境质量标准》（GB 3838—2002）Ⅳ类水质标准或《地下水质量标准》（GB/T 14848—93）Ⅳ类水质标准，由于鄂尔多斯市大型煤化工企业取用水不在同一地区，用水区要根据所在功能区的要求，如内流区的工业用水区，工业排水要按Ⅲ类水质标准；④农业用水区水质标准，以地表水为主水质标准按Ⅴ类或优于Ⅴ

类标准控制，以取地下水为主，取退水标准按《地下水质量标准》（GB/T 14848—93）Ⅳ类水质标准控制；⑤渔业用水区水质标准按地表水Ⅲ类或优于Ⅲ类标准控制；⑥景观用水区水质标准，人体直接接触的游泳区以地表水Ⅲ类控制，人体非直接接触的娱乐用水区以地表水Ⅳ类控制，一般景观用水区执行地表水Ⅴ类标准；⑦过渡区水质管理以满足出流断面所邻功能区的水质要求来选用相应标准；⑧保留区水质标准按现状水质类别控制，作为储备区的保留区以不低于地表、地下Ⅲ类水的标准控制。

8. 生态需水与功能区水量标准

（1）鄂尔多斯高原北部未来坡面植被建设仍需水量 2.65 亿 m^3，其中沙地转成低覆盖度草地需水 1.88 亿 m^3，草原区沙地中以油蒿群落为主的低覆盖度草地转成中覆盖度草地需水 0.77 亿 m^3。2000—2010 年的大规模植被建设已经减少水资源量 4.2 亿 m^3，10 年间气候变化减少水资源量 0.426 亿 m^3。区域自产水资源总量为 27.07 亿 m^3，则未来水资源量为 21.2 亿 m^3。

（2）鄂尔多斯市总的生态需水 15.2 亿 m^3。其中，河流生态需水以河流-含水层总体下泄水资源量的 40% 计算，总量是 5.65 亿 m^3，过程要求：一是生态基流取多年平均水资源量的 10%；二是重点河流海流兔河产卵期要求流量脉冲过程。典型湖淖湿地需水主要考虑遗鸥保护区泊江海子和红碱淖，遗鸥保护区泊江海子正常来水年份应保障湖泊面积 9.06km^2，枯水年不低于 4.88km^2，整体湿地生态需水分别是 3122 万 m^3 和 2064 万 m^3；红碱淖是遗鸥目前最大的繁殖地，最低水面面积应维持 25km^2，需水量 3578 万 m^3。现状总生态缺水 2.4 亿 m^3，其中，泊江海子与红碱淖湿地共缺水 0.3 亿 m^3。

（3）区域可利用水资源量通常指自产水资源的可利用量，在鄂尔多斯还包括黄河干流分水指标、凌汛期分洪水可利用量和煤矿疏干水量。鄂尔多斯市总的可利用水量 16.0 亿 m^3。其中，自产水资源可利用量是 8.7 亿 m^3，是以 2000 年的水资源评价结果，扣除气候变化和坡面植被建设减少的水资源量，以及水生态需求量来计算；黄河干流用水指标 6.53 亿 m^3；煤矿疏干水可利用量 1638 万 m^3；防凌蓄滞洪区可利用水量，以设计总库容扣除作为湿地的生态需水计算，3 处分洪区可利用水资源总量 6852 万 m^3。

（4）功能区水量标准，是各功能区可利用水量，也包括自产水资源的可利用量、黄河干流分水指标、凌汛期分洪水可利用量和煤矿疏干水量。各功能区自产水资源可利用量，外流区基本用流域水资源可利用量进行确定；内流区各功能区地下水可利用量是以本次研究的区域总水资源可利用量为约束，按照已有研究成果（《鄂尔多斯盆地地下水勘查研究》）各区域可开采量的空间分布，进行各功能区的分配。功能区黄河干流引水指标是按照引黄水量的工业用水水权分配对象，以及沿黄各流域农业灌溉耗黄水量进行分配。功能区煤矿疏干水可利用量，是根据实际调查现在正在开采煤矿的所在区域和疏干水可利用量来确定。功能区防凌蓄滞洪区可利用水量是直接用 3 个蓄滞洪区的可利用量。

8.2 展望

1. 半干旱区生态水文基础理论研究

鄂尔多斯高原北部属我国典型的半干旱区，区域植被、湖泊、河流生态水文机理性研究具有一定代表性，本次从气候变化、生态水文演变、水环境等方面进行了系统的分析与研究，未来在干旱区植被与地下水位、干旱区湖泊水生态保护及河流水功能区管理等生态水文基础理论研究方面可做更深入的突破。

鄂尔多斯地带性植被有典型草原、荒漠草原和草原荒漠，各植被类型演变规律及耗水分析对于水资源相对短缺的半干旱区域水资源高效可持续利用具有重要意义。鄂尔多斯在近十年出台多项生态保护措施，进行围封转移等植被恢复和生态建设，整体生态环境大幅转好，但相应的区域植被耗水量增加明显，在水资源短缺的大背景下出现生态保护与水资源消耗之间的矛盾。本次根据植被恢复及演替原理确定合理的植被生态建设标准，未来需结合区域生态水文过程加强半干旱区植被合理建设目标的方法研究。

鄂尔多斯高原半干旱区地表径流少且季节性特征明显，而由白垩系为主的水文地质结构使地下裂隙孔隙水资源非常丰富，针对这一特点，如何在半干旱区进行地表地下水功能区一体化划分，实现地下水资源的可持续利用，是未来需要突破和加强的方向。

2. 半干旱区重要湿地生态恢复

鄂尔多斯有国际重要湿地遗鸥国家级自然保护区，由于气候变化及人类干扰，目前湿地已面临几近干涸的困境。近年来为保护生态，湿地周边进行了大范围的退耕还林草建设，人工种植了沙柳、柠条等防风固沙物种。但沙柳属高耗水植被，其地下根系相当发达，消耗大量水资源，使湖泊湿地水量补给减少。未来的湿地保护应在充分调查研究基础上，因地制宜，在半干旱区减少高大乔木和高耗水沙柳的人工种植，由具有同样防风固沙生态效果但耗水量较小的物种替代。

区域内的河流源短流急，含沙量高，各主要入湖补给河流上游建设淤地坝等水土保持工程。为恢复下游河流补给的湿地，应在各主要坝系建设洪水下泄工程，使汛期洪水下泄补给下游湿地。

3. 现状缺水出路——产业结构调整

区域分布晚侏罗系聚煤区煤层，其他各种矿产资料也较丰富，但由于区域水资源及水功能区水质目标限制，各种工业企业发展受限。根据地方经济特点，应大力实施产业结构调整，改变工业产业链短、附加值低、抗风险能力弱的现状，进一步延长产业链，在有限水资源条件下，尽量提高单位耗水量的产值，使资源优势转化为经济优势。同时在有限水资源下，在保证基本农田红线的前提下减少农业耕地面积，恢复生态并减少农业耗水，制定严格措施限制周边饲草料基地无序发展，减少饲草料基地耗水量。

4. 地表地下与水量水质水生态一体化管理

鄂尔多斯地表水资源非常有限，仅在各山谷间沟道形成季节性沟水，地下水沙粒结构大，强降水产生径流后可迅速涌入地下，而在基岩出露处又从地下转成地表水，整个过程中地表地下水转换频繁，在水资源管理中，应结合实际进行地表地下水资源一体化管理。

区域地表水资源短缺地下水资源丰富的水资源结构特点，客观要求地下水资源要实现可持续合理利用。一方面，在地下水资源利用时要充分考虑地下水位等生态要素，避免地下水资源开采过度；另一方面，由于矿产资源丰富，工业水资源需求增加可以考虑利用一部分地下水资源，但前提是加强水量水质水生态一体化管理，既保证地下水资源开采不造成水位下降等生态问题，还要保证工业新增加水资源利用量后不造成排污量增加等功能区水质问题，同时进行水量水质约束。最终实现在区域有限水资源量条件下的地表地下水资源和水量水质水生态的一体化管理。

<h1 style="text-align:center">参　考　文　献</h1>

［1］　张玉清. 河流功能区水污染物容量总量控制的原理和方法［M］. 北京：中国环境科学出版社，2001.

［2］　马巍，廖文根，匡尚富，禹雪中. 大型浅水湖泊纳污能力核算的风场设计条件分析［J］. 水利学报，2009，40（11）：1313-1319.

［3］　张永良，刘培哲. 水环境容量综合手册［M］. 北京：清华大学出版社，1991.

［4］　李彦武，张永良. 污染负荷分配计算的方法研究［J］. 环境科学研究，1992，5（2）：45-48.

［5］　于乃利，王爱杰，单德鑫，张颖. 小河流水环境容量测算与容量总量控制［J］. 东北农业大学学报，2006，37（2）：219-224.

［6］　郭凤震. 邯郸市滏阳河纳污能力及模型参数影响分析［J］. 水资源保护，2011，27（3）：20-24.

［7］　张荫荪，丁文宁，陈容伯，等. 遗鸥繁殖生态研究［J］. 动物学报，1993，39（2）：154-159.

［8］　刘文盈，高润宏，等. 鄂尔多斯高原盐沼湿地底栖动物多样性特征与遗鸥繁殖期觅食的相关性研究［J］. 干旱区资源与环境，2007，（12）.

［9］　王俊才，张少华，鞠复华，等. 摇蚊幼虫分布及其与水质的关系［J］. 生态学杂志，2000，19（4）：27-37.

［10］　谢祚浑，周一兵. 中国北方盐碱水域中的底栖动物［J］. 大连水产学院学报，2002，17（3）：176-185.

［11］　唐克旺，王浩，刘畅. 陕北红碱淖湖泊变化和生态需水初步研究［J］. 自然资源学报，2003，18：304-309.